# 微量元素地球化学

刘勇胜　宗克清　主编

科 学 出 版 社

北 京

## 内 容 简 介

本书从微量元素地球化学的基本理论出发，详细介绍了微量元素的地球化学分类以及微量元素在地球外部圈层、地壳、地幔和地核等主要地球化学储库中的组成，梳理了微量元素在岩浆过程、流体活动、变质作用和表生过程中的地球化学行为，总结了微量元素在地质温度计、地质压力计、地质氧逸度计和地质速率计等方面的应用。通过经典实例展示了微量元素地球化学数据的表达以及微量元素地球化学示踪的原理和方法，介绍了全岩和微区微量元素测定技术与数据质量评价标准。同时，本书试图达到对一些微量元素地球化学概念进行规范和统一的目的。总之，本书紧密结合科学研究前沿和应用实践，既包括微量元素地球化学的基础理论（科学性），又有微量元素地球化学对于解决实际问题的重要应用（工具性）。

本书可供地质学、地球化学、环境科学和行星化学等相关专业的本科生和研究生教学使用，也可供相关科学研究方面的科研人员参考。

**图书在版编目（CIP）数据**

微量元素地球化学／刘勇胜，宗克清主编. —北京：科学出版社，2024.9
ISBN 978-7-03-077470-5

Ⅰ.①微… Ⅱ.①刘… ②宗… Ⅲ.①微量元素–地球化学 Ⅳ.①P959

中国国家版本馆 CIP 数据核字（2024）第 009951 号

责任编辑：王　运　柴良木／责任校对：何艳萍
责任印制：赵　博／封面设计：无极书装

科学出版社 出版
北京东黄城根北街 16 号
邮政编码：100717
http://www.sciencep.com

北京市金木堂数码科技有限公司 印刷
科学出版社发行　各地新华书店经销

\*

2024 年 9 月第　一　版　　开本：787×1092　1/16
2025 年 1 月第二次印刷　　印张：13 1/2
字数：320 000

**定价：108.00 元**
（如有印装质量问题，我社负责调换）

# 前　言

地球化学是研究地球和其他宇宙天体，乃至星际尘埃中各种元素及其同位素和化合物组成的分布、分配、聚散、迁移与演化规律的一门学科，是由地质学和化学交叉、渗透、结合而诞生的一门交叉学科。地球化学兼具科学性和工具（技术）性的基本属性。地球化学的科学性是指针对元素、同位素、有机分子等各种"地球化学要素"在各种自然过程（包括岩浆作用、风化作用、生物作用、气候变化等）中的存在形式、行为规律等开展的理论研究和实验验证工作；工具性则是指利用地球化学的原理和方法，通过学科交叉与融合，建立将地球化学作为关键或者独立工具解决地球科学和其他相关学科的科学问题与社会经济发展需求问题的理论和方法体系。

微量元素是各种"地球化学要素"中非常重要的一种要素。微量元素地球化学是地球化学学科的一个重要分支，研究各种微量元素在自然界中的赋存形式、迁移方式以及分布与分配等基本地球化学行为和规律及其控制因素，为探讨地质过程、环境过程、生物过程以及地球乃至其他行星的形成和演化等提供研究手段。微量元素地球化学研究可以提高人类全面认识地球、合理开发利用资源能源、改善生存环境和保障生命健康的能力。

自然系统和微量元素的特性，决定了微量元素在地球及其子系统中的分布分配、化学作用及其化学演化史。微量元素地球化学研究已经从定性描述和数据解释向定量计算和理论模拟发展，建立了各种地球化学作用过程中元素演化和分配的定量理论模型。近年来，微区微量元素分析技术的快速发展，使微量元素地球化学研究不再局限于宏观整体分析，从微观角度探讨地球科学的机理问题已经引起广泛关注并显著推动了地球科学及其他相关学科的发展。

本书是在作者多年来从事"微量元素地球化学"本科生和研究生教学工作的基础上，结合科研实践完成的。全书共分 8 章，每章后面列若干思考题和参考文献。本书紧密贴合科学研究前沿并结合工作实际，既有基础理论（体现地球化学的科学性），又有应用研究实例（体现地球化学的工具性）。同时，希望通过这本书起到对一些微量元素地球化学概念进行规范和统一的作用。

全书由刘勇胜、宗克清、汪在聪、陈唯、郭京梁、何德涛、张文、刘金铃等共同编写完成，由刘勇胜统稿。其中，第 1 章由刘勇胜完成，第 2 章由陈唯和刘勇胜完成，第 3 章由汪在聪、刘金铃和刘勇胜完成，第 4 章由郭京梁和刘金铃完成，第 5 章由宗克清和刘勇胜完成，第 6 章由何德涛和刘勇胜完成，第 7 章由刘勇胜、汪在聪、刘金铃、陈唯、何德涛和郭京梁共同完成，第 8 章由张文和刘勇胜完成。

由于作者水平有限，本书可能存在不足之处，敬请读者批评指正。

# 目　录

# 第1章 绪 论

在地球科学研究领域，现代地球化学几乎无处不在！

微量元素地球化学（trace element geochemistry）是现代地球化学的一个重要分支，借助各种现代分析测试技术研究微量元素在地球及其子系统中的分布与迁移、化学作用及其演化规律，是研究各种地质-地球化学作用与过程的重要工具。利用微量元素组成和变化特征可以揭示地球及其子系统的各种形成与演化过程。例如，地幔地球化学研究中可以利用微量元素组成和变化特征示踪地幔部分熔融作用、交代作用、壳幔物质循环作用等地幔分异演化过程；矿床地球化学研究中通过对微量元素的研究可以了解成矿物质来源、揭示成矿机理；环境地球化学研究中利用微量元素组成变化可以示踪环境污染源等。随着现代分析测试技术的发展，微量元素地球化学作为现代地球化学研究的一个重要分支，不仅被贯穿到了地球科学研究的各个方面，而且微量元素地球化学的研究方法在物证鉴定、古文化传播、食品安全和生命健康等领域也得到了广泛应用。

## 1.1 微量元素的概念

微量元素（trace element）是指构成所研究对象的主量（或主要）元素（major element）之外的、能够用现代分析技术检测出的所有元素。不同的研究领域对微量元素的定义略有不同。比如，在生命科学研究领域，杨克敌（2003）将微量元素定义为"通常指含量小于体重0.01%，每人每日需要量在100mg以下的元素"。在地球科学研究领域，赵振华（2016）认为在地球化学中对微量元素概念的严格定义应是："只要元素在所研究的客体（地质体、岩石、矿物等）中的含量低到可以近似地用稀溶液定律描述其行为，该元素可称为微量元素。"Shaw（2006）对微量元素的定义是"在岩石、矿物或者流体中含量低，不能够形成特征矿物的那些元素"。

从现代地球科学研究的角度而言，对于微量元素概念的理解可从以下4个方面考虑：

（1）微量元素在所研究对象（如各种地球化学储库以及岩石、矿物、土壤、生物体、流体等）中的含量低、变化范围大，通常为 $\mu g/g$（$10^{-6}$）及 $ng/g$（$10^{-9}$）级。

（2）微量元素在岩石中的造岩矿物相中不计入化学计量式（但可能以副矿物形式存在），其含量变化往往不会明显影响所在体系的物理/化学特性。

（3）微量元素的行为近似服从稀溶液定律，也就是微量元素在某个体系中的分配达到平衡时，微量元素 $i$ 在各相之间的化学势相等，其活度（$a_i$）正比于其摩尔浓度（$x_i$）。

（4）微量元素与主量元素是相对而言的，对于一个特定元素的划分通常由于研究对象不同而存在差别。例如，Mg 在石英中为微量元素，但是在橄榄石、辉石中则是主量元素；Zr 在岩石中通常属于微量元素，但是在锆石或者斜锆石中是主量元素。

在硅酸盐地球（地幔+地壳；bulk silicate earth，BSE）中，氧、硅、铝、铁、镁、钙六个元素含量之和约占硅酸盐地球总量的 99%，而其他元素含量之和仅约为 1%（McDonough，1998；McDonough and Sun，1995；Palme and O'Neill，2014）（图 1.1）。因此，从含量的角度而言，硅酸盐地球中氧、硅、铝、铁、镁、钙六个元素之外的其他元素都可以被称作微量元素。

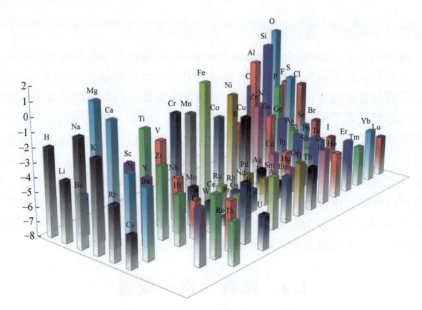

图 1.1　硅酸盐地球中元素含量三维柱状图
纵坐标为元素质量分数（单位为%）的常用对数值。数据来自 Palme 和 O'Neill（2014）

在中文文献中，微量元素有许多同义词和近义词，如痕量元素、微迹元素、次要元素、杂质元素、稀有元素、分散元素等。其中，痕量元素、微迹元素与微量元素完全同义，来自不同学者对"trace element"的不同翻译。

## 1.2　微量元素的赋存形式

由于微量元素的浓度极低，通常难以形成一种独立的矿物相。因此，微量元素主要以次要组分存在于矿物、熔体或其他流体相中。矿物中的微量元素主要以下述三种形式存在：以类质同象替换矿物中主要元素的原子或离子、在矿物快速结晶过程中陷入囚禁带内、赋存在主晶格的间隙缺陷中，后两种赋存方式通常被称为超显微非结构混入物。类质同象替换（isomorphous substitution）是微量元素在矿物中赋存的主要形式，指的是构成矿物晶格的某种主量元素被一些微量元素所部分取代的现象，如在橄榄石中的 Ni 取代主量元素 Mg。微量元素在矿物中能否发生类质同象替换主要决定于原子或者离子的半径、电价和电负性。

在表生环境（主要是水溶液）中，微量元素主要是以离子、胶体的形式分布在溶液中，或者以内球复合体（inner-sphere complex）或外球复合体（outer-sphere complex）的形式吸附在微细颗粒物上（图 1.2）。如 Borst 等（2020）对风化层中离子吸附型稀土元素矿床的研究结果表明，稀土元素主要是以易被淋滤浸出的 8 至 9 配位的外球复合体形式吸附在高岭石上。

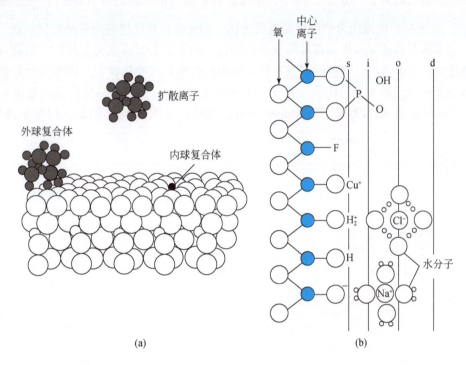

图 1.2　表生环境中微量元素分布示意图

（a）离子在含水氧化物表面形成表面复合体。离子可以通过化学键形成内球复合体，或者相反电荷离子吸引形成外球复合体，或者位于扩散双电层中。（b）含水氧化物表面示意图。s=表面羟基，i=内球复合体，o=外球复合体，d=扩散离子群。在内球复合体具有配体的情况下（如 $F^-$ 或 $HPO_4^{2-}$），表面羟基会被配体取代。修改自 Stumm（1995）

## 1.3　微量元素的迁移方式

元素在自然界中可呈活动状态和非活动状态存在。在活动状态时主要呈离子、可溶化合物、络合物、水溶胶、气溶胶、悬浮态和气体等形式迁移（郑海飞和郝瑞霞，2007）。绝大多数金属元素溶解时以络合物形式迁移，迁移方式和能力主要受元素自身的性质以及环境的 pH、氧化还原电位、阴离子的类型和浓度等因素控制。总体来说，自然界中微量元素的迁移方式可以概括为两种，即对流作用（convection）和扩散作用（diffusion）。

对流作用指的是微量元素所赋存的介质（流体或者熔体）由于内部温度或者密度不同而引起的相对流动，此时微量元素随着所赋存介质的流动而被动迁移。扩散作用是自然界微量元素迁移的主要形式，指在一定的温度和压力等条件下，在同一体系的不同位置微量元素由于浓度不同而引起的从高浓度区域向低浓度区域迁移的现象，或者在平衡共存的两相或者多相间由于温度、压力等条件变化而引起的微量元素在不同相之间的迁移现象。根据菲克第一定律，在单位时间内通过垂直于扩散方向的单位截面积的扩散物质流量［称为扩散通量，diffusion flux，用 $J$ 表示，单位为 kg/（$m^2 \cdot s$）〕与该截面处的浓度梯度成正比，其数学表达式为 $J = -D\dfrac{dc}{dx}$。其中，$D$ 为扩散系数（diffusion coefficient）；$\dfrac{dc}{dx}$ 为浓度梯度；"-" 号表示扩散方向为浓度梯度的反方向，即元素由高浓度区向低浓度区扩散。

　　扩散系数是描述元素扩散速度的重要物理量，相当于浓度梯度为 1 时的扩散通量，扩散系数越大则扩散越快。微量元素在不同矿物中的扩散系数变化较大。影响微量元素扩散的因素主要包括元素本身的性质（离子半径[①]和离子电价）、矿物晶格特征、温度和压力条件（Cherniak et al., 1991；Van Orman et al., 2001）（图 1.3）。例如，相对于透辉石，

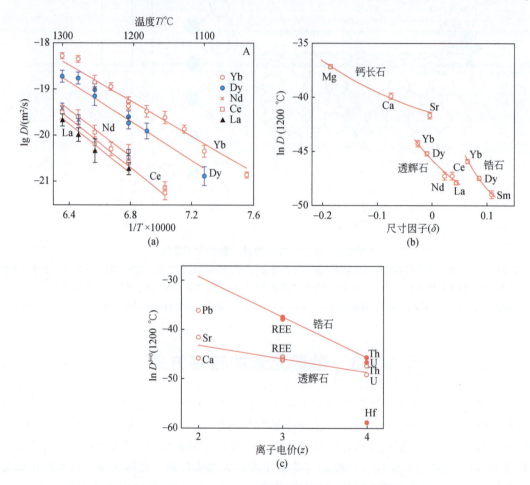

图 1.3　温度、离子半径、离子电价对元素在矿物中扩散系数的影响

（a）温度对稀土元素在透辉石中扩散系数的影响；（b）在 1200℃条件下，离子半径差异对不同矿物中微量元素扩散系数的影响，尺寸因子（$\delta$）=（$r_i - r_{site}$）/$r_0$，其中 $r_i$ 是微量元素 $i$ 的离子半径，$r_{site}$ 是理想晶格位置半径，$r_0$ 是该晶格位置的平均阳离子—阴离子键长度；（c）在 1200℃条件下，离子电价对锆石和透辉石中占据八次配位的微量元素扩散系数的影响。空心圆为透辉石，实心圆为锆石。修改自 Van Orman 等（2001）

---

　　① 离子半径单位为皮米（pm）或者埃（Å），1Å = 100pm = $10^{-10}$ m。

微量元素在锆石中的扩散系数受元素的离子半径和离子电价的影响更大。Van Orman 等 (2001) 对稀土元素在透辉石中的扩散系数研究表明,尽管压力也会影响微量元素的扩散系数,但其影响幅度非常有限;温度变化会显著影响微量元素扩散系数。

## 思 考 题

1. 请阐述微量元素的含义。
2. 利用微量元素开展地球科学研究的优势和劣势是什么?
3. 微量元素在自然界中的主要赋存形式和迁移方式有哪些?

## 参 考 文 献

杨克敌, 2003. 微量元素与健康. 北京: 科学出版社.

赵振华, 2016. 微量元素地球化学原理. 2 版. 北京: 科学出版社.

郑海飞, 郝瑞霞, 2007. 普通地球化学. 北京: 北京大学出版社.

Borst A M, Smith M P, Finch A A, et al., 2020. Adsorption of rare earth elements in regolith-hosted clay deposits. Nature Communications, 11 (1): 4386.

Cherniak D J, Lanford W A, Ryerson F J, 1991. Lead diffusion in apatite and zircon using ion implantation and Rutherford Backscattering techniques. Geochimica et Cosmochimica Acta, 55 (6): 1663-1673.

McDonough W F, 1998. Earth's core//Marshall C P, Fairbridge R W. Encyclopedia of Geochemistry. Dordrecht: Kluwer Academic Publishers: 151-156.

McDonough W F, Sun S S, 1995. The composition of the earth. Chemical Geology, 120 (3-4): 223-253.

Palme H, O'Neill H S C, 2014. 3. 1-Cosmochemical estimates of mantle composition//Holland H D, Turekian K K. Treatise on Geochemistry. 2nd ed. Oxford: Elsevier: 1-39.

Shaw D M, 2006. Trace elements in magmas. New York: Cambridge University Press.

Stumm W, 1995. The inner-sphere surface complex: a key to understanding surface reactivity//Huang C P, O'Melia C R, Morgan J J. Aquatic Chemistry: Interfacial and Interspecies Processes. Washington, DC: American Chemical Society: 1-32.

Van Orman J A, Grove T L, Shimizu N, 2001. Rare earth element diffusion in diopside: influence of temperature, pressure, and ionic radius, and an elastic model for diffusion in silicates. Contributions to Mineralogy and Petrology, 141 (6): 687-703.

# 第2章 微量元素的基本地球化学理论

地球化学过程的实质是元素在共存各相（液相–液相、液相–固相、固相–固相）之间的分配过程。对地球科学而言，自然界中最常见的"相"是在成岩作用中的各种矿物和熔/流体。微量元素在矿物中的存在形式主要是类质同象替换和超显微非结构混入物。元素在相互共存各相间的平衡分配取决于元素及矿物的晶体化学性质和热力学条件。在岩浆演化过程中，主量元素和微量元素在各相间的分配行为不同。主量元素能够形成独立矿物，其在各相中的分配受相律控制，遵循化学计量法则。微量元素往往不能形成独立相，它们在固体、熔体和溶液中的浓度很低，其分配不受相律和化学计量式的限制。能斯特定律定量描述了微量元素在平衡共存两相之间的分配关系。分配系数是定量描述微量元素在平衡共存各相之间分配行为的最重要的参数。

## 2.1 亨利定律

微量元素最基本的行为符合稀溶液定律，即亨利定律（Henry's law）。

溶液由占比很小的溶质和占绝大部分比例的溶剂组成。在稀溶液中，溶质（微量组分）之间的相互作用是微不足道的，溶质的性质主要受控于溶质与溶剂之间的相互作用。在无限稀释的极限情况下，一切溶质（微量组分）表现出相同行为，活度[①]（$a$）与摩尔浓度（$x_i$）之间为线性关系（$x_i \rightarrow 0$），即微量组分活度与其摩尔浓度成正比，这就是亨利定律。具体可表述为，在极稀薄溶液中，溶质的活度正比于溶质的摩尔浓度：

$$a_i = K \times x_i \tag{2.1}$$

式中，$K$ 为亨利常数，它代表在高度稀释时溶质的活度系数，与组分浓度 $x$ 无关，而受温度、压力及体系性质控制。

在理想溶液中混合焓为零，即 $H_{混合} = 0$。在实际溶液中，溶质之间、溶质与溶剂之间彼此相互作用，$H_{混合} \neq 0$，活度相对于理想溶液曲线会发生不同程度偏离（图 2.1）。

微量元素是在体系中不作为任何相的主要化学成分而存在的元素，可将之看作溶质。由于其含量低，可作为理想稀溶液对待，其最基本的行为近似地服从稀溶液定律。从图 2.1 可以看出，在微量元素组分浓度增加时其行为会逐渐偏离亨利定律。因此，亨利定律在地球化学研究中的适用范围，即元素在什么浓度范围内服从亨利定律，是微量元素地球

---

① 在化学热力学中，活度是一种混合物中溶质"有效浓度"的量度（用符号 $a$ 表示，无量纲），由美国化学家吉尔伯特·牛顿·刘易斯（Gilbert N. Lewis）在 1907 年提出。活度取决于温度、压力和混合物的组成等因素。纯物质在凝聚态（固体或液体）中的活度通常视为 1。对于气体，活度是有效分压，通常称为逸度。组分 $i$ 的活度 $a_i$ 定义公式为 $a_i = \exp\left(\dfrac{\mu_i - \mu_i^0}{RT}\right)$，其中 $\mu_i$ 与 $\mu_i^0$ 分别是组分 $i$ 在给定温度（$T$）、压力（$P$）和组成时的化学势与在标准态时的化学势，$R$ 是气体常数。

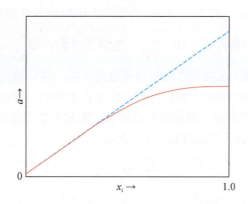

图 2.1　微量组分 $i$ 的溶液行为

$a$ 为 $i$ 在液相或固相中的活度，$x_i$ 是实际的摩尔浓度，修改自 O'Nions 和 Powell (1977)

化学研究的基本理论问题之一。从理论上讲，如果不同浓度范围的一系列固–液相分配实验结果外推通过固–液相浓度投影的原点，则在固–液相之间的分配系数可以用于自然实例研究。

　　许多学者对元素在硅酸盐中遵循亨利定律行为的最高浓度限制进行了实验研究。Green 等（1972）指出，实验中所掺入的微量元素只要浓度足够大，能使晶体中缺陷的位置饱和，并且进入正常结晶学位置的微量元素控制了所观察到的分配行为，那么亨利定律对于微量元素浓度高达百分之几的体系似乎也是适用的。Klein 等（2000）的研究表明稀土元素质量分数在<0.5%情况下的地球化学行为仍然遵守亨利定律。Grutzeck（1973）对稀土元素在透辉石和硅酸岩熔体之间的分配系数研究发现，稀土元素分配系数基本保持不变的质量分数可高达2%。这些研究表明微量元素在自然界的浓度范围内一般都是遵循亨利定律的。Prowatke 和 Klemme（2006）的实验研究表明微量元素分配与体系总成分、晶体成分、熔体成分以及多价态替换的可能性有关，亨利定律的适用范围取决于通过相同替换机制进入该晶体的所有微量元素的总浓度。

## 2.2　能斯特分配定律

　　微量元素行为一般遵从亨利定律，能斯特定律则进一步定量描述了微量元素在平衡共存两相之间的分配关系。在一定的温度和压力条件下，对于包含两相 $\alpha$ 和 $\beta$ 的体系，溶质 $i$（微量组分）在 $\alpha$ 相和 $\beta$ 相（如液相和晶体相）之间平衡分配的条件是它们在两相之间的化学势（$\mu$）相等，即

$$\mu_i^{\alpha} = \mu_i^{\beta} \tag{2.2}$$

如果将热动力学活度用 $a$ 表示，式（2.2）可改写为

$$\mu_i^{0\alpha} + RT\ln a_i^{\alpha} = \mu_i^{0\beta} + RT\ln a_i^{\beta} \tag{2.3}$$

变换式（2.3）可得

$$\frac{a_i^{\alpha}}{a_i^{\beta}} = \exp\left(\frac{\mu_i^{0\beta} - \mu_i^{0\alpha}}{RT}\right) \tag{2.4}$$

式中，$R$ 为气体常数；$(\mu_i^{0\beta}-\mu_i^{0\alpha})$ 为 1mol 溶质 $i$ 从 $\alpha$ 相进入 $\beta$ 相所需要的吉布斯自由能。因此，在给定温度、压力条件下，式（2.3）左侧为常数，即 $\dfrac{a_i^\alpha}{a_i^\beta}=D_{*i}$。也就是说，在给定温度、压力条件下，溶质 $i$ 在两相之间的活度比是常数。这一分配关系首先由化学家贝特洛（Daniel Berthelot，1865～1927 年）提出，后来由能斯特（Walther Nernst，1864～1941 年）发展完善。根据亨利定律，微量元素的活度与摩尔浓度成正比，即 $a_i=Kx_i$（$K$ 为活度系数）。对于理想的稀溶液，$K$ 值接近于 1。此时：

$$\frac{x_i^\alpha}{x_i^\beta}=D_{*i(P,T)} \tag{2.5}$$

式（2.5）即为能斯特分配定律表达式，表明在给定温度、压力和除了元素 $i$ 以外的其他组分浓度的条件下，微量元素 $i$ 在平衡共存两相之间的摩尔浓度比为常数，该常数即称为摩尔分配系数（molar partition coefficient）。

# 2.3　分　配　系　数

## 2.3.1　分配系数的定义

在微量元素地球化学研究中，分配系数（partition coefficient 或者 distribution coefficient）是极其重要的参数之一，没有分配系数，微量元素定量模型就无法建立。为了统一使用术语，Beattie 等（1993）将分配系数定义为组分 $i$ 在两相（$\alpha$ 和 $\beta$）之间的质量浓度（$c_i^\alpha$ 和 $c_i^\beta$）比值，并用 $D_i^{\alpha-\beta}$ 来表示，即

$$D_i^{\alpha-\beta}=\frac{c_i^\alpha}{c_i^\beta} \tag{2.6}$$

上述分配系数可以直接由对天然样品的分析数据计算获得，不需要有关分子式或者分子量的知识，方便实用，因而被广泛采用。为了避免使用中发生混乱，Beattie 等（1993）建议将元素 $i$ 在 $\alpha$ 相和 $\beta$ 相之间的摩尔分配系数用 $D_{*i}^{\alpha/\beta}$ 表示。根据元素质量浓度和摩尔浓度之间的换算关系，摩尔分配系数和由质量浓度计算的分配系数之间的关系可以表示为 $D_{*i}^{\alpha/\beta}=D_i^{\alpha-\beta}\cdot k$（对于给定的体系，$k$ 为常数）。在后续章节，本书均采用 Beattie 等（1993）建议的分配系数表达方式。

如果一个元素 $i$ 在 $\alpha$ 相和 $\beta$ 相之间的分配系数用另一个元素 $j$ 的分配系数作归一化处理（即两个元素分配系数的比值），则称为交换系数或交换分配系数（exchange coefficient 或者 exchange partition coefficient），并用 $K_{D_{i/j}}^{\alpha-\beta}$ 表示（$K_{D_{i/j}}^{\alpha-\beta}=D_i^{\alpha-\beta}/D_j^{\alpha-\beta}$）（Beattie et al.，1993）。例如，Ni 在橄榄石（olivine，缩写为 Ol）和熔体（melt）之间的分配系数可以用被置换的主量元素 Mg 的分配系数作归一化处理（$K_{D_{Ni/Mg}}^{Ol-melt}$），Sr 在斜长石（plagioclase，缩写为 Pl）和熔体之间的分配系数可以用被置换的主量元素 Ca 的分配系数作归一化处理（$K_{D_{Sr/Ca}}^{Pl-melt}$）。尽管交换系数可以减小体系成分等外部因素对分配系数的影响，但其远不如分配系数在地球化学研究中应用普遍。

在岩浆作用中，元素的地球化学行为通常受多种组分（矿物）共同控制。因此，在研究岩浆形成和演化过程中的微量元素地球化学行为时，我们需要引入总分配系数（$\overline{D_i}$）的概念，即

$$\overline{D_i} = \sum_{m=1}^{n} X_m D_i^{m\text{-melt}} \tag{2.7}$$

式中，$n$ 为固相矿物（部分熔融过程中的残余相，或者岩浆结晶过程中的结晶相）中含有元素 $i$ 的矿物种类数；$X_m$ 为固相矿物组合中第 $m$ 种矿物的质量分数；$D_i^{m\text{-melt}}$ 为元素 $i$ 在第 $m$ 种矿物和熔体之间的分配系数。

## 2.3.2　矿物和熔体间分配系数的影响因素

影响微量元素在矿物和熔体间分配系数的主要因素包括温度、压力、氧逸度（$f_{O_2}$）、离子半径、离子电价、熔体成分和矿物成分等。

### 2.3.2.1　温度、压力和氧逸度的影响

对于理想的稀溶液，式（2.4）和式（2.5）可变换如下：

$$\ln D_i = -\frac{\Delta G^0}{RT}$$
$$\Delta G^0 = \mu_i^{0\alpha} - \mu_i^{0\beta} \tag{2.8}$$

式（2.8）表明分配系数的自然对数与体系温度的倒数呈线性关系，这是微量元素地质温度计的基本原理。但在不同矿物中不同微量元素的分配系数对温度变化的敏感程度是不同的。对于理想的稀溶液，分配系数受压力的影响可表达如下：

$$\left(\frac{\partial \ln D_i}{\partial P}\right)_T = -\frac{\Delta V}{RT} \tag{2.9}$$

式中，$\Delta V$ 为体积差。

对于仅含有固相组分的体系，因体积受压力变化的影响极小（可忽略不计），压力变化对分配系数的影响通常较为有限。对于含有熔/流体相的体系，压力变化会对分配系数产生显著影响，但由于不同元素离子半径的明显差异和矿物组成与结构的不同，压力对不同微量元素分配系数的影响程度和影响趋势是不同的（图2.2）。例如，在 1000 ~ 1050℃和 0.5 ~ 2.0GPa 条件下，Ti、Sr、Ho 和 Lu 在韭闪石和碧玄岩熔体之间的分配系数与压力之间具有显著的负相关性（Adam and Green，1994）；而在 1550 ~ 2200℃和 3 ~ 20GPa 条件下，不同元素在石榴子石和熔体之间的分配系数随压力表现出不同的变化趋势，其中 Na、K 和 Sr 的分配系数随压力增加而显著增加，但其他微量元素的分配系数则随着压力增加而降低或者无明显变化（Suzuki et al.，2012）。前人的实验研究表明尽管稀土元素在锆石、石榴子石和硅酸盐熔体之间的分配系数随压力降低而增加，但压力对分配系数的影响可能远没有温度的影响显著（Rubatto and Hermann，2007）。Mysen（1979）提出分配系数与压力之间的负相关性可能与离子占位的体积及静电位变化有关，或者是由压力对硅酸盐熔体结构的影响引起的（Mysen，1979）。

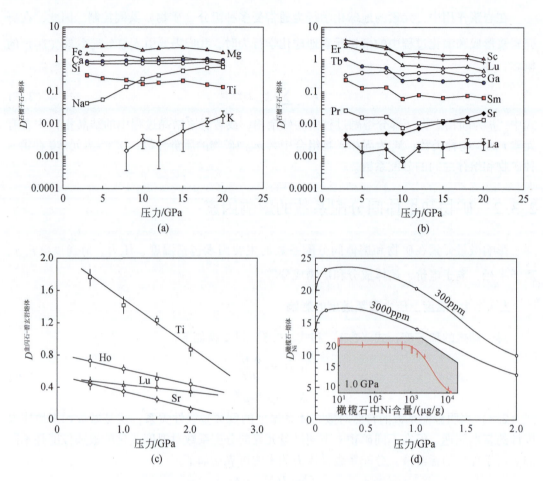

图 2.2　含有熔/流体相的体系中压力对微量元素分配系数的影响

（a）（b）在 1550～2200℃和 3～20GPa 条件下，石榴子石-熔体之间的主、微量元素分配系数随压力的变化（Suzuki et al.，2012）；（c）在 1000～1050℃和 0.5～2.0GPa 条件下，Ti、Sr、Ho 和 Lu 在韭闪石-碧玄岩熔体之间的分配系数随着压力的变化（Adam and Green，1994）；（d）在 850～950℃和 0.001～20kbar 条件下，Ni 在橄榄石-熔体间分配系数随压力的变化，修改自 Mysen（1979）；1ppm=$10^{-6}$，1bar=$10^5$Pa

　　氧逸度[①]对微量元素分配系数也有影响，尤其是对那些具有可变价态的元素（如 V、Mo、Ce、Eu、U 等）［图 2.3（a）］。Sun 等（1974）测定了 Eu 在斜长石和玄武质熔体之间 $f_{O_2}$ 从 $10^{-8}$ 变化到 $10^{-14}$ 和不同温度条件下的分配系数，建立了可以用来描述其实验结果的定量表达式：

---

　　① 氧逸度是在特定环境下（大气、岩石等）氧的有效分压（$f_{O_2}$），是体现氧化还原强度的度量，决定了体系中有多少氧可以参与反应。对地质过程而言，一般是通过岩石或者矿物中的 Fe、Cu、Mn、Ni 等变价元素的价态来确定，尤其是 Fe。Fe 的价态常常作为衡量氧逸度大小的标志。从自然铁（$Fe^0$）、方铁矿（FeO）、磁铁矿（FeO·$Fe_2O_3$）到赤铁矿（$Fe_2O_3$），反映了氧逸度越来越高。

$$\lg D_{Eu}^{Pl\text{-melt}} = \frac{2460}{T} - 0.15\lg f_{O_2} - 3.87 \tag{2.10}$$

由于 Eu 存在变价,其分配系数受温度和氧逸度共同控制。氧逸度对于 V 在不同矿物相和硅酸盐熔体之间分配系数的影响也有大量的研究。例如,在地幔部分熔融过程中,V 的相容性与氧逸度密切相关,氧逸度越高,V 越不相容 (Lee et al., 2003)。V 在主要地幔矿物 (如尖晶石、单斜辉石、斜方辉石和橄榄石) 和玄武岩熔体之间的分配系数随着氧逸度的升高而降低 [图 2.3 (a)]。

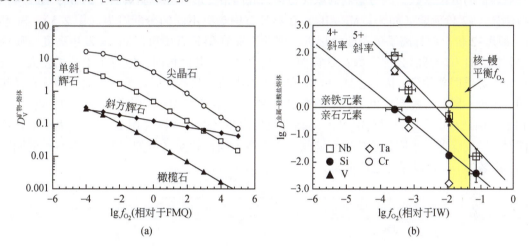

图 2.3 氧逸度对微量元素分配系数的影响

(a) V 在主要地幔矿物和玄武岩熔体间的分配系数随环境氧逸度的变化 (Lee et al., 2003);FMQ 为铁橄榄石–磁铁矿–石英反应组合。(b) 在 2300℃和 25GPa 条件下,氧逸度对不同元素在富 Fe 金属流体和硅酸盐熔体之间分配系数的显著影响,修改自 Wade 和 Wood (2001);IW 为自然铁–方铁矿反应组合

氧逸度对不同元素在硅酸盐岩浆中的溶解度的影响也备受关注。研究表明不论熔体中是否含有 FeO,亲铁元素 Ni、Co、Mo、W 和 P 的分配系数都与氧逸度有关,一般随着氧逸度的升高而降低 (Righter and Drake, 2003)。此外,在常压和 1265℃条件下,Sr、Ba、U 在不混溶的贫 Si、富 Fe (即 Si-poor) 和富 Si、贫 Fe (即 Si-rich) 硅酸盐熔体间的分配系数 ($D_i^{Si\text{-poormelt}/Si\text{-richmelt}}$) 随着氧逸度的增高而增大,Rb 的分配系数随着氧逸度的增高而减小;Th、Zr、Hf、Nb、Ta、La、Ce、Sm、Ho、Lu 和 Y 的分配系数在低氧逸度 ($\lg f_{O_2}$ = −8.7 ~ −5.7) 的强还原条件不发生明显变化 (Vicenzi et al., 1994)。

### 2.3.2.2 离子半径和离子电价的影响

离子半径和离子电价对元素在矿物晶格中能否发生替换和替换程度起着决定作用。不同元素具有不同的离子半径和离子电价,因此在相同的体系中会具有不同的分配系数。微量元素离子半径和离子电价与主矿物中被替换的主量元素的离子半径和离子电价越接近,则其在该矿物中的分配系数越大。例如,图 2.4 显示了不同微量元素在单斜辉石–熔体间的分配系数。离子半径和离子电价与单斜辉石阳离子位 (M1 和 M2) 中主量元素 (Mg、Ca、Fe) 最接近的微量元素的分配系数接近 1,而半径或电价显著不同的微量元素的分配系数较低。离子半径和离子电价与矿物晶格主量元素的相似性缺一不可。一方面，具有相同电价的离子因离子半径不同，分配系数也不同。例如，Ba 的离子电价与 Mg、Ca 和 Fe 相同（+2 价），但其离子半径为 135pm，远大于单斜辉石中占据晶格的主量元素 Ca（100pm）、Mg（72pm）或 Fe（78pm）的离子半径。Ba 替换 Mg、Ca 和 Fe 会使晶格变形，需要额外的能量使得该元素替换作用发生，因此 Ba 在单斜辉石中的分配系数很小（<0.01）；微量元素离子半径远小于通常占据该位置的元素的离子半径时，该微量元素也具有较低的分配系数，因为它们的取代也会引起晶格变形（如单斜辉石中的 Be；图 2.4）。再例如，+2 价元素（如 Sr、Mg、Ba）在斜长石中具有不同的分配行为（图 2.5）。Sr 和 Ca 都是+2 价，而且离子半径非常接近。因此，Sr 在斜长石中可以和 Ca 发生高度类质同象替换，具有较高的分配系数；尽管 Mg、Ba 和 Ca 的电价相同，但离子半径相差大，难以发生类质同象替换。因此，Mg 和 Ba 在斜长石中的分配系数低。另一方面，离子半径相同，电价不同，分配系数也不同。例如，Zr 的离子半径与 Mg 的离子半径相同，但 Zr 为+4价，因此难以在单斜辉石中 $Mg^{2+}$ 的晶格位置发生 $Zr^{4+}$ 的替换（图 2.4）。当离子电价不同时，需要保留一个阳离子位置空缺或一个或多个耦合替换（例如，$Zr^{4+}$ 替换 $Mg^{2+}$ 的同时用 $Al^{3+}$ 替换 $Si^{4+}$）以保持电荷平衡。

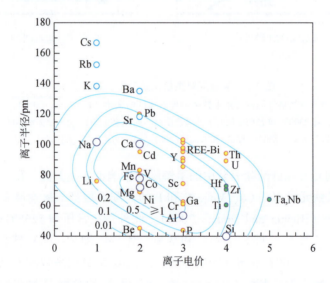

图 2.4　离子半径与离子电价对微量元素在单斜辉石–熔体中分配系数的影响

线上数字为分配系数。修改自 White（2003）、Chauvel 和 Rudnick（2018）

　　戈尔德施密特[①]对元素在矿物中的替换规律总结了三条法则：①如果两个离子具有相同的离子半径和电价，那么它们的替换能力相同；②如果两个离子具有相似的离子半径和相同的电价，那么离子半径小的更容易发生替换；③如果两个离子具有相似的半径，具有

---

① 戈尔德施密特（Viktor Moritz Goldschmidt）：1888 年生于苏黎世，1947 年在奥斯陆去世，矿物学家（1922 年之前从事岩石矿物学研究）和地球化学家（1922 年之后转向地球化学），被认为是现代地球化学和晶体化学之父（Müller，2014）。

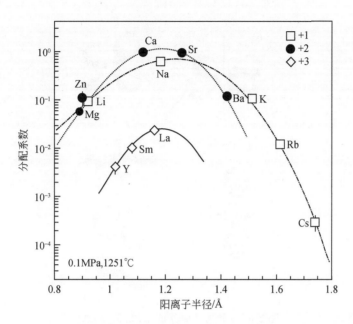

图 2.5　+1、+2 和+3 价阳离子在斜长石（$An_{89}$）和硅酸盐熔体间分配系数随离子
半径和离子价态的变化

曲线为利用 Brice 模型给出的计算值，修改自 Blundy 和 Wood（1994）

更高电价的离子更容易发生替换。林伍德（Alfred E. Ringwood，1930～1993 年）在此基础上增加了第 4 条法则，即当两个元素具有不同的电负性（electronegativity）时，具有更低电负性的离子更容易发生替换。

对于碱金属、碱土金属和稀土元素的离子，其电负性较低（小于 1.5），形成的键具有强烈的离子性质，可以很好地用价键电子轨道理论来解释。然而，许多过渡族金属元素的电子轨道的复杂几何结构难以模拟（图 2.6）。为了更准确地预测键价和络合作用，需要考虑过渡族元素离子周围离子的静电场。晶体场理论（crystal field theory）是物理学家贝特（Hans Albrecht Bethe，1906～2005 年）于 1929 年提出的，它描述了静电场对晶体结构中过渡族金属离子能级的影响，静电力来源于周围带负电荷的阴离子或偶极基，即配体。晶体场理论试图描述配体与过渡族金属间的相互作用。配体被简单地看作是过渡族金属离子的负电荷，其产生的电磁场（即"晶体场"），取决于配位配体的类型、位置和对称性，以及过渡族金属元素的性质，会对过渡族金属元素所具有的球面对称性造成不同程度的破坏，影响矿物晶体结构的稳定性。过渡族金属元素通常存在八面体配位和四面体配位两种形式。

对晶体场理论的理解解决了一些有趣的有关元素分配的难题（White，2003）。图 2.7 示意性地展示了 $Mg_2SiO_4$-$Ni_2SiO_4$ 二元系统的相位图。很明显，对于系统中任何共存的液体和固体，Ni 在固体中的含量要比液体中的少。然而，Ni 在玄武质熔体中结晶出来的橄榄石中的含量总是高于熔体。其原因是在纯橄榄石体系中，熔体和固体中仅存在八面体配位结构位置，由于晶体场效应，Ni 对固体没有特别的偏好。但是，在玄武质熔体中存在四面

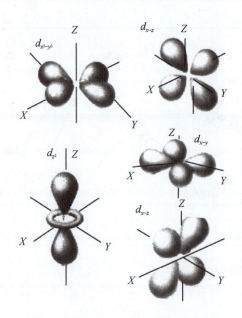

图 2.6　$d$ 轨道几何分布（White，2003）

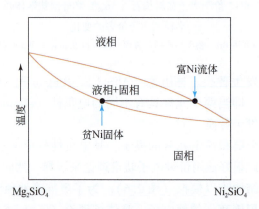

图 2.7　贫 Ni 橄榄石与富 Ni 流体平衡的镁橄榄石–镍橄榄石系统相图（White，2003）

体和八面体两种配位结构位置，而结晶出来的橄榄石只有八面体配位结构位置，因此橄榄石晶体中八面体配位结构位置相对于玄武质熔体的更大可用性促使 Ni 更多地分配进入橄榄石。

### 2.3.2.3　熔体成分和矿物成分对分配系数的影响

固–液两相共存的体系：对于固–液两相共存的体系，微量元素的分配系数既受控于矿物的成分，同时也与熔体的化学成分有关。

硅酸盐熔体是由不同级次、不同大小、不同数量的聚合物组成的混合物。酸性硅酸盐熔体与基性硅酸盐熔体的 Si、O 分子比例不同，决定了熔体中桥氧（Si-O-Si）、非桥氧（Si-O-Me；Me 即 Metal，金属元素）、自由氧（Me-O-Me）的比例及 Si-O 四面体结构团的聚合作用程度（Watson，1977）。通常用非桥氧（non-bridging oxygens，NBO）和四面体配位离子（tetrahedrally-coordinated cations，用 T 表示）的比值（即 NBO/T）来表征硅酸盐熔体的结构和成分（Mills，1993）：高 NBO/T 值指示解聚熔体（depolymerised melt）（熔体聚合度低），低 NBO/T 值指示聚合熔体（polymerised melt）（熔体聚合度高）。同一种微量元素在相同矿物和硅酸盐熔体间的分配系数随熔体聚合度增加而增大（图 2.8）。熔体中 CaO、MgO 和 FeO 含量增加可使熔体聚合度降低，因此微量元素在某种矿物和低 Mg、Fe 的酸性硅酸盐熔体间的分配系数往往高于该矿物和高 Mg、Fe 的基性硅酸盐熔体间的分配系数（图 2.9）。

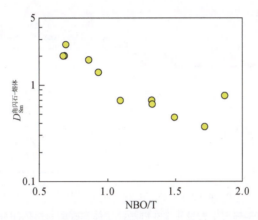

图 2.8　角闪石和石英闪长岩–英云闪长岩熔体之间在 800 ~ 900℃ 条件下 Sm 分配系数
与熔体聚合度（NBO/T）之间的关系

修改自 Klein 等（1997）

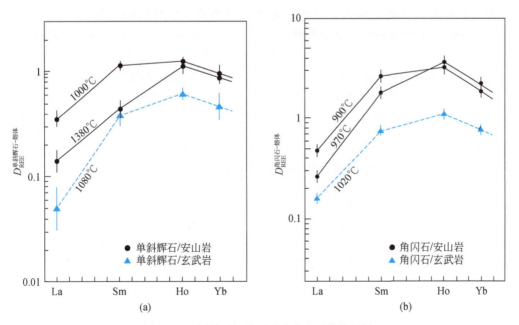

图 2.9　不同体系间微量元素分配系数的差异

单斜辉石（a）和角闪石（b）中稀土元素分配系数在安山岩体系和玄武岩体系中的对比。

修改自 Nicholls 和 Harris（1980）

　　碳酸盐熔体是幔源熔体中除了硅酸盐熔体之外最重要的熔体。硅酸盐矿物和碳酸盐熔体间的微量元素分配系数与该矿物和硅酸盐熔体之间的分配系数也有明显差异（图 2.10），这种差异正是固体地球科学家研究岩石圈地幔过程时采用地球化学方法识别碳酸盐熔体交代作用的重要依据（刘勇胜等，2019）。

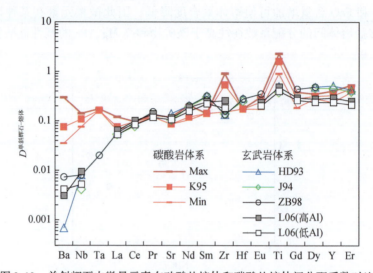

图 2.10　单斜辉石中微量元素在硅酸盐熔体和碳酸盐熔体间分配系数对比

HD93 引自 Hart 和 Dunn（1993），J94 引自 Johnson（1994），ZB98 引自 Zack 和
Brumm（1998），L06 引自 Lofgren 等（2006），K95 引自 Klemme 等（1995）；Max＝最大值；Min＝最小值

　　熔体中挥发分的种类和含量对微量元素分配系数也会有影响（图 2.11）。Wood 和 Blundy（2002）的研究表明硅酸盐熔体中水含量增加对不同微量元素分配系数的影响不同。对于熔融作用引起的焓变大于主量元素的那些微量元素（即 $\Delta H_f^{TE} > \Delta H_f^{ME}$；TE＝微量元素，ME＝主量元素），水含量增加会导致微量元素分配系数增高；对于熔融作用引起的焓变小于主量元素的那些微量元素（即 $\Delta H_f^{TE} < \Delta H_f^{ME}$），水含量增加会导致微量元素分配系数降低。例如，对于单斜辉石而言，$\Delta H_f^{REE} < \Delta H_f^{ME}$，熔体中的水含量增加会降低稀土元素在单斜辉石中的分配系数；而对于石榴子石而言，$\Delta H_f^{REE} \approx \Delta H_f^{ME}$，熔体中的水含量增加不会显著改变稀土元素在石榴子石中的分配系数。

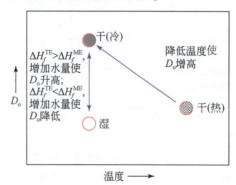

图 2.11　增加熔体中水含量和降低温度对分配系数影响的综合示意图

修改自 Wood 和 Blundy（2002）

除了熔体成分以外，矿物中主量元素组成也会影响微量元素的分配系数。例如，斜长石 An 值[①]对部分微量元素分配系数具有影响（图 2.12）。An 值越小，K、Sr、Ba、Ti 等元素的分配系数越大，以碱性长石为最高；斜长石 An 值对稀土元素分配系数的影响程度与稀土元素的电价和离子半径大小有关，La、Ce 的分配系数随 An 值增大而减小，而 Lu 的分配系数则随 An 增大而增大，中稀土元素受 An 值影响相对较小（Bindeman and Davis，2000；Bindeman et al.，1998）。此外，Schnetzler 和 Philpotts（1970）发现斜长石 An 值越小，Eu 异常越显著，反映斜长石 An 值对 $Eu^{2+}$ 的分配系数有显著影响。类似地，Lundstrom 等（1998）发现单斜辉石中的 Al 含量会影响 Zr、Hf、Nb、Ta、Th 等元素的分配系数。

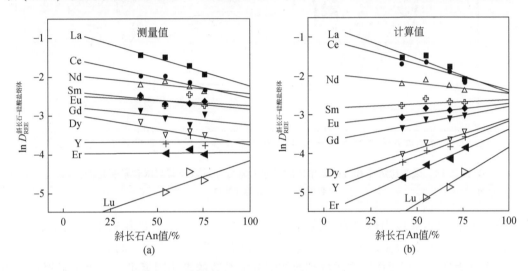

图 2.12　微量元素分配系数与斜长石 An 值的关系

修改自 Bindeman 和 Davis（2000）

两种熔体共存的体系：对于两种熔体平衡共存的情况，微量元素在熔体之间的分配行为还受熔体成分控制。例如，对于不混溶的基性熔体和酸性熔体，Cs 在酸性熔体中的含量是在基性熔体中的 3 倍，Ba 和 Sr 为 1.5 倍，其他元素为 2.3 ~ 4.3 倍，而 P 则会强烈进入基性熔体（Ryerson and Hess，1978）。对于不混溶的碳酸盐熔体和硅酸盐熔体，Mo、Ba、Sr 显著富集于碳酸盐熔体，但 Zr、Hf、Ta 等则会在硅酸盐熔体中高度富集（Martin et al.，2013）。另外，熔体内水含量对于稀土元素等在硅酸盐熔体和碳酸盐熔体间分配行为的影响较大。对于富水体系（含水熔体），稀土元素显著富集于碳酸盐熔体中，而无水体系（无水熔体）则在碳酸盐熔体中的富集程度不明显或轻微亏损（图 2.13）。

## 2.3.3　表生吸附作用中微量元素分配的影响因素

在表生水溶液–微细颗粒物（如黏土矿物、Fe- Mn 氧化物和氢氧化物等）平衡共存

---

①　斜长石是常见的主要造岩矿物，主要由钠长石（Albite）和钙长石（Anorthite）组分以不同比例组成，钙长石组分的摩尔分数称为斜长石的牌号，用 An 值表示。

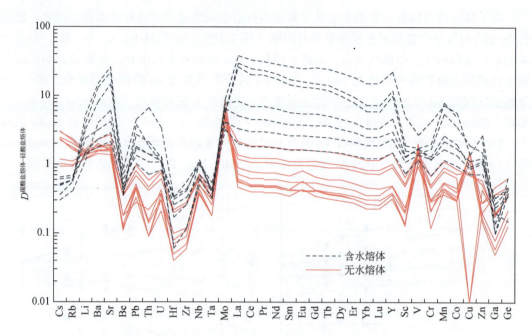

图 2.13 碳酸盐熔体和硅酸盐熔体间微量元素分配系数及其与水含量变化的关系

数据来自 Martin 等（2013）

体系中，微量元素会以内球复合体或外球复合体的形式吸附在颗粒物上（图1.2）。微量元素被固相颗粒物吸附的能力可以用该元素在颗粒物和水溶液之间的总分配系数或者吸收系数[①]表达。与高温作用中矿物和熔体间分配系数的影响因素类似，表生吸附作用中微量元素分配系数也会受固相颗粒物组分、水溶液成分以及氧化还原条件等多种因素的影响（Bau，1999；Yang et al.，2019）。尤其需要注意的是，对于给定的固相颗粒物和水溶液体系，pH 变化是影响表生吸附作用中微量元素分配系数的决定性因素。例如，已有研究表明，溶液 pH 变化引起的 REE 和 Y 在 Fe 氢氧化物、黏土矿物等微细颗粒物与海水之间的分配系数变化可达几个数量级，而且还会引起这些微量元素之间发生与离子半径无关的分馏作用（Bau，1999；Yang et al.，2019）（图2.14）。

## 2.3.4 分配系数的确定方法

微量元素分配系数的确定方法包括直接测定法、实验测定法和理论计算法。

由于受实验和测试技术的制约，早期微量元素在矿物和熔体之间的分配系数是通过直

---

① Bau（1999）采用表面总分配系数（apparent bulk distribution coefficient），$_{app}D = \dfrac{C_i^p}{C_i^s}$，$C_i^p$ 和 $C_i^s$ 分别为微量元素 $i$ 在微细颗粒物（p）和平衡水溶液（s）中的含量。Yang 等（2019）采用吸收系数（adsorption coefficient），$K_d^i = \dfrac{C_i^o}{C_i^s} - 1$，$C_i^o$ 为微量元素 $i$ 在实验用初始水溶液中的含量，$C_i^s$ 为微量元素 $i$ 在与微细颗粒物平衡后的水溶液中的含量。

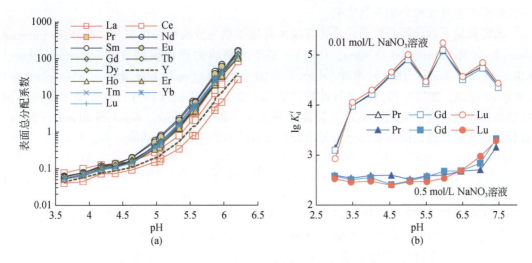

图 2.14　溶液 pH 对表生吸附作用中微量元素分配系数的影响

（a）REE 和 Y 在 Fe 氢氧化物和海水之间的分配系数随海水 pH 显著变化。数据来自 Bau（1999）。

（b）REE 在黏土矿物和不同成分水溶液平衡共存体系中的吸附系数随 pH 变化。修改自 Yang 等（2019）

接测试天然火山岩样品中斑晶和基质中的微量元素含量计算而来，称为斑晶-基质法。火山岩中的斑晶矿物代表熔体结晶形成的固相，基质代表与之平衡的熔体相。Schnetzler 和 Philpotts（1970）、Philpotts 和 Schnetzler（1970）首次用这种方法报道了稀土元素的分配系数。采用斑晶-基质法直接测定分配系数主要存在以下问题：①需要假设火山岩代表了淬火平衡的产物，但该假设具有很大不确定性；②火山岩所经历的淬火温度未知，因此无法区分温度和总成分对所获得分配系数的影响；③难以保证所挑选的单矿物绝对纯净（斑晶中往往存在副矿物包裹体或者熔体和流体包裹体）；④矿物晶体在生长过程中产生的成分环带会引起不均一和不平衡问题。此外，通过微区原位分析技术直接测定火山岩斑晶中的硅酸盐熔融包裹体和寄主矿物也是一种准确获得微量元素分配系数的重要方法（Severs et al.，2009），该方法相比传统的斑晶-基质法克服了上述部分问题。

　　实验测定法是利用化学试剂配制成与天然岩石化学成分相当的混合物或者直接采用天然物质（如拉斑玄武岩）作为初始物质，利用高温、高压实验设备使矿物和熔体（或者不同矿物）之间的元素分配达到平衡，淬火冷却后分别测定微量元素在两相中的含量来计算分配系数。在采用天然岩石作为初始实验物质时，为了提高测试精密度，通常会通过人为添加高浓度微量元素的方式提高实验样品中待测定微量元素的含量。Irving（1976）首次采用该方法对稀土元素等在石榴子石和硅酸盐熔体之间的分配系数进行了研究。自 20 世纪 90 年代以来，高温、高压实验和微区原位微量元素分析技术（如 EMPA[①]、SIMS[②]、LA-ICP-MS[③]）的发展，大大促进了对微量元素分配系数的研究，出现了大量通过实验测

---

① 电子探针显微分析。

② 二次离子质谱。

③ 激光剥蚀电感耦合等离子体质谱。

定法获得的微量元素分配系数数据。

确定微量元素分配系数的理论计算法主要包括利用分离熔融模型和反演理论（inverse theory）（McKenzie and O'Nions，1991）、基于晶格应力理论模型（lattice strain theory）（Blundy and Wood，1994）和利用分子动力学模拟（molecular dynamics simulations）（Wagner et al.，2017）等方法进行计算。McKenzie 和 O'Nions（1991）首先基于分离熔融模型和总地壳组成，利用反演理论计算了稀土元素的分配系数。Wood 和 Blundy（2014）对利用晶格应力理论模型获得微量元素分配系数的方法进行了详细的介绍：

$$D_i(P,T,X)=D_0(P,T,X)\times\exp\left\{\frac{-4\pi EN_A\left[\frac{r_0}{2}(r_i-r_0)^2+\frac{1}{3}(r_i-r_0)^3\right]}{RT}\right\} \tag{2.11}$$

式中，$D_i$ 为微量元素 $i$ 在矿物和熔体之间平衡分配时的分配系数；$P$、$T$、$X$ 分别为压力、温度和成分；$R$ 为气体常数；$r_0$ 和 $r_i$ 为晶格位置的最佳半径和替换离子的半径；$E$ 为进入该晶格位置的一系列给定电价阳离子的杨氏模量；$N_A$ 为阿伏伽德罗常量（Avogadro constant）；$D_0$ 为应力补偿分配系数（strain-compensated partition coefficient）。Wagner 等（2017）利用第一性原理和分子动力学模拟的方法研究了 Y、La 和 As 在几种硅酸盐熔体中的分配系数。

Koshlyakova 等（2022）实验研究发现熔体中的 $Na_2O$ 和 $K_2O$ 含量对橄榄石-碱性熔体之间的 Ni-Mg 分配具有显著影响，K 和 Na 以及 Ti 和 Ca 都会降低交换平衡常数，而 Si 会增加交换平衡常数。他们利用橄榄石和熔体之间的 Ni-Mg 交换反应，根据 Ni 在橄榄石和熔体之间的分配系数与熔体成分以及温度的变化关系，建立了预测 Ni 分配系数的关系式：

$$\ln(D_{Ni}^{molar})=-\ln\frac{X_{MgO}^{liq}}{X_{MgSi_{0.5}O_2}^{Ol}}-2.308(\pm0.111)+3551(\pm175)/T+1.421(\pm0.193)\cdot$$
$$X Si_{0.5}O-1.368(\pm0.402)\cdot X Na_2O-4.806(\pm0.540)\cdot X K_2O-$$
$$1.465(\pm265)\cdot XCaO-3.074(\pm1.124)\cdot XTiO_2 \tag{2.12}$$

式中，$T$ 为温度，K；$X$ 为熔体中每种氧化物的摩尔分数；括号中的数值为每个系数的标准误差。

地球科学参考数据和模型网站建立了利用各种方法获得的包含所有岩石类型和矿物间各种元素分配的分配系数数据库（https://kdd.earthref.org/KdD/［2023-01-17］），该数据库可供免费下载使用。

## 思　考　题

1. 摩尔分配系数和由质量浓度计算的分配系数之间的关系可以表示为 $D_{*i}^{\alpha-\beta}=k\cdot D_i^{\alpha-\beta}$（对于给定的体系，$k$ 为常数）。请根据质量浓度和摩尔浓度之间的关系推导出 $k$ 值的表达式。

2. 影响微量元素在矿物和平衡熔体之间分配系数的因素有哪些？

3. 如何确定微量元素的分配系数？

## 参　考　文　献

刘勇胜，陈春飞，何德涛，等，2019. 俯冲带地球深部碳循环作用. 中国科学：地球科学，49：1982-2003.

Adam J, Green T H, 1994. The effects of pressure and temperature on the partitioning of Ti, Sr and REE between amphibole, clinopyroxene and basanitic melts. Chemical Geology, 117 (1-4): 219-233.

Bau M, 1999. Scavenging of dissolved yttrium and rare earths by precipitating iron oxyhydroxide: experimental evidence for Ce oxidation, Y-Ho fractionation, and lanthanide tetrad effect. Geochimica et Cosmochimica Acta, 63 (1): 67-77.

Beattie P, Drake M, Jones J, et al., 1993. Terminology for trace-element partitioning. Geochimica et Cosmochimica Acta, 57 (7): 1605-1606.

Bindeman I N, Davis A M, 2000. Trace element partitioning between plagioclase and melt: investigation of dopant influence on partition behavior. Geochimica et Cosmochimica Acta, 64 (16): 2863-2878.

Bindeman I N, Davis A M, Drake M J, 1998. Ion microprobe study of plagioclase-basalt partition experiments at natural concentration levels of trace elements. Geochimica et Cosmochimica Acta, 62 (7): 1175-1193.

Blundy J, Wood B, 1994. Prediction of crystal-melt partition coefficients from elastic moduli. Nature, 372 (6505): 452-454.

Chauvel C, Rudnick R L, 2018. Large-ion lithophile elements//White W M. Encyclopedia of Geochemistry: A Comprehensive Reference Source on the Chemistry of the Earth. Cham: Springer International Publishing: 800-801.

Green T H, Brunfelt A O, Heier K S, 1972. Rare-earth element distribution and K/Rb ratios in granulites, mangerites and anorthosites, Lofoten-Vesteraalen, Norway. Geochimica et Cosmochimica Acta, 36 (2): 241-257.

Grutzeck M W, 1973. REE partitioning between diopside and silicate liquid. EOS, 554: 1222.

Hart S R, Dunn T, 1993. Experimental cpx/melt partitioning of 24 trace elements. Contributions to Mineralogy and Petrology, 113: 1-8.

Irving A J, 1976. Effect of composition on partitioning of rare-earth elements, Hf, Sc and Co between garnet and liquid-experimental and natural evidence. EOS, Transactions of the American Geophysical Union, 57 (4): 339.

Johnson K T M, 1994. Experimental cpx/ and garnet/melt partitioning of REE and other trace elements at high pressures: petrogenetic implications. Mineralogical Magazine, 58: 454-455.

Klein M, Stosch H G, Seck H A, 1997. Partitioning of high field-strength and rare-earth elements between amphibole and quartz-dioritic to tonalitic melts: an experimental study. Chemical Geology, 138 (3-4): 257-271.

Klein M, Stosch H G, Seck H A, et al., 2000. Experimental partitioning of high field strength and rare earth elements between clinopyroxene and garnet in andesitic to tonalitic systems. Geochimica et Cosmochimica Acta, 64 (1): 99-115.

Klemme S, van der Laan S R, Foley S F, et al., 1995. Experimentally determined trace and minor element partitioning between clinopyroxene and carbonatite melt under upper mantle conditions. Earth and Planetary Science Letters, 133 (3-4): 439-448.

Koshlyakova A N, Sobolev A V, Krasheninnikov S P, et al., 2022. Ni partitioning between olivine and highly alkaline melts: an experimental study. Chemical Geology, 587: 120615.

Lee C-T A, Brandon A D, Norman M, 2003. Vanadium in peridotites as a proxy for paleo-$f_{O_2}$ during partial melting: prospects, limitations, and implications. Geochimica et Cosmochimica Acta, 67 (16): 3045-3064.

Lofgren G E, Huss G R, Wasserburg G J, 2006. An experimental study of trace-element partitioning between Ti-Al-clinopyroxene and melt: equilibrium and kinetic effects including sector zoning. American Mineralogist, 91

(10): 1596-1606.

Lundstrom C C, Shaw H F, Ryerson F J, et al., 1998. Crystal chemical control of clinopyroxene-melt partitioning in the Di-Ab-An system: implications for elemental fractionations in the depleted mantle. Geochimica et Cosmochimica Acta, 62 (16): 2849-2862.

Martin L H J, Schmidt M W, Mattsson H B, et al., 2013. Element partitioning between immiscible carbonatite and silicate melts for dry and $H_2O$-bearing systems at 1-3GPa. Journal of Petrology, 54 (11): 2301-2338.

McKenzie D A N, O'Nions R K, 1991. Partial melt distributions from inversion of rare earth element concentrations. Journal of Petrology, 32 (5): 1021-1091.

Mills K C, 1993. The influence of structure on the physicochemical properties of slags. ISIJ International, 33 (1): 148-155.

Müller A, 2014. Viktor Moritz Goldschmidt (1888-1947) and Vladimir Ivanovich Vernadsky (1863-1945): the father and grandfather of geochemistry? Journal of Geochemical Exploration, 147: 37-45.

Mysen B O, 1979. Nickel partitioning between olivine and silicate melt: Henry's law revisited. American Mineralogist, 64: 1107-1114.

Nicholls I A, Harris K L, 1980. Experimental rare earth element partition coefficients for garnet, clinopyroxene and amphibole coexisting with andesitic and basaltic liquids. Geochimica et Cosmochimica Acta, 44: 287-308.

O'Nions R K, Powell R, 1977. The Thermodynamics of Trace Element Distribution. Netherlands, Dordrecht: Springer.

Philpotts J A, Schnetzler C C, 1970. Phenocryst-matrix partition coefficients for K, Rb, Sr and Ba, with applications to anorthosite and basalt genesis. Geochimica et Cosmochimica Acta, 34 (3): 307-322.

Prowatke S, Klemme S, 2006. Rare earth element partitioning between titanite and silicate melts: Henry's law revisited. Geochimica et Cosmochimica Acta, 70 (19): 4997-5012.

Righter K, Drake M J, 2003. 2.10-Partition coefficients at high pressure and temperature//Holland H D, Turekian K K. Treatise on Geochemistry. Oxford: Pergamon: 425-449.

Rubatto D, Hermann J, 2007. Experimental zircon/melt and zircon/garnet trace element partitioning and implications for the geochronology of crustal rocks. Chemical Geology, 241 (1-2): 38-61.

Ryerson F J, Hess P C, 1978. Implications of liquid-liquid distribution coefficients to mineral-liquid partitioning. Geochimica et Cosmochimica Acta, 42 (6): 921-932.

Schnetzler C C, Philpotts J A, 1970. Partition coefficients of rare-earth elements between igneous matrix material and rock-forming mineral phenocrysts—II. Geochimica et Cosmochimica Acta, 34 (3): 331-340.

Severs M J, Beard J S, Fedele L, et al., 2009. Partitioning behavior of trace elements between dacitic melt and plagioclase, orthopyroxene, and clinopyroxene based on laser ablation ICPMS analysis of silicate melt inclusions. Geochimica et Cosmochimica Acta, 73 (7): 2123-2141.

Sun C O, Williams R J, Shine-soon S, 1974. Distribution coefficients of Eu and Sr for plagioclase-liquid and clinopyroxene-liquid equilibria in oceanic ridge basalt: an experimental study. Geochimica et Cosmochimica Acta, 38 (9): 1415-1433.

Suzuki T, Hirata T, Yokoyama T D, et al., 2012. Pressure effect on element partitioning between minerals and silicate melt: melting experiments on basalt up to 20GPa. Physics of the Earth and Planetary Interiors, 208: 59-73.

Vicenzi E, Green T, Sie S, 1994. Effect of oxygen fugacity on trace-element partitioning between immiscible silicate melts at atmospheric pressure: a proton and electron microprobe study. Chemical Geology, 117 (1): 355-360.

Wade J, Wood B J, 2001. The Eart's 'missing' niobium may be in the core. Nature, 409 (6816): 75-78.

Wagner J, Haigis V, Künzel D, et al., 2017. Trace element partitioning between silicate melts—a molecular dynamics approach. Geochimica et Cosmochimica Acta, 205: 245-255.

Watson B E, 1977. Partitioning of manganese between forsterite and silicate liquid. Geochimica et Cosmochimica Acta, 41 (9): 1363-1374.

White W M, 2003. Geochemistry. New York: John Wiley & Sons, Ltd.

Wood B J, Blundy J D, 2002. The effect of $H_2O$ on crystal-melt partitioning of trace elements. Geochimica et Cosmochimica Acta, 66 (20): 3647-3656.

Wood B J, Blundy J D, 2014. 3.11-Trace element partitioning: the influences of ionic radius, cation charge, pressure, and temperature//Holland H D, Turekian K K. Treatise on Geochemistry. 2nd ed. Oxford: Elsevier: 421-448.

Yang M, Liang X, Ma L, et al., 2019. Adsorption of REEs on kaolinite and halloysite: a link to the REE distribution on clays in the weathering crust of granite. Chemical Geology, 525: 210-217.

Zack T, Brumm R, 1998. Ilmenite/liquid partition coefficients of 26 trace elements determined through ilmenite/clinopyroxene partitioning in garnet pyroxene. Red Roof Design, Cape Town Proceedings of the 7th International Kimberlite Conference.

# 第3章　微量元素的地球化学分类

随着各种地质作用过程的进行，一切自然过程均趋向于平衡。在平衡条件下，元素在各共存相（液相–液相、液相–固相、固相–固相、气相–固相等）之间的分配行为取决于元素的离子半径和电价、矿物的晶体化学性质与体系的物理化学条件等多种因素。微量元素可以按其在各种地质和地球化学作用中的活动行为加以分类，以便于准确描述和科学研究。本章主要介绍微量元素的地球化学分类以及不同类型微量元素的主要地球化学特征。

## 3.1　元素地球化学分类

### 3.1.1　戈尔德施密特元素分类

戈尔德施密特在 1923 年根据元素在共存的硅酸盐熔体（fused silicates）、硫化物熔体（liquid sulphides）、金属熔体（liquid iron）和气相之间的分配特征，将元素分成了四大类，包括亲石元素（lithophile elements）、亲铜元素（或称亲硫元素，chalcophile elements）、亲铁元素（siderophile elements）和亲气元素（atmophile elements）（图 3.1）。戈尔德施密特元素地球化学分类是根据元素的化学性质和分配行为进行分类，可用来阐释元素在地球等类地行星（具有核、幔、壳圈层结构的行星）不同圈层之间的分布特征。亲石元素的阳离子最外层具有 2 个或 8 个电子，呈惰性气体型稳定结构，与 O、F、Cl 亲和力强，多组成氧化物或含氧盐，特别是硅酸盐，形成大部分造岩矿物，并主要集中在地幔和地壳中；亲铜元素的阳离子最外层为 18 或 18+2 的电子构型，与 S、Se、Te 亲和力强，多形成硫化物和复杂硫化物；亲铁元素原子具有 $d$ 亚层充满或接近充满的电子构型，在氧和硫丰度低的情况下，不能形成阳离子，只能以金属形式存在，常与金属铁共生，主要集中在地核中；亲气元素以惰性气体为代表，呈原子或分子状态集中在地球的大气圈中。戈尔德施密特元素分类除了适用于地球，对认识元素在其他类地行星（比如火星）的分布特征同样重要。

戈尔德施密特在 1954 年又扩展了上述元素分类，增加了亲生物元素（biophile elements）。亲生物元素是指分布在生物圈，在生物体内相对富集的元素（如 C、N、H、O、P、Ca、Mg、K、Na 等），它们在生物体内的不同部位富集程度不同，对生命过程起着重要的维持作用。由于每一种亲生物元素都隶属于前面的四类元素，现代地球化学中所指的戈尔德施密特元素地球化学分类都是前面的四种元素分类。对于微量元素而言，戈尔德施密特元素地球化学分类可以看作是一级微量元素地球化学分类。

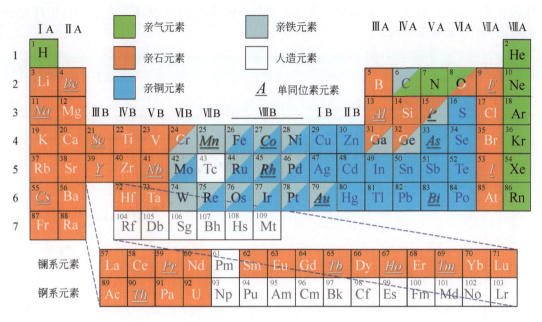

图 3.1 戈尔德施密特元素地球化学分类

需要注意的是，由于分配系统的成分、温度、压力和氧逸度对元素分配系数的影响，很多微量元素的亲和性特征会随着环境条件的变化而改变或转换，不是一成不变的。例如，Wade 和 Wood（2001）在 2300℃ 和 25GPa 条件下的实验研究发现，氧逸度对不同元素在富铁金属相和硅酸岩熔体之间的分配系数具有显著影响，一些在高氧逸度条件下具有亲石性特征的元素（如 Nb）会在低氧逸度条件下表现出亲铁性。取决于分配体系的物理化学条件，有些元素的性质也可以在亲石性和亲铜性之间进行转换（Wood and Kiseeva，2015）。另外，元素的分配体系组成也影响着元素的亲和性或分类，比如绝大多数亲铜元素往往具有亲铁性，这具体取决于分配体系是硫化物–硅酸盐体系（亲铜性）还是金属–硅酸盐体系（亲铁性；图 3.1）。

## 3.1.2 其他微量元素地球化学分类

不相容元素和相容元素：按照微量元素在岩浆作用中的相容性（compatibility）行为，可以将微量元素分为不相容元素和相容元素两大类。总分配系数 $\overline{D_i}<1$ 的元素称为不相容元素，在部分熔融或者分离结晶过程中，这类元素在硅酸盐熔体中相对富集（如 Rb、Ba 等）；$\overline{D_i}>1$ 的元素称为相容元素，这类元素在岩浆作用早期结晶的固相矿物组合中相对富集（如 Ni 等）。一个元素的 $\overline{D_i}$ 值越大，相容性越强；反之，不相容性越强。基于地壳是由原始地幔部分熔融形成的思想，根据微量元素在大陆地壳中的相对富集程度，可以将微量元素相容性大小按照图 3.2 排序。需要注意的是，微量元素在岩浆作用中的地球化学行为是受总分配系数控制的，而总分配系数取决于共存的矿物组合及矿物含量。因此，对于具体的岩浆作用体系而言，不同微量元素（尤其是不相容性相近的元素）的相容性相对大小会与图3.2所示有所不同。

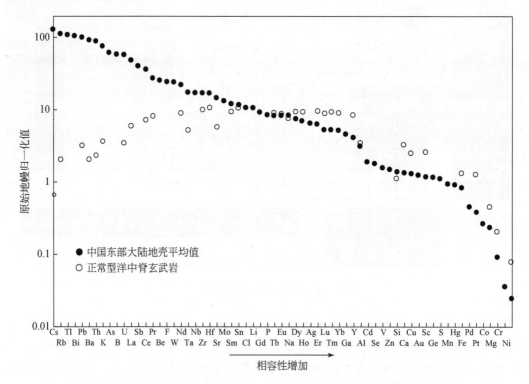

图 3.2　中国东部大陆地壳和正常型洋中脊玄武岩平均成分及元素相容性排序

中国东部大陆地壳据 Gao 等（1998），正常型洋中脊玄武岩据 Hofmann（1988），

原始地幔值据 McDonough 和 Sun（1995）

　　易活动元素和不活动元素：按照微量元素在流体活动过程中迁移（或者被溶解）的难易程度，可分为易活动（易溶）元素和不活动（难溶）元素。微量元素的活动性强弱是一个相对概念，而且与流体的化学组成和物理条件密切相关（具体见5.2节）。通常情况下，K、Rb、Sr 等是易活动（易溶）元素，而 Zr、Hf、Ti 等是不活动（难溶）元素。

　　挥发性元素和难熔性元素：在太阳系早期星云冷凝过程中，受控于冷凝温度，不同的元素具有不同的冷凝顺序。半冷凝温度一般是指一个元素有百分之五十的比例从太阳星云的气相冷凝为固相时的温度，用 $T_{50\%}$ 表示（Albarede，2009；Lodders，2003）。根据半冷凝温度 $T_{50\%}$ 的高低，可以将元素分为难熔性元素（refractory elements）、中度挥发性元素（moderately volatile elements）和高度挥发性元素（highly volatile elements）（图 3.3）。

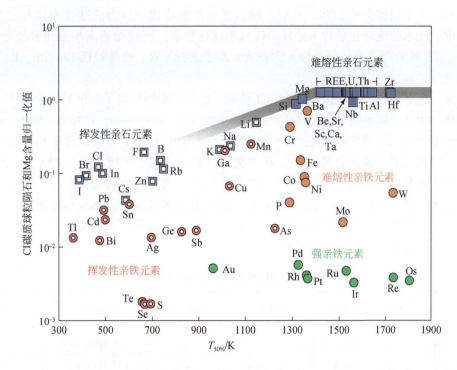

图 3.3 硅酸盐地球中微量元素含量 CI 碳质球粒陨石和 Mg 含量归一化值以及根据 $T_{50\%}$ 对元素的分类
CI 碳质球粒陨石详见 4.3 节。修改自 Wood 等（2019）

## 3.2 亲 石 元 素

根据亲石微量元素独特的地球化学特征，结合其离子半径和离子电价等，地球化学家又将这些元素进行了进一步分组，包括大离子亲石元素（large ion lithophile elements，LILE）、高场强元素（high field strength elements，HFSE）、稀土元素和卤族元素等。

### 3.2.1 大离子亲石元素与高场强元素

大离子亲石元素指离子半径较大、电价较低（+1 或者+2 价）的一组高度不相容亲石元素。高场强元素指离子半径较小、电价较高的一组不相容亲石元素。场强①的概念最早由 Dietzel（1942）提出，指的是电价（$Z$）与离子半径（$r$）的比值（$Z/r$）。Rollinson（1993）将高场强元素定义为场强大于 2 的不相容微量元素（包括镧系元素、Sc、Y 以及 Th、U、$Pb^{4+}$、Zr、Hf、Ti、Nb、Ta），而将场强小于 2 的微量元素称为低场强元素（包括 Cs、Rb、K、Ba、Sr、$Pb^{2+}$和$Eu^{2+}$）。然而，这种广义的划分依据忽略了元素价态与配位数

---

① 场强（field strength）与 Goldschmidt 提出的极化能力（polarizing power；$Z/r^2$）以及 Cartledge 提出的"离子势"（ionic potential；$Z/r$）表征的性质相似，但使用场景不同（Ahrens，1953）。

对电价与离子半径比值的影响，不利于对微量元素地球化学行为的准确描述与研究。因此，考虑到元素的地球化学行为差异，现代地球化学家广泛接受的高场强元素通常指 Zr、Hf、Nb、Ta 和 Ti 等，而将低场强元素称为大离子亲石元素，通常包括 Cs、Rb、K、Ba 和 Sr 等（图 2.4）。

如果一定要给出大离子亲石元素和高场强元素离子半径与离子电价的定量数值，考虑到有效离子半径、离子电价以及离子配位数的相互关系（Shannon，1976），大离子亲石元素为离子电价≤+2、在六次配位情况下离子半径大于 1.15Å 的一组高度不相容亲石微量元素；高场强元素为离子电价≥+3、在六次配位情况下离子半径小于 0.72Å 的一组高度不相容亲石微量元素（表 3.1）。但要注意的是，满足这些条件的元素并不一定都是高场强元素或者大离子亲石元素，比如 Si 元素。这两类元素都属于强不相容性亲石元素，在部分熔融过程中都会优先进入硅酸盐熔体相中。然而，由于不同的场强以及元素性质，它们在一些地质过程中的行为不尽相同。

**表 3.1　HFSE 离子半径与电子构型**

| 元素 | 原子序数 | 质量数 | 电子构型 | 鲍林电负性 | 离子半径/Å | 第一电离能/（kJ/mol） |
|---|---|---|---|---|---|---|
| Ti | 22 | 47.9 | $[Ar]\,3d^24s^2$ | 1.5 | [4]$Ti^{4+}$0.42<br>[5]$Ti^{4+}$0.51<br>[6]$Ti^{4+}$0.605 | 659 |
| Zr | 40 | 91.2 | $[Kr]\,4d^25s^2$ | 1.4 | [6]$Zr^{4+}$0.72<br>[7]$Zr^{4+}$0.78<br>[8]$Zr^{4+}$0.84 | 640 |
| Hf | 72 | 178.5 | $[Xe]\,4f^{14}5d^26s^2$ | 1.4 | [6]$Hf^{4+}$0.71<br>[7]$Hf^{4+}$0.76<br>[8]$Hf^{4+}$0.83 | 658 |
| Nb | 41 | 92.9 | $[Kr]\,4d^45s^1$ | 1.6 | [6]$Nb^{5+}$0.64<br>[7]$Nb^{5+}$0.69 | 652 |
| Ta | 73 | 180.9 | $[Xe]\,4f^{14}5d^36s^2$ | 1.5 | [6]$Ta^{5+}$0.64<br>[7]$Ta^{5+}$0.69 | 761 |

数据来源：Shannon（1976）和 WebElements 网站（https://www.webelements.com/［2023-12-09］）。离子半径中元素左上角方括号中的数值为配位数。

高场强元素作为一类具有高的离子电价、相对较小且相近的离子半径和中等电负性的元素，通常在各类地球化学作用过程中表现出相似的地球化学行为。它们在大多数水流体相关的地质作用（如俯冲带流体活动、低温风化蚀变等过程）中表现出相对不活动的特征。与大离子亲石元素不同，这些元素在俯冲板片脱流体过程中通常不会随着流体迁移进入地幔楔，因此汇聚板块边界的钙碱性火成岩大多表现出相对亏损高场强元素的特征。由于地质体中这些元素的相对组成受成岩后蚀变、变质作用的影响小，因此常被用于判别一些地质体的性质，如判别火成岩的类型及其构造环境（Pearce and Cann，1973）、识别蚀变或者变质岩的原岩（Hickmott and Spear，1992）。需要注意的是，越来越多的证据表明这类元素在一些特定的条件下也会发生迁移，如高温热液蚀变作用、熔体相关作用等，且其活动性受很多因素控制，包括温度、压力、pH 以及熔/流体化学成分等（Jiang et al.，2005；Kessel et al.，2005；Rubin et al.，1993），特别是在一些岩浆热液矿床中的活动性尤为明显。在进变质或者退变质作用过程中，由于一些富含高场强元素的矿物破坏和新矿物的形成（如锆石、独居石等），这些元素也会发生一定的迁移。因此，在使用这一类元素作为判别指标时，还要综合考虑地质样品所处的环境以及可能经历的地质过程。总体来说，高场强元素在大多数流体作用中的稳定性质以及它们在一些特定矿物（如锆石、金红石等）中的亲和性使得它们在岩浆过程示踪研究中的应用非常广泛。

在高场强元素中，一些元素具有非常相近的离子半径和相同的离子电价，通常表现出非常一致的地球化学行为，因此被称为地球化学双胞胎元素（geochemical twins；如 Nb-Ta、Zr-Hf）（Green，1995）。例如，在熔体和流体作用主导的大部分岛弧区域未显示出强烈的 Zr/Hf 或 Nb/Ta 分异，同时 Zr/Hf 比值（本书中若无特殊说明，元素比值都是质量比）在岛弧以及洋中脊玄武岩（middle ocean ridge basalts，MORB）中也是非常相似的（Münker et al.，2004）。但是这些元素容易受到一些特定矿物的影响。例如，金红石、角闪石和榍石能够强烈改变地质样品中 Nb/Ta 和 Zr/Hf 的比值（Foley et al.，2002；Klemme et al.，2005）。因此，Nb/Ta 和 Zr/Hf 比值在副矿物较少的基性岩浆作用过程中通常保持稳定，但在酸性岩浆岩中变化较大。当岩浆演化过程中某些特定矿物（如角闪石、金红石、钛铁矿等）结晶分异时，这些元素的总分配系数发生变化，导致这些元素对比值改变（Ballouard et al.，2016；Bau，1996）。例如，高场强元素的解耦在一些高度分异的花岗岩中尤为明显，Zr/Hf 和 Nb/Ta 比值会随着锆石、角闪石等矿物的分离结晶而变化（Wu et al.，2017）。需要注意的是，相对于原始地幔 [Nb/Ta = 17.8（McDonough and Sun，1995）]，大陆地壳 [12.4（Rudnick and Gao，2014）] 和亏损地幔 [15.2 ~ 15.5（Salters and Stracke，2004；Workman and Hart，2005）] 都具有低 Nb/Ta 比值特征，这种与理论上应具有的质量平衡①的差异，需要在地球内部存在一些未知的高 Nb/Ta 比值储库来补偿（Rudnick et al.，2000；Wade and Wood，2001），或者反映了形成大陆地壳的特定熔融作用（Foley et al.，2002；Rapp et al.，2003）。

类似地，大离子亲石元素作为一组具有低的离子电价、相对较大且相近离子半径的元素（包括 Cs、Rb、K、Ba 和 Sr 等），它们在各种地球化学作用过程中也会表现出相似的地球化学行为。由于它们具有较大的离子半径，这类元素在地幔熔融过程中显示出强烈的不相容性并富集在硅酸盐熔体相中。与高场强元素不同的是，这类元素在各类熔/流体中的活动性非常强，除了在地表风化过程中容易活动，它们更是俯冲带熔/流体活动中最容易迁移的元素（Pearce et al.，2005；Plank and Langmuir，1998）。在俯冲带区域，这类元素主要富集在一些含水矿物中（如角闪石、黑云母等），在板片俯冲过程中随着含水矿物分解释放的流体进入地幔楔（Plank and Langmuir，1998；Schmidt and Poli，1998），并在

①　通常认为地壳和亏损地幔分别代表原始地幔熔融形成的熔体和残余部分，按照质量守恒原理，这三者的元素组成和元素比值在理论上应具有互补关系（Hofmann，1988）。

汇聚板块边界出现的一些岛弧玄武岩（island arc basalts，IAB）中显示出富集特征（Kelemen et al.，2014）。地球 15%～55% 的大离子亲石元素被认为储存于大陆地壳中（Rudnick and Fountain，1995）。这类元素在大陆上地壳中非常富集（Rudnick and Gao，2014），但在大陆下地壳中的含量相对较低，这可能与大陆下地壳整体较为基性的岩性以及这些流体活动性强的元素易在变质过程中丢失有关。此外，这类元素在板内玄武岩（Hofmann，1997）和岛弧玄武岩（Kelemen et al.，2014）中非常富集，而在大洋中脊玄武岩中非常亏损。前者通常反映这类玄武岩的地幔源区有壳源再循环物质加入或来源于交代地幔源区（Montelli et al.，2004；Stern，2002），而后者主要反映玄武岩地幔源区早先经历了强烈的熔体抽取作用（使得源区强烈亏损不相容元素）。富集大离子亲石元素和亏损高场强元素是岛弧岩浆的典型特征。通过这些具有不同流体亲和性的元素含量或比值的变化，能够有效鉴别地幔楔源区受交代之前的亏损程度、俯冲交代物质来源和作用过程等（Pearce et al.，2005）。

## 3.2.2　稀土元素

### 3.2.2.1　稀土元素的化学性质

稀土元素[①]（rare earth elements，REE）是元素周期表中第三副族中的 15 个镧系元素（拥有独特的 4f 电子轨道），与它们性质相近的钇[②]也常被称为稀土元素（表 3.2）。稀土元素是强的正电性元素，以离子键性为特征，只含有极小的共价键成分。稀土元素的电子构型可以总结为 $[Xe]4f^{1-14}5d^16s^2$，稀土元素最外层的电子构型相同，易失去 6s 亚层上的两个电子，然后丢失 1 个 5d（或 4f）电子，因为 5d 或 4f 电子在能量上接近 6s 电子。如果想再从 4f 上移去 1 个电子，则由于这个电子的电离能太高而很难实现，因此 +4 价的稀土元素很少见，通常均显示稳定的 +3 价状态，只有 Eu 和 Yb 有 +2 价态，Ce 和 Tb 有 +4 价态。造成这种特殊价态的原因是 $Eu^{2+}$ 和 $Tb^{4+}$ 具有半充满的 4f 亚层，$Yb^{2+}$ 具有全充满的 4f 亚层，而 $Ce^{4+}$ 具有惰性气体氙的电子构型。上述各特殊价态离子的电子构型有更高的稳定性。已有充分证据表明自然体系中确有 +2 价的铕离子（$Eu^{2+}$）和 +4 价的铈离子（$Ce^{4+}$）存在，但直到现在还未发现 $Tb^{4+}$。在碳质球粒陨石的某些包体中存在 Eu 和 Yb 的负异常，并且两者的含量具有相关性，故推断 $Yb^{2+}$ 在自然界可能是存在的，但 $Yb^{2+}$ 要求极其还原的条件。

稀土元素在矿物中的配位多面体多种多样，从六次配位到十二次配位，甚至到更高的配位（一般情况下从七到十二）。例如，榍石中为七次配位，锆石中为八次配位，独居石中为九次配位，褐帘石中为十一次配位，钙钛矿中为十二次配位。稀土元素的配位数和离

---

①　稀土元素是在 18 世纪末被发现时而得名，由于当时分析技术水平低，认为稀土元素在地壳中很稀少。稀土元素实际上不算稀少，一般在风化壳中富集，一些轻稀土元素在地壳中的丰度比铜、铅、银等常见金属元素还要高，但"稀土"这个奇特的名称却被沿用至今。

②　国际纯粹与应用化学联合会（International Union of Pure and Applied Chemistry，IUPAC）在 1968 年曾提出稀土元素应指代 Sc、Y、La 和镧系元素，但在地球化学文献中很少采用这种用法。

子半径之间存在相关性，即离子半径越大，它们占据配位数越大的位置。其原因是稀土元素原子的体积显示出逐渐和稳定地随原子序数增大而减小的趋势。这种原子体积的减小在化学上称为"镧系收缩"，它反映出稀土元素离子半径随原子序数增大而减小的规律（图3.4）。离子半径也是离子电荷和配位数的函数。

表 3.2　稀土元素和钇离子半径及电子构型

| 原子序数 | 名称 | 符号 | 离子符号 | 离子半径* | 电子构型 | | | |
|---|---|---|---|---|---|---|---|---|
| | | | | | 0 | +1 | +2 | +3 |
| 39 | 钇 | Y | $Y^{3+}$ | 1.019 | $[Kr]4d^1 5s^2$ | $[Kr]4d^1 5s^1$ | $[Kr]4d^1$ | $[Kr]4d^0$ |
| 57 | 镧 | La | $La^{3+}$ | 1.160 | $[Xe]5d^1 6s^2$ | $[Xe]5d^2$ | $[Xe]5d^1$ | $[Xe]4f^0$ |
| 58 | 铈 | Ce | $Ce^{3+}$ | 1.143 | $[Xe]4f^1 5d^1 6s^2$ | $[Xe]4f^1 5d^1 6s^1$ | $[Xe]4f^2$ | $[Xe]4f^1$ |
| | | | $Ce^{4+}$ | 0.970 | $[Xe]4f^2 5d^0 6s^2$ | | | |
| 59 | 镨 | Pr | $Pr^{3+}$ | 1.126 | $[Xe]4f^3 5d^0 6s^2$ | $[Xe]4f^3 6s1$ | $[Xe]4f^3$ | $[Xe]4f^2$ |
| 60 | 钕 | Nd | $Nd^{3+}$ | 1.109 | $[Xe]4f^4 5d^0 6s^2$ | $[Xe]4f^4 6s^1$ | $[Xe]4f^4$ | $[Xe]4f^3$ |
| 61 | 钷 | Pm | | | $[Xe]4f^5 5d^0 6s^2$ | $[Xe]4f^5 6s^1$ | $[Xe]4f^5$ | $[Xe]4f^4$ |
| 62 | 钐 | Sm | $Sm^{3+}$ | 1.079 | $[Xe]4f^6 5d^0 6s^2$ | $[Xe]4f^6 6s^1$ | $[Xe]4f^6$ | $[Xe]4f^5$ |
| 63 | 铕 | Eu | $Eu^{2+}$ | 1.250 | $[Xe]4f^7 5d^0 6s^2$ | $[Xe]4f^7 6s^1$ | $[Xe]4f^7$ | $[Xe]4f^6$ |
| | | | $Eu^{3+}$ | 1.066 | | | | |
| 64 | 钆 | Gd | $Gd^{3+}$ | 1.053 | $[Xe]4f^7 5d^1 6s^2$ | $[Xe]4f^7 5d^1 6s^1$ | $[Xe]4f^7 5d^1$ | $[Xe]4f^7$ |
| 65 | 铽 | Tb | $Tb^{3+}$ | 1.040 | $[Xe]4f^9 5d^0 6s^2$ | $[Xe]4f^9 6s^1$ | $[Xe]4f^9$ | $[Xe]4f^8$ |
| 66 | 镝 | Dy | $Dy^{3+}$ | 1.027 | $[Xe]4f^{10} 5d^0 6s^2$ | $[Xe]4f^{10} 6s^1$ | $[Xe]4f^{10}$ | $[Xe]4f^9$ |
| 67 | 钬 | Ho | $Ho^{3+}$ | 1.015 | $[Xe]4f^{11} 5d^0 6s^2$ | $[Xe]4f^{11} 6s^1$ | $[Xe]4f^{11}$ | $[Xe]4f^{10}$ |
| 68 | 铒 | Er | $Er^{3+}$ | 1.004 | $[Xe]4f^{12} 5d^0 6s^2$ | $[Xe]4f^{12} 6s^1$ | $[Xe]4f^{12}$ | $[Xe]4f^{11}$ |
| 69 | 铥 | Tm | $Tm^{3+}$ | 0.994 | $[Xe]4f^{13} 5d^0 6s^2$ | $[Xe]4f^{13} 6s^1$ | $[Xe]4f^{13}$ | $[Xe]4f^{12}$ |
| 70 | 镱 | Yb | $Yb^{3+}$ | 0.985 | $[Xe]4f^{14} 5d^0 6s^2$ | $[Xe]4f^{14} 6s^1$ | $[Xe]4f^{14}$ | $[Xe]4f^{13}$ |
| 71 | 镥 | Lu | $Lu^{3+}$ | 0.977 | $[Xe]4f^{14} 5d^1 6s^2$ | $[Xe]4f^{14} 6s^1$ | $[Xe]4f^{14} 6s^1$ | $[Xe]4f^{14}$ |

数据来源：Henderson（1984）。

*离子半径为八次配位时的值（单位为 Å），数据来自 Shannon（1976）。

与稀土元素离子半径相似的其他离子很少。稀土元素的离子半径较大，除非矿物中被置换的阳离子也具有较大的半径，否则在大部分矿物中进行置换的能力有限。已观察到与三价稀土元素离子可置换的离子包括 $Ca^{2+}$、$Y^{3+}$、$Th^{4+}$、$U^{4+}$、$Mn^{2+}$ 和 $Zr^{4+}$（六次配位的半径为 0.72Å；表 3.1）。除了 $Zr^{4+}$ 半径相对较小外，根据离子半径大小就可以判断是否存在上述置换。正三价稀土元素的离子半径范围较大，因此某些矿物可以选择性吸收某些特殊的稀土元素。和其他元素的类质同象置换一样，除了离子半径相似外，稀土元素离子对不同电价阳离子的置换（异价类质同象）同样要求满足电荷的平衡或补偿。

在自然界，当硅酸盐相与金属硫化物相共存时，稀土元素优先富集于硅酸盐中，它们具亲石性（亲氧性）。由于所有稀土元素均形成稳定的三价阳离子，且离子半径相近，所以它们具有非常相似的物理和化学特性。它们之间化学行为上的差异主要是随着原子序数

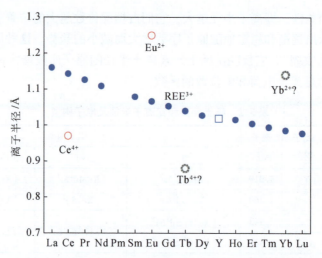

图 3.4　在八次配位的情况下，稀土元素和钇的离子半径和原子序数的关系

数据来自 Shannon（1976）

增加，离子半径减小造成的。为了便于描述和研究，通常将稀土元素分为两组或者三组。一是两分法，即将 La～Eu 称为轻稀土元素（light rare earth elements，LREE），将 Gd～Lu 称为重稀土元素（heavy rare earth elements，HREE）。两分法分组以 Gd 划界的原因是从 Gd 开始，在 4f 亚层上新增加电子的自旋方向改变了。二是三分法，即将 La～Nd 称为轻稀土元素，将 Sm～Ho 称为中稀土元素（middle rare earth elements，MREE），将 Er～Lu 称为重稀土元素。

### 3.2.2.2　稀土元素的分配系数

Schnetzler 和 Philpotts（1970）首次利用天然玄武岩和安山岩体系，采用斑晶–基质法确定了稀土元素在单斜辉石、斜方辉石、橄榄石、云母、角闪石、石榴子石、斜长石及钾长石和熔体之间的分配系数。由于稀土元素在微量元素地球化学研究中的重要地位和高精度原位微区准确分析技术的快速发展，近年来对稀土元素在各种体系中的分配系数研究工作越来越多。

图 3.5 分别为玄武岩、流纹岩/英安岩体系中矿物–熔体间稀土元素的分配系数。从 REE 在不同矿物和熔体间分配系数的变化可以总结出以下规律：

（1）不同矿物富集稀土元素的能力显著不同。稀土元素在不同矿物/熔体间的分配系数可以相差一个数量级或更大。对于某些矿物（如石榴子石），重稀土元素和轻稀土元素的分配系数也可以相差一个数量级或更大。

（2）矿物和高硅硅酸盐熔体之间的稀土元素分配系数一般高于矿物和低硅硅酸盐熔体之间的分配系数。

（3）虽然稀土元素在同一种矿物/熔体之间的分配系数随温度、压力等因素有很大的变化范围，但稀土元素分配系数的总体模式变化不大。

（4）稀土元素在一些副矿物中的分配系数很大（高达 $n \times 100$），并能造成稀土元素彼此间强烈分馏。有些副矿物（如褐帘石）会优先富集轻稀土元素，有些副矿物（如锆石）

会优先富集重稀土元素，有些副矿物（如磷灰石）则会优先富集中稀土元素。

（5）斜长石和钾长石的分离结晶或斜长石在熔融残余体中的存在会使与之平衡的熔体中出现 Eu 负异常；而石榴子石、磷灰石、单斜辉石等的存在则可能会使与之平衡的熔体出现轻微 Eu 正异常。

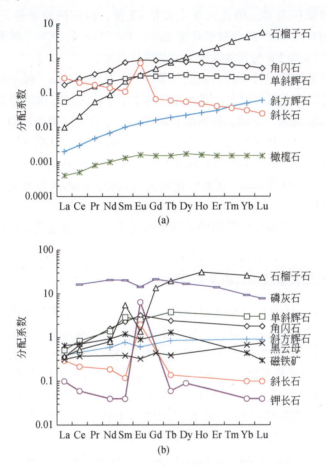

图 3.5　不同体系中矿物–熔体间稀土元素的分配系数

（a）玄武岩体系中矿物–熔体间稀土元素的分配系数；（b）流纹岩/英安岩体系中矿物–熔体间稀土元素的分配系数。玄武岩体系数据来源：McKenzie 和 O'Nions（1991）；流纹岩/英安岩体系数据来源：Bacon 和 Druitt（1988）、Irving 和 Frey（1978）、Nash 和 Crecraft（1985）

### 3.2.2.3　影响稀土元素分异的主要因素

尽管稀土元素的原子结构很相似，在各种地质体中都倾向于成组出现，但自然界不同地质体的稀土元素分配形式千差万别，反映稀土元素在自然体系的形成和演化过程中存在着显著的分异作用。影响稀土元素在自然界分异的主要因素可归纳为以下 6 个方面：

（1）不同元素晶体化学性质的差异。各稀土元素的离子半径和离子电位不同，决定了不同元素发生类质同象替换及迁移能力上的差异。

（2）元素碱性差异。由于电负性低，稀土元素均具有明显的碱性。稀土元素氢氧化物

的碱性介于 $Mg(OH)_2$ 和 $Al(OH)_3$ 之间，与碱土金属的氢氧化物最接近。由于各稀土元素离子电位不同，碱性也有差别。总体来说，从 La 到 Lu 随离子半径的减小，稀土元素的碱性减弱，氢氧化物溶解与沉淀的 pH 也逐渐降低（pH 为 8→6），这决定了稀土元素迁移能力与沉淀先后顺序的不同。

（3）环境氧逸度的差异。稀土元素主要呈+3 价，但在还原条件下 $Eu^{3+}$ 会被还原成 $Eu^{2+}$；在强氧化条件下，$Ce^{3+}$ 则会被氧化成 $Ce^{4+}$。Eu 和 Ce 的价态、离子半径和酸碱性的相应变化，导致了 Ce 和 Eu 与其他稀土元素的整体分离。

（4）形成络合物的稳定性不同。在低压条件下，从 La 到 Lu，稀土元素的配合能力逐渐增强，络合物稳定性也相应加大，因此在自然界中随挥发分迁移的能力增强。

（5）离子被吸附的能力不同。根据库仑定律，正负电荷间的作用力与两者间距离的平方成反比，离子半径小的 $REE^{3+}$ 比离子半径大的容易被吸附。因此，从 $La^{3+}$ 到 $Lu^{3+}$ 被吸附能力逐渐增加。但是，水中呈电解质的离子受水合作用的影响，从 La 到 Lu 水合离子半径逐渐增大，被胶体、有机质和黏土矿物吸附的能力减弱，因此水合稀土元素离子被吸附的能力从 La 到 Lu 降低。

（6）不同稀土元素在地质体的不同矿物中的含量分布以及这些矿物在流体活动中的稳定性不同。

### 3.2.2.4　稀土元素组成模式图及常用指标

由于元素丰度奇-偶效应（Oddo-Harkins 效应），稀土元素在各类地质体（如岩石、矿物、海水等）中的含量变化非常大，且原子序数为偶数的元素丰度远高于原子序数为奇数的相邻元素 [表3.3；图3.6 (a)]。因此，为了消除在用稀土元素含量对原子序数作图时元素丰度奇-偶效应造成的随原子序数增加而出现的锯齿状变化 [图3.6 (a)]，通常利用一种参照物质（如球粒陨石、原始地幔、大陆地壳等；表3.3）对样品中的稀土元素含量进行归一化处理（即将样品的 REE 含量除以参考物质的 REE 含量）后作图 [图3.6 (b)]。这种稀土元素组成模式图最初由 Masuda (1962) 和 Coryell 等 (1963) 提出，因此又被称为增田-科里尔图解（Masuda-Coryell plot）。这种图的优点是：①消除了元素丰度奇-偶效应造成的随原子序数增加而出现的锯齿状变化；②球粒陨石中的稀土元素组成被认为未发生分异作用，因此用球粒陨石值归一化的稀土元素组成模式图不仅可以很好地展示研究样品相对于球粒陨石的分异情况，而且可以直观地展示不同稀土元素之间的分异程度。

表3.3　主要地球化学储库中稀土元素和 Y 的丰度　　　　　　（单位：μg/g）

| 元素 | 球粒陨石 | | | 原始地幔 | | 亏损地幔 | 大陆地壳 | | | |
|---|---|---|---|---|---|---|---|---|---|---|
| | TM85 | MS95 | PO14 | PO14 | MS95 | SS04 | 总地壳 | 上地壳 | 中地壳 | 下地壳 |
| | | | | | | | RG14 | RG14 | RG14 | RG14 |
| La | 0.367 | 0.237 | 0.241 | 0.683 | 0.648 | 0.234 | 20 | 31 | 24 | 8.0 |
| Ce | 0.957 | 0.613 | 0.619 | 1.753 | 1.675 | 0.772 | 43 | 63 | 53 | 20 |
| Pr | 0.137 | 0.0928 | 0.094 | 0.266 | 0.254 | 0.131 | 4.9 | 7.1 | 5.8 | 2.4 |

续表

| 元素 | 球粒陨石 | | | 原始地幔 | | 亏损地幔 | 大陆地壳 | | | |
|---|---|---|---|---|---|---|---|---|---|---|
| | | | | | | | 总地壳 | 上地壳 | 中地壳 | 下地壳 |
| | TM85 | MS95 | PO14 | PO14 | MS95 | SS04 | RG14 | RG14 | RG14 | RG14 |
| Nd | 0.711 | 0.457 | 0.474 | 1.341 | 1.250 | 0.713 | 20 | 27 | 25 | 11 |
| Sm | 0.231 | 0.148 | 0.154 | 0.435 | 0.406 | 0.270 | 3.9 | 4.7 | 4.6 | 2.8 |
| Eu | 0.087 | 0.0563 | 0.059 | 0.167 | 0.154 | 0.107 | 1.1 | 1.0 | 1.4 | 1.1 |
| Gd | 0.306 | 0.199 | 0.207 | 0.586 | 0.544 | 0.395 | 3.7 | 4.0 | 4.0 | 3.1 |
| Tb | 0.058 | 0.0361 | 0.038 | 0.108 | 0.099 | 0.075 | 0.6 | 0.7 | 0.7 | 0.48 |
| Dy | 0.381 | 0.246 | 0.256 | 0.724 | 0.674 | 0.531 | 3.6 | 3.9 | 3.8 | 3.1 |
| Ho | 0.0851 | 0.0546 | 0.056 | 0.160 | 0.149 | 0.122 | 0.77 | 0.83 | 0.82 | 0.68 |
| Er | 0.249 | 0.160 | 0.166 | 0.468 | 0.438 | 0.371 | 2.1 | 2.3 | 2.3 | 1.9 |
| Tm | 0.0356 | 0.0247 | 0.026 | 0.074 | 0.068 | 0.060 | 0.28 | 0.30 | 0.32 | 0.24 |
| Yb | 0.248 | 0.161 | 0.169 | 0.477 | 0.441 | 0.401 | 1.9 | 2.0 | 2.2 | 1.5 |
| Lu | 0.0381 | 0.0246 | 0.025 | 0.071 | 0.068 | 0.063 | 0.30 | 0.31 | 0.40 | 0.25 |
| Y | 2.10 | 1.57 | 1.46 | 4.13 | 4.30 | 4.07 | 19 | 21 | 20 | 16 |

数据来源：TM85 引自 Taylor 和 McLennan（1985），MS95 引自 McDonough 和 Sun（1995），PO14 引自 Palme 和 O'Neill（2014），SS04 引自 Salters 和 Stracke（2004），RG14 引自 Rudnick 和 Gao（2014）。

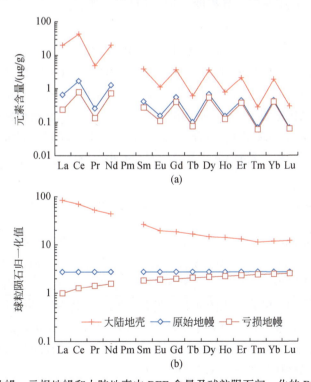

图 3.6  原始地幔、亏损地幔和大陆地壳中 REE 含量及球粒陨石归一化的 REE 组成模式图
球粒陨石 REE 含量据 Taylor 和 McLennan（1985），原始地幔 REE 含量据 McDonough 和 Sun（1995），
亏损地幔 REE 含量据 Salters 和 Stracke（2004），大陆地壳 REE 含量据 Rudnick 和 Gao（2014）

要定量地描述稀土元素的整体分异程度或者某个元素相对于其他元素的分异程度，通常可以选择两个元素作球粒陨石归一化值的比值。如利用一个轻稀土元素和一个重或中稀土元素的球粒陨石归一化值的比值可以反映轻、重稀土元素 [如 $(La/Yb)_N$] 或者轻、中稀土元素 [如 $(La/Sm)_N$] 的分异程度。由于价态和离子半径对元素活动性和相容性的影响，变价元素 Eu 和 Ce 更易于和其他稀土元素发生分异。

在还原条件下，部分 $Eu^{3+}$ 还原为 $Eu^{2+}$，由于电价和离子半径的差异，$Eu^{2+}$ 与其他 $REE^{3+}$ 发生分离，造成在 REE 组成模式图中 Eu 的位置上出现"峰"或"谷"。"峰"或"谷"偏离曲线的程度反映了 Eu 异常的强度。Eu 异常用 $\delta Eu$ 表示，反映 Eu 相对于相邻稀土元素 Sm 和 Gd 的分异程度。$\delta Eu$ 计算公式如下：

$$\delta Eu = [Eu]_N / Eu^*$$
$$Eu^* = ([Sm]_N + [Gd]_N)/2 \text{ 或者} Eu^* = ([Sm]_N \times [Gd]_N)^{1/2} \tag{3.1}$$

式中，[Sm]、[Eu] 和 [Gd] 分别为实际测定样品中的 Sm、Eu 和 Gd 含量；$Eu^*$ 为根据 Eu 相邻两侧元素含量通过线性内插法或者平方差获得的在 Eu 位置处的计算值；下标 N 指示为球粒陨石归一化值。$\delta Eu > 1$ 为正异常（辉长岩通常具有 Eu 正异常），$\delta Eu < 1$ 则为负异常（很多花岗岩显示 Eu 负异常）。

在强氧化条件下，部分 $Ce^{3+}$ 可被氧化为 $Ce^{4+}$，导致 $Ce^{4+}$ 与其他 $REE^{3+}$ 发生地球化学分离，而造成在 REE 组成模式图中 Ce 的位置上出现异常。Ce 异常用 $\delta Ce$ 表示，反映 Ce 相对于相邻稀土元素 La 和 Pr 的分异程度。$\delta Ce$ 计算公式如下：

$$\delta Ce = [Ce]_N / Ce^*$$
$$Ce^* = ([La]_N + [Pr]_N)/2 \tag{3.2}$$

式中，[La]、[Ce] 和 [Pr] 分别为实际测定样品中的 La、Ce 和 Pr 含量；$Ce^*$ 为根据 Ce 相邻两侧元素含量通过线性内插法获得的在 Ce 位置处的计算值；下标 N 指示为球粒陨石归一化值。在地表风化作用中，$Ce^{4+}$ 在弱酸性条件下极易发生水解而滞留在原地，使淋滤出的溶液在 REE 组成上出现贫 Ce 特征，形成 Ce 负异常。因此，河水常具有 Ce 负异常，而地表风化残余沉积物往往具有 Ce 正异常（Ma et al.，2007）。

## 3.2.3 卤族元素

卤族元素（halogens，简称卤素）主要由位于元素周期表第 Ⅶ A 族的氟（F）、氯（Cl）、溴（Br）、碘（I）和砹（At）5 种元素组成。其中，由于砹的多种同位素半衰期都很短，本节对砹不作讨论。卤族元素的基本物理化学性质见表 3.4。卤族元素是非金属元素，随着原子序数增加，卤族元素的非金属属性逐渐减弱，其中氟的非金属属性最强。在各个周期中，卤族元素具有最小的原子半径和最大的电负性。卤族元素的最外层电子构型为 $s^2 p^5$，再得到一个电子即可达到稳定的电子构型。因此，天然地质环境样品中卤族元素通常以一价负离子形式存在（如 $F^-$、$Cl^-$、$Br^-$、$I^-$）。

卤族元素在太阳系星云凝聚过程中，属于高度挥发性元素，因此它们在类地行星中相对亏损（Clay et al.，2017）。卤族元素在地球的平均组成中，氯的丰度最高（约为 10±

5μg/g），其他元素（氟、溴和碘）丰度分别为 5.1±0.5μg/g、400±150ng/g、40.5±0.5ng/g（Allègre et al.，2001），相对于碳质球粒陨石极度亏损。卤族元素在地球不同储库中的平均含量见表 3.5。由于卤族元素的不相容性、流体活动性以及挥发性特征，地球上的卤族元素主要富集在表生圈层，其中海洋是卤族元素的主要储库（Li，1982）。除海洋之外，卤族元素还富集在海水和湖水蒸发形成的蒸发岩中（Hay et al.，2006）。碘比较特殊，由于其离子半径较大，不利于进入蒸发盐，通常独立存在于流体中（Muramatsu et al.，2007），藻类等有机生物体也往往富含碘（von Glasow，2008）。大陆岩石圈和深部地幔由于受到俯冲物质循环及交代作用的影响，也是卤族元素不容忽视的重要储库（Kendrick et al.，2017）。

**表 3.4　卤族元素的基本物理化学性质**

| 卤族元素 | 熔（沸点）/℃ | 离子半径/Å | 第一电离能/（kJ/mol） | 电负性 | 电子亲和能/（kJ/mol） | 稳定同位素 |
|---|---|---|---|---|---|---|
| F | −219.7（−188.1） | 1.33 | 1681 | 4.0 | −328 | $^{19}F$ |
| Cl | −101（−34.6） | 1.81 | 1251 | 3.0 | −349 | $^{35}Cl$、$^{37}Cl$ |
| Br | −7.2（58.8） | 1.96 | 1140 | 2.8 | −324.6 | $^{79}Br$、$^{81}Br$ |
| I | 113.7（184.4） | 2.20 | 1008 | 2.5 | −295.2 | $^{127}I$ |

数据来源：Eggenkamp（2014）。

**表 3.5　卤族元素在不同地球化学储库中的含量估计值**

| 不同地球化学储库 | 储库质量/$10^{21}$kg | F/（μg/g） | Cl/（μg/g） | Br/（ng/g） | I/（ng/g） |
|---|---|---|---|---|---|
| 海水 | 1.4±0.07 | 1.30±0.07 | 19300±970 | 66000±3300 | 58±6 |
| 蒸发岩 | 0.030±0.005 | 10±10 | 550000±50000 | 150000±100000 | 1000±1000 |
| 海洋沉积物 | 0.5±0.1 | 1000±300 | 4000±3000 | 40000±20000 | 30000±15000 |
| 沉积岩 | 1.5±0.3 | 550±100 | 700±400 | 4000±3000 | 1500±1000 |
| 地壳卤水 | 0.06±0.03 | 20±15 | 100000±50000 | 600000±400000 | 15000±10000 |
| 陆壳+洋壳 | 26±3 | 550±100 | 300±100 | 600±250 | 18±9 |
| 亏损地幔 | 2800±800 | 12±2 | 5±2 | 13±6 | 0.3±0.1 |
| 原始地幔 | 4040 | 17±6 | 26±8 | 76±25 | 7±4 |

数据来源：Kendrick 等（2017）。

卤族元素在自然界的分布是由其地球化学性质所决定的。地壳和水圈等地球外部圈层中卤族元素的大量富集主要反映了它们在地幔部分熔融和岩浆分异演化过程中的不相容性。在硅酸盐熔体中，Cl、Br 和 I 的离子半径相对于 F 更大，这意味着它们在部分熔融过程中表现出更强的不相容性，而 F 离子与 $O^{2-}$ 与 $OH^-$ 的离子半径相似，因此 F 较为容易发生类质同象替换矿物中的 $OH^-$，因而 F 相对表现为中等不相容性（图 3.7）。由于不同卤族元素之间的离子半径差异较大，不同卤族元素在同一地质样品中的含量有较大变化（图 3.8）。另外，在熔体和流体之间 F 和 Cl、Br、I 的分配行为也不同。F 易溶解于镁铁质硅酸盐熔体，而 Cl、Br 和 I 倾向于进入流体相，具有较强的流体活动性。

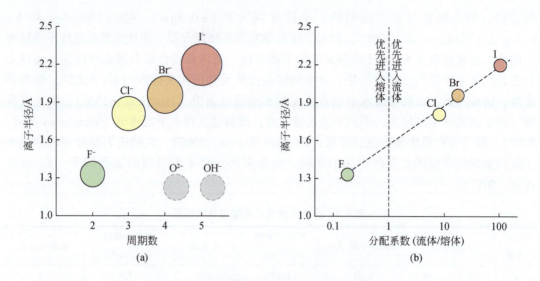

图 3.7　卤族元素离子半径与分配系数的关系

（a）卤族元素离子半径差异；（b）卤族元素在流体–熔体中的分配系数与离子半径的关系。修改自 Bureau 等（2000）

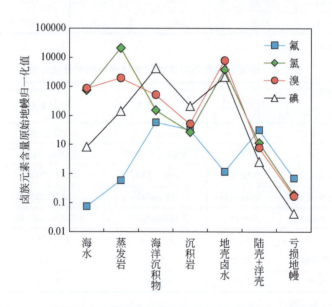

图 3.8　不同地球化学储库中卤族元素的原始地幔归一化含量对比

数据来源见表 3.5

　　卤族元素广泛存在于矿物晶格、结构空隙、晶格缺陷以及矿物的包裹体中。角闪石、云母和磷灰石等含水矿物是岩石中卤族元素的主要寄主矿物，这些矿物在很大程度上控制着卤族元素的地球化学行为。卤族元素在行星增生演化与地球宜居环境形成（Clay et al.，2017）、壳幔相互作用与俯冲物质循环（Kendrick et al.，2012）、金属元素迁移（Kobayashi et al.，2017）与矿床形成（Weis et al.，2012）等重要地质作用中起着关键作用。例如，在金属成矿方面，大多数成矿热液流体是含氯流体，热液流体中卤族元素的成分变化可以显著影响流体的压力、温度等特性，控制着成矿元素的分配和沉淀。卤族元素作为金属离子的主要配体，热液流体中卤族元素的含量直接影响金属元素的迁移与成矿。

地球表层储库中 Cl、Br、I 的浓度明显高于地幔中的浓度，这些卤族元素在地球表层和内部储库之间的巨大浓度差异意味着卤族元素可以作为地幔中俯冲板片流体活动的重要示踪剂。在俯冲过程中，俯冲板片释放的不同性质的流体会交代岩石圈地幔，卤族元素作为流体活动性元素可以反映俯冲流体对岩石圈地幔的改造作用，为壳幔相互作用及物质循环提供重要的地球化学信息。例如，洋脊和岛弧玄武岩玻璃中的卤族元素比值（Br/Cl、I/Cl）被用于指示交代物质来源，高 I/Cl 比值被认为与沉积物的加入有关（Kendrick et al.，2020）。由于卤族元素的应用潜力，近十来年卤族元素在各个领域逐渐受到广泛关注（Harlov and Aranovich，2018）。

## 3.3　亲铜元素

亲铜元素（chalcophile elements）又称亲硫元素（sulfur-loving elements），主要指与硫亲和力强，在自然界倾向于赋存在硫化物中的一大类元素。亲铜元素包括铂族元素（platinum group elements，PGE）、Re、Au、Cu、Ag、S、Se、Te 等诸多元素（图 3.1）。在幔源和壳源岩浆作用过程中，亲铜元素在硫化物–硅酸盐熔体之间进行分配时倾向于在硫化物中富集（Brenan et al.，2016；Li and Audétat，2012；Lorand and Luguet，2016；Patten et al.，2013）。当岩浆体系达到硫化物饱和时，亲铜元素主要富集在硫化物中；若体系中硫化物未达到饱和，这些元素则不受硫化物控制，而主要是溶解在硅酸盐熔体中，表现出不相容的性质。部分亲铜元素（比如 Os、Ir、Ru、Pt）往往容易形成金属合金。

### 3.3.1　硅酸盐熔体中硫的溶解度

由于亲铜元素主要受控于硫化物相，岩浆中硫的溶解度对理解亲铜元素相关的过程尤为重要。硫是多价态元素，受氧逸度控制，在氧逸度高于 NNO+1.0 时（NNO 为 Nickel-Nickel Oxide buffer 的缩写），大量的 $S^{2-}$ 转化为氧化态的 $S^{6+}$，$S^{2-}$ 和 $S^{6+}$ 两种状态的硫可以共存（Jugo et al.，2010；Wallace and Carmichael，1992；Wilke et al.，2008）。一般用硫化物饱和时硅酸盐岩浆中的最大硫浓度（sulfur content at sulfide saturation，SCSS）或硫酸盐达到饱和时硅酸盐岩浆中的最大硫浓度（sulfate content at anhydrite saturation，SCAS）来定量描述硅酸盐熔体对硫的溶解能力。亲铜元素在熔体中的溶解主要受 $S^{2-}$ 控制，因此 SCSS 是理解亲铜元素在岩浆中行为的关键所在。基于理论计算和实验数据，已有大量工作对 SCSS 进行了定量化估计（Baker and Moretti，2011；Ding et al.，2014；Fortin et al.，2015；Smythe et al.，2017）。Smythe 等（2017）提供了下述计算 SCSS 的经验公式 [式（3.3）]，该式综合了温度、压力、熔体和硫化物成分等多种因素，具有广泛的适用性：

$$\ln[\,\mathrm{SCSS}\,] = \frac{A}{T} + B + \frac{CP}{T} + \sum_{M} \frac{X_M A_M}{T} + \ln a_{\mathrm{FeS}}^{\mathrm{sulfide}} - \ln a_{\mathrm{FeO}}^{\mathrm{silicate}} \qquad (3.3)$$

式中，$T$ 为温度，℃；$P$ 为压力，GPa；$a_{\mathrm{FeS}}^{\mathrm{sulfide}}$ 和 $a_{\mathrm{FeO}}^{\mathrm{silicate}}$ 分别为 FeS 和 FeO 在硫化物和硅酸盐

熔体中的活度；$X_M$ 为金属氧化物（如 $SiO_2$、$Al_2O_3$、$MgO$ 等）的摩尔分数；$A_M$ 为组分 $M$ 在氧化物和硫化物中的自由能差；$A(<0)$、$B$ 和 $C(<0)$ 为与温度、压力、岩浆组分和硫化物组分相关的常数（具体见原文献）。

从式（3.3）可以看出 SCSS 与温度以及硅酸盐中的 FeO 含量成正比，与压力成反比。比如，硫化物饱和的大洋玄武岩中的硫含量与 FeO 含量正相关（Jenner et al.，2015）。在氧逸度较高的构造背景下（如岛弧环境），氧逸度的升高会导致硫化物向硫酸盐转变，极大地提高岩浆中硫的溶解度（图 3.9）。SCSS 除了与温度、压力、氧逸度和物质成分有关外，岩浆中的水含量可能也会影响硫在硅酸盐岩浆中的溶解能力（Fortin et al.，2015；Liu et al.，2007）。随着氧逸度增强，熔体中 $S^{2-}$ 也会随之提高，即岩浆中的硫逸度增强，这会显著提高岩浆中亲铜元素的溶解能力（Botcharnikov et al.，2011；Li et al.，2019）。但是，当氧逸度过高时，大部分 $S^{2-}$ 转换为 $SO_4^{2-}$，亲铜元素在熔体中的溶解能力又会下降（Botcharnikov et al.，2011）。

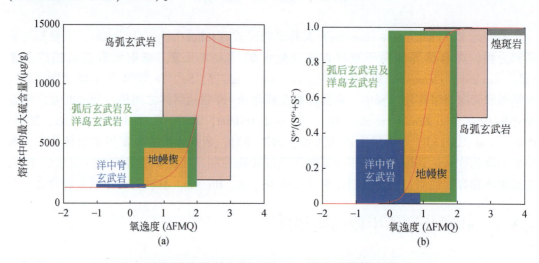

图 3.9　硅酸盐熔体中硫含量及其存在形式与氧逸度变化的关系

（a）硅酸盐熔体中的最大硫含量与氧逸度变化的关系。修改自 Jugo（2009）；
（b）硅酸盐熔体中硫的存在形式与氧逸度变化的关系。修改自 Botcharnikov 等（2011）

## 3.3.2　亲铜元素的分配系数

不同亲铜元素对硫化物的亲和性差异巨大，这种亲和性强弱可以用亲铜元素在硫化物和与之平衡的硅酸盐熔体间的分配系数（$D^{\text{sulfide-silicate melt}}$）进行定量化描述。分配系数越高意味着该元素更倾向于进入硫化物相，即亲铜性越强。亲铜元素的分配系数与温度、压力、氧逸度、岩浆成分以及硫化物成分等诸多因素密切相关，在不同地质过程中会发生变化（Li and Audétat，2015；Wood and Kiseeva，2015）。经过大量的理论计算和实验研究，Wood 和 Kiseeva（2015）提出半定量化估计亲铜元素分配系数的经验公式：

$$\lg D_i^{\text{sulfide-silicate melt}} \approx A - \frac{n}{2}\lg[\text{FeO}] \tag{3.4}$$

式中，$n$ 为元素 $i$ 的价态；［FeO］为硅酸盐岩浆中的 FeO 质量分数，%；$A$ 为与温度、压力相关的稳定常数。在给定的温度和压力条件下，元素 $i$ 的分配系数主要受控于岩浆中的 FeO 含量，这一简单关系有效地消除了体系中氧逸度和硫逸度对计算分配系数的影响（Wood and Kiseeva，2015）。随着岩浆演化，熔体中的 FeO 含量降低，微量元素 $i$ 的分配系数会升高，也就是亲铜元素会更多地进入硫化物，比如图 3.10 所示的 Pb 元素。

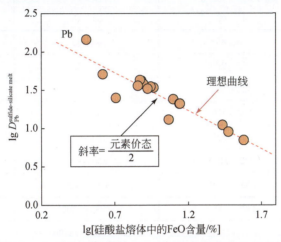

图 3.10　硫化物–硅酸盐熔体之间 Pb 的分配系数与熔体中 FeO 含量的关系

实验测得的 Pb 分配系数（$D_{Pb}^{sulfide-silicate\ melt}$，1400℃，1.5GPa，圆点）

与根据 FeO 含量预测值（红色虚线）一致。引自 Wood 和 Kiseeva（2015）

从表 3.6 可以看出，PGE 具有最强的亲铜性，分配系数大部分情况下高达 $>10^5$；Au、Cu 和 Ag 表现出强亲铜性（$D \approx 500 \sim 10000$），Pb 和 Mo 表现出中度的亲铜性（$D < 100$），In 和 Cd 则具有弱亲铜性（Brenan et al.，2016；Kiseeva et al.，2017；Li and Audétat，2012；Mungall and Brenan，2014）。因此，在硫化物存在的体系中，亲铜元素会系统性地富集在硫化物中。但是由于分配系数不同，不同亲铜元素在硫化物中的富集程度差别很大，因此硫化物的分离结晶作用会导致亲铜元素含量和比值发生巨大变化。例如，PGE 的分配系数很高且接近，硫化物分离结晶作用不会造成 PGE 比值显著变化，但是由于 Cu 和 Pd 分配系数的巨大差异，Cu/Pd 比值变化可达上百倍。因而，在硫化物饱和过程中，大部分亲铜元素会发生显著分异，但是分配系数相近的亲铜元素的比值变化较小，比如 PGE 比值和 Cu/Ag 比值等（Wang et al.，2018）。利用这种性质，可以鉴别岩浆硫化物饱和的历史。亲铜元素的分配系数在不同地质过程中会发生变化，但是它们的相对大小关系不会显著改变，因此可以利用亲铜元素含量比值来解决一些科学问题（见 7.2.1.1 节）。

表 3.6　常见亲铜元素的分配系数范围

| 元素 | 安山岩 | 玄武岩 | 科马提岩 |
| --- | --- | --- | --- |
| | 6% ~9% FeO | 8% ~11% FeO | 10% ~14% FeO |
| Tl | 14 ~18 | 13 ~15 | 11 ~13 |
| In | 14 ~24 | 11 ~17 | 8 ~12 |

续表

| 元素 | 安山岩 | 玄武岩 | 科马提岩 |
|---|---|---|---|
| | 6% ~ 9% FeO | 8% ~ 11% FeO | 10% ~ 14% FeO |
| Sb | 22 ~ 39 | 17 ~ 26 | 13 ~ 20 |
| As | 29 ~ 36 | 25 ~ 31 | 22 ~ 27 |
| Pb | 41 ~ 62 | 33 ~ 46 | 25 ~ 37 |
| Co | 56 ~ 86 | 45 ~ 63 | 34 ~ 50 |
| Cd | 65 ~ 98 | 53 ~ 73 | 42 ~ 59 |
| Cu | 420 ~ 560 | 360 ~ 460 | 290 ~ 390 |
| Ag | 530 ~ 700 | 460 ~ 580 | 370 ~ 490 |
| Se | 550 ~ 850 | 450 ~ 650 | 350 ~ 500 |
| Ni | 770 ~ 1160 | 630 ~ 870 | 500 ~ 690 |
| Bi | 1000 ~ 1250 | 900 ~ 1100 | 800 ~ 950 |
| Te | 3000 ~ 3800 | 2600 ~ 3200 | 2300 ~ 2800 |
| Re | 22 ~ 22377（3100） | | |
| Au | 4100 ~ 11200（6300） | | |
| Pd | $6.7 \times 10^4$ ~ $5.36 \times 10^5$（$1.89 \times 10^5$） | | |
| Rh | $5.72 \times 10^4$ ~ $5.91 \times 10^5$（$2.05 \times 10^5$） | | |
| Ru | $3.03 \times 10^5$ ~ $4.85 \times 10^5$（$4.19 \times 10^5$） | | |
| Ir | $4.80 \times 10^4$ ~ $1.90 \times 10^6$（$4.58 \times 10^5$） | | |
| Os | $3.52 \times 10^5$ ~ $1.15 \times 10^6$（$7.49 \times 10^5$） | | |
| Pt | $4.38 \times 10^3$ ~ $3.45 \times 10^6$（$8.45 \times 10^5$） | | |

数据来源：Kiseeva 等（2017）；括弧中的数值为平均值。

在天然体系中，有些亲铜元素随着物理化学条件的变化会表现出亲石性。这些元素除了进入硫化物，在某些情况下也可以进入硅酸盐矿物，比如 In 和 Cd（Wood and Kiseeva, 2015）。这种性质的变化取决于所在的体系，比如 Mo、Pb 和 Zn 往往表现出亲石性，富集在硅酸盐矿物中，但是在 Mo-Pb-Zn 矿床中可以形成独立的硫化物矿物。这种特征导致了亲铜元素的全岩分配系数表现出很大的复杂性。

## 3.3.3　亲铜元素在不同硫化物相之间的分配

在高温岩浆冷凝过程中，均匀的硫化物熔体（sulfide melt）会经过单硫化物固溶体和中间硫化物固溶体的转变，最终形成各种硫化物相（Lorand and Luguet, 2016）。例如，地幔硫化物主要是 Fe-Ni-Cu 硫化物或者贱金属硫化物，多以磁黄铁矿-镍黄铁矿-黄铜矿等形式共生（Aulbach et al., 2016；Lorand and Luguet, 2016；Wang et al., 2013）。出露地表的地幔岩石中的硫化物的亲铜元素已经不能代表地幔高温高压条件下的状态，因为硫化物在冷却过程中会经历出溶作用等一系列复杂过程，造成亲铜元素在这些不同硫化物相之间的再分配（Holwell and McDonald，2010；Patten et al.，2013）（图 3.11）。

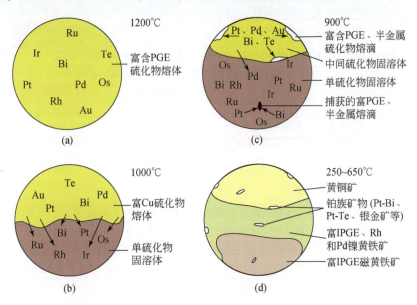

图 3.11　随着温度变化亲铜元素在不同硫化物相之间发生再分配

IPGE 为 Ir 族铂族元素，包括 Os、Ir、Ru；引自 Holwell 和 McDonald（2010）

在高温岩浆过程中（>1000℃），形成的硫化物可以是硫化物熔体或者单硫化物固溶体，这取决于体系的温度和压力条件（Bockrath et al.，2004；Zhang and Hirschmann，2016）。随着压力的升高或者温度的降低，形成的硫化物从硫化物熔体转变为单硫化物固溶体（图 3.11）。实验和天然样品数据表明，亲铜元素在这两种体系中表现出不同的分异行为（Jenner，2017；Li and Audétat，2013；Liu and Brenan，2015；Mungall et al.，2005；Wang et al.，2018）。利用亲铜元素在不同硫化物相中分配行为的差异可以分析亲铜元素在地幔高温岩浆过程中的地球化学行为是受硫化物–硅酸盐熔体控制还是受硫化物固–液两相间的分配控制（图 3.12）。例如，在硫化物–硅酸盐熔体体系中，Cu 和 Ag 的分配系数近似相等，即 Cu/Ag 比值不变（Kiseeva and Wood，2013，2015）；但是在硫化物固–液两相中，Cu 倾向于进入单硫化物固溶体，因此 Cu 和 Ag 显著分异（Li and Audétat，2012，2015；Zajacz et al.，2013）。在地幔部分熔融、橄榄岩–熔体反应和硅酸盐岩浆结晶分异过程中，Cu 和 Ag 的含量会发生变化，但是 Cu 和 Ag 之间不发生显著分异，这说明硫化物–硅酸盐熔体是控制地幔岩浆过程中亲铜元素行为的主要因素（Wang et al.，2018）。但是在温度较低的岛弧地区，初始的岛弧岩浆具有和 MORB 一致的 Cu 含量和 Cu/Ag 比值，随着硫化物的结晶分异，岩浆中的 Cu 含量和 Cu/Ag 比值显著降低，并逐渐接近大陆地壳比值（Jenner，2017；Jenner et al.，2015）。这些观察说明岛弧岩浆的形成过程中 Cu 和 Ag 并不发生分异，而在冷却过程中有固态硫化物的形成，造成晚期岩浆 Cu/Ag 比值降低。在大陆弧环境的含硫化物堆晶岩中同样观察到了该现象（Chen et al.，2020）。这说明弧岩浆过程中 Cu/Ag 比值变化对理解大陆地壳形成有着重要的指示意义。

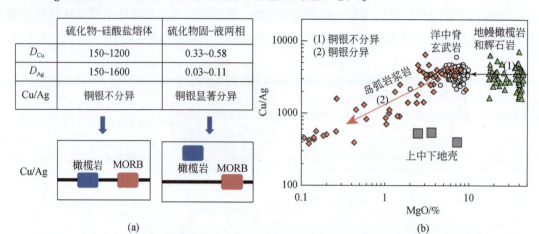

图 3.12　亲铜元素在不同硫化物相中分配行为的差异

（a）Cu 和 Ag 在硫化物–硅酸盐熔体和硫化物固–液两相中分配系数的差异性及其对橄榄岩和玄武岩 Cu/Ag 比值影响的示意图；（b）部分熔融作用与不同类型岩浆演化对 Cu/Ag 比值的影响。地幔部分熔融作用与玄武岩浆演化过程几乎不造成 Cu/Ag 比值的改变，然而弧岩浆演化晚期会造成 Cu/Ag 比值降低。修改自 Wang 等（2018）

# 3.4　亲 铁 元 素

亲铁元素（siderophile elements 或 iron-loving elements）是指在硅酸盐熔体–金属体系中倾向于进入金属相的元素。在自然界，它们主要对应于金属相地核和硅酸盐地幔的体系，在认识地球和其他行星核幔分异及其增生演化过程研究中具有重要的应用。需要说明的是，绝大多数亲铜元素往往也是亲铁元素，这具体取决于其体系到底是硫化物–硅酸盐体系还是金属–硅酸盐体系。在核幔分异的金属–硅酸盐熔体体系中，亲铜元素主要表现出亲铁性，倾向于富集在金属相的地核中。也就是说，诸多元素同时具有亲铁性和亲铜性，只是它们的具体行为主要与存在的体系有关。

与亲铜性类似，不同亲铁元素对金属的亲和性也有强弱之分，也是通过元素在金属–硅酸盐熔体之间的分配系数来确定。它们的分配系数也随温度、压力、氧逸度和熔体成分等多种因素变化而变化，也就是说在类地行星金属成核过程中分配系数会变化。铂族元素、Re 和 Au 具有非常高的分配系数（通常 $D>10000$），它们通常被称为高度亲铁元素（highly siderophile elements）；S、Cu、Ag 等次之；Fe、V、Cr 等元素具有弱的亲铁性（表 3.7）。由于亲铁性的差异，不同亲铁元素在地幔中的含量可以反映不同成核阶段的过程。比如，在地球早期成核过程中，高度亲铁元素几乎全部进入地核，它们在地幔中的含量主要反映最晚期演化阶段的成分；而弱亲铁元素在早期增生和成核过程中，部分可以残留在地幔中，因此可以反映更早阶段的增生和成核过程（Dauphas，2017）。

表 3.7　金属-硅酸盐熔体间亲铁元素分配系数

| 元素分配系数 | 变化范围 |
| --- | --- |
| $D_{Fe}$ | 13.6 |
| $D_{Ni}$ | 23 ~ 27 |
| $D_{Co}$ | 23 ~ 27 |
| $D_{V}$ | 1.5 ~ 2.2 |
| $D_{W}$ | 15 ~ 22 |
| $D_{Nb}$ | 0.2 ~ 0.8 |
| $D_{Cr}$ | 0.5 ~ 3.5 |
| $D_{Mn}$ | 0.2 ~ 2.0* |
| $D_{Si}$ | 0.1 ~ 0.35* |
| $D_{S}$ | 50 ~ 100 |
| $D_{Ga}$ | 0 ~ 1.5* |
| $D_{P}$ | 20 ~ 50* |
| $D_{Pd}$ | $10^4 ~ 10^5$ |
| $D_{Ir}$ | $10^5 ~ 10^7$ |
| $D_{Pt}$ | $10^4 ~ 10^5$ |
| $D_{Re}$ | $10^4 ~ 10^6$ |

数据来源：Wood 等（2006）和 Mann 等（2012）。

*分配系数因挥发性存在波动变化。

## 3.5　亲气元素

亲气元素（atmophile elements）是易于形成气体状态而在大气圈中富集的元素。大多数亲气元素原子最外电子层具有 8 个电子，表现出化学惰性，原子容积最大，具有挥发性或倾向形成易挥发化合物，易于在地球表面形成气体或液体，通常集中在地球大气圈和水圈中。典型的亲气元素包括氢（H）、氮（N）以及惰性气体［即氦（He）、氖（Ne）、氩（Ar）、氪（Kr）、氙（Xe）和氡（Rn）］（Pinti，2017）。碳（C）具有双重的地球化学性质，一方面它可以作为一种亲气元素与氧结合形成 $CO_2$（大气中第四丰富的气体）或者形成 CO（主要由火山喷发释放到大气，在大气中停留短短几个月）；另一方面，碳也可以表现为亲铁元素，溶解在金属相中（可达百分之几），是用来解释地核密度亏损的轻元素之一（Li et al.，2016；Zhang and Yin，2012）。氧（O）元素虽然也是当今大气的主要成分之一（氧气的体积分数约为 21%），但由于氧主要以氧化物和硅酸盐矿物的形式存在于地壳中，通常被认为是一种亲石元素（Pinti，2017）。

氢（H）是元素周期表中最轻，宇宙中最丰富的化学元素。作为宇宙大爆炸的残留物，氢和氦一起构成了太阳系质量的 99.9%（Lauretta，2011）。在地球组成中，它约占大气的 0.0055%，地壳的 0.014%，地幔的 0.012%（Brophy and Schimmelmann, 2018）。在地球表面，氢主要以水（$H_2O$）、甲烷（$CH_4$）、各种氨化合物（$NH_4^+$）和有机结合氢的形式存在（Brophy and Schimmelmann, 2018）。在各类岩石中，氢通常以 $OH^-$ 的形式存在于一些含水矿物中（如云母、角闪石及蛇纹石等），同时它也可以存在于名义无水矿物[①]中（nominally anhydrous minerals, NAMs）（Brophy and Schimmelmann, 2018）。

氮（N）因其电子构型（[He] $2s^2 2p^3$）的特点，可以分别失去 5 个或者获得 3 个电子，因此可以在 –3 价到 +5 价的各种氧化还原状态下出现。而氮元素常形成具有强大的三个共价键的 $N_2$（氮气）分子，使其像惰性气体一样几乎不反应，$N_2$ 气约占空气的 78.08%。氮是太阳系中第五丰富的元素，约 $1105\mu g/g$，地壳和沉积物通常包含 $100 \sim 1000\mu g/g$ 的氮；地幔中氮含量很低，为 $0.26 \sim 36\mu g/g$（Busigny and Bebout, 2013）。与其他元素不同的是，地壳中的氮最初主要是通过生物活动从大气中获取的。随着有机物的生成，氮跟随有机物进行物质循环，释放出铵离子（$NH_4^+$），由于与 $K^+$ 具有相似的电荷和离子半径，$NH_4^+$ 可以替换富钾矿物（如黏土、长石和云母等）中的 $K^+$（Busigny and Bebout, 2013；Pinti and Hashizume, 2011）。自然界中很少有能形成氮的矿物，仅在一些特殊环境，如火山口、蒸发系统、大气沉积物或陨石中可见（Holloway and Dahlgren, 2002）。在火成岩中，氮含量通常小于 0.1%，而沉积岩中的氮含量要高得多（高达 2%）。鉴于氮在岩石中的惰性，在氮循环研究中通常不考虑地幔和地壳中的氮。大气中的氮约占全球表层氮循环中的 90%，几乎所有的氮都以 $N_2$ 的形式存在（Chapin et al., 2011）。海洋是表层系统第二大氮库，其中约 99.98% 的氮位于海洋沉积物和深水中（Chapin et al., 2011；Palta and Hartnett, 2018）。

惰性气体包括氦、氖、氩、氪、氙和氡，它们的最外层电子被填满，使其具有化学惰性以及挥发性的特点，是无色、无味、单原子、在标准温度和压力下不反应的气体。大部分惰性气体是相对稳定的，而氡（$^{222}Rn$）是一个例外，它不但具有放射性且衰变速度很快，半衰期为 3.82 天。惰性气体在地球的大气中以极低的浓度存在，其中氩（Ar）是最丰富的。

地球惰性气体有多种来源，包括注入的太阳风、太阳星云气体、球粒陨石和彗星等（Péron et al., 2018）。地球大气中的惰性气体成分均一，为大多数惰性气体的陆地研究提供了丰度和同位素组成的参考（Sano et al., 2013）。在过去 1Ga[②] 中，地球大气中惰性气体的同位素组成和分压的变化很小。除了 $^{40}Ar$ 和 He 以外，大气圈包含了地球上 98% ~ 99% 的惰性气体。非放射成因惰性气体同位素的分布模式与球粒陨石类似，均在轻元素和轻同位素方面强烈亏损。

地球上挥发性元素的起源一直是一个争论不休的话题，因为它对地球的形成、早期太阳系的演化以及地球上生命的起源有着深远的影响。而在这方面，惰性气体因为其"不活

---

① 名义无水矿物，顾名思义，其化学分子式中不含氢元素，如橄榄石、辉石、石榴子石、斜长石、石英等，但是这些矿物通常可以含有痕量至微量的氢。这种氢一般与晶格缺陷有关，并和晶格中的氧相结合以 —OH 的形式存在。

② 地质时间单位，Ga = Gigaannus，即 $10^9$ 年。类似表达还有：ka = kiloannus，即 $10^3$ 年；Ma = Megaannus，即 $10^6$ 年。

泼"的性质而成为有价值的工具（Péron et al., 2018）。尽管浓度很低，但惰性气体的元素和同位素丰度对于理解行星的水圈–大气圈系统的起源和演化至关重要（Atreya et al., 2013；Marty, 2012）。与此同时，惰性气体形成了一套独特且极其多样化的地球化学示踪剂，在地球和行星科学研究中有着广泛的应用（Ballentine and Barry, 2018）。

# 3.6　亲生物元素

亲生物元素（biophile elements）是指在生物体和有机物质中构成机体组织，维持机体生理功能、生化代谢的元素，或在活的动植物中相对富集的元素。在 1954 年，戈尔德施密特列出了 8 个主要的亲生物元素（包括 C、H、O、N、P、S、Cl 和 I）和 9 个次要的亲生物元素（包括 B、Ca、Mg、K、Na、V、Mn、Fe 和 Cu）。根据元素在人体中的含量，Lindh（2005）把 Na、Mg、K 和 Ca 列为主要的亲生物元素，把 Fe、Cu、Zn、I、Se、Mn、Mo、Cr、F 和 Co 列为次要的亲生物元素。随着生命科学、地球科学、环境科学的不断发展，越来越多的元素被发现与生物体密切相关。例如，Pb、Si、As、Br、Sr 和 Cd 等，由于其大小和电荷与 Ca 相近，容易取代人类骨骼中的 Ca 元素，因此也被列为亲生物元素。

为了明确元素周期表中哪些元素属于亲生物元素，Hollabaugh（2007）在戈尔德施密特等多位学者的观点基础上，列出了判定亲生物元素的以下主要依据和建议的亲生物元素（图 3.13）。

（1）与有机碳成键的元素，是构成生命的主要元素。例如，戈尔德施密特列出的主要的亲生物元素 C、H、O、N、P、S、Cl 和 I。

（2）作为骨骼结构起作用的元素（骨骼中的磷酸钙、贝壳中的碳酸钙、某些外骨骼中的二氧化硅以及骨骼和牙齿中的氟）。

（3）存在于体液中的元素。如血液中的 K、Na、Cl 等（Combs Jr, 2005）。

（4）构成机体组织，维持机体生理功能、生化代谢所需要的微量元素。Combs Jr（2005）列出了 10 种必需微量元素（包括 Fe、Cu、Zn、I、Se、Mn、Mo、Cr、F 和 Co）和 6 种疑似必需微量元素（包括 Ni、Pb、As、B、V 和 Si）。Lindh（2005）列出了 18 种必需和可能必需的微量元素（包括 Li、V、Cr、Mn、Fe、Co、Ni、Cu、Zn、W、Mo、Si、Se、F、I、As、Br 和 Sn）。

（5）由于离子半径和电荷相似而取代亲生物元素的元素。例如，$Pb^{2+}$ 的半径（1.19Å）与 $Ca^{2+}$ 的半径（1.00Å）相似，Pb 很容易替换骨骼中的 Ca。除了 Pb，能够替换骨骼和牙齿中 Ca 元素的还有 Cd、Mg、Sr、Ba、Mn、Na 和 K 等元素。骨骼中的磷酸盐（$PO_4^{3-}$）可以被 $AsO_4^{3-}$、$SiO_4^{4-}$、$VO_4^{3-}$、$SO_4^{2-}$、$SbO_4^{3-}$、$CO_3^{2-}$ 和 $AlO_4^{5-}$ 替换。

（6）与碳结合并在食物链中富集的稀有或微量元素（如甲基汞和甲基砷）。表生环境中的汞很容易被土壤、沉积物或水中的微生物转化为 $(CH_3)_2Hg$ 和 $CH_3Hg^+$（刘金铃和丁振华, 2007），$CH_3Hg^+$ 可以进入溶液，被生物吸收积累，并随着食物链进入人体内。由于甲基汞的生物富集作用，水体中处于食物链顶端的鱼类所含汞的浓度可比其生活的水体高出 100 万倍（Hsu-Kim et al., 2013）。此外，其他微量元素也可以被生物吸收积累，如 Cd、Cr、Cu、Zn、Pb、As 等在鱼体中的含量可达到水体的几十倍至数千倍（图 3.14）。

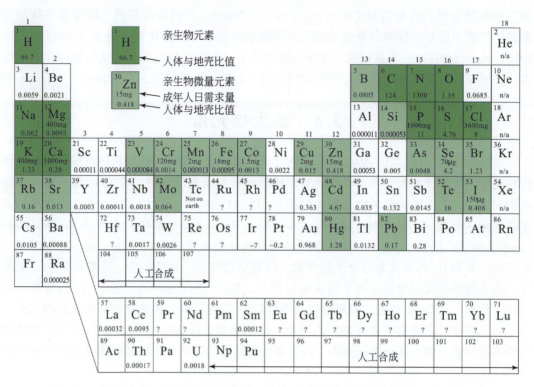

图 3.13　亲生物元素种类和元素在人体与地壳中的含量比值

浅绿色为亲生物微量元素。引自 Hollabaugh（2007）。"n/a" 表示人体中含量极少或几乎没有，

"?" 表示在人体中的含量暂不清楚

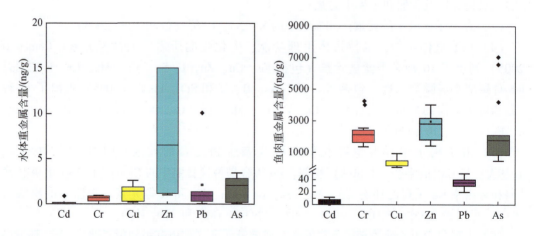

图 3.14　中国南海海域水体重金属含量（李景喜等，2013）和鱼肉重金属含量（Liu et al.，2015）

（7）可以被有机废物和残留物还原和沉积的元素（包括泥炭、煤和石油中的 S、As、Pb、Hg 和 U 等）。

在这些亲生物元素中，有些元素是生命所必需的元素，通常称为必需元素（essential elements）。这些元素缺乏会导致有机体发育异常或功能失常甚至死亡，如果在膳食中补充该元素可以避免这种不利影响。微量元素在生物体内的含量虽然极其微小，但很多微量元素对于生命过程是必需的，它们通过参与体内的新陈代谢、生理生化反应、能量转换等过程，在机体的生命活动中发挥重要作用（杨克敌，2003）。例如，Fe、Zn、I、Cu、Mo、Mn、Si、F 等对机体的生长发育是不可缺少的。但微量元素维持机体处于最佳状态的量有一定的范围，当微量元素的摄入量超出此范围时，机体的正常功能则会受到影响，甚至出现中毒反应。例如，微量元素 Se、Zn、Cr、Ni、Fe 等就与癌症发生的关系非常密切。

在人体中也发现了一些可测量的元素，但它们不是生长或健康所必需的，称为非必需元素（nonessential elements）。一些非必需元素对人体或动植物有毒害作用，称为有害元素，如 Cd、As、Hg、Pb 等重金属元素和 Ra、U、Bi 等放射性元素。如果人类生产活动（如采矿、冶炼等）造成特定区域的水体和土壤中某些有害元素富集时则会引起区域性的特殊性疾病。例如，日本富山县神通川流域 1955 年大规模暴发的骨痛病事件就是河岸锌、铅冶炼厂等排放的含镉废水污染了水体和土壤，使得稻米富集 Cd，导致人体 Cd 暴露而引起的；日本熊本县水俣村 1956 年大规模暴发的水俣病事件是工业废水排放造成 Hg 污染而引起的公害病。

## 思　考　题

1. 根据戈尔德施密特元素分类，元素周期表中的元素可分为哪几类？它们的分类是否是一成不变的？

2. 高场强元素具有哪些特征？它们与大离子亲石元素的地球化学性质有哪些不同？

3. 氧逸度如何影响亲铜元素在岩浆中的行为？不同亲铜元素在岩浆中的行为是否有差异？液态硫化物冷凝过程中亲铜元素如何再分配？

4. 请根据控制变价元素活动性的主要因素，分析海水具有显著的 Ce 负异常，而大洋 Mn 结核通常出现 Ce 正异常的形成原因。

5. 卤族元素主要分布在地球的哪些圈层？简要分析其原因。

6. 如何区分亲生物元素中的必需元素、非必需元素、微量元素？

7. 砷元素过量会造成人体或动物的机体损伤，故常常被认为是有害元素。但是有研究表明，一种细菌可以用砷取代磷，对这种细菌而言，砷元素是什么元素？为什么？

## 参 考 文 献

李景喜，李俊飞，郑立，等，2013. 南海中南部水域海水中重金属的分布特征. 中国环境检测，29（3）：65-70.

刘金铃，丁振华，2007. 汞的甲基化研究进展. 地球与环境，35：215-222.

杨克敌，2003. 微量元素与健康. 北京：科学出版社.

Ahrens L H, 1953. The use of ionization potentials Part 2. Anion affinity and geochemistry. Geochimica et Cosmochimica Acta, 3 (1): 1-29.

Albarede F, 2009. Volatile accretion history of the terrestrial planets and dynamic implications. Nature, 461 (7268): 1227-1233.

Allègre C, Manhès G, Lewin É, 2001. Chemical composition of the Earth and the volatility control on planetary genetics. Earth and Planetary Science Letters, 185 (1-2): 49-69.

Atreya S K, Trainer M G, Franz H B, et al., 2013. Primordial argon isotope fractionation in the atmosphere of

Mars measured by the SAM instrument on Curiosity and implications for atmospheric loss. Geophysical Research Letters, 40 (21): 5605-5609.

Aulbach S, Mungall J E, Pearson D G, 2016. Distribution and processing of highly siderophile elements in cratonic mantle lithosphere. Reviews in Mineralogy and Geochemistry, 81 (1): 239-304.

Bacon C R, Druitt T H, 1988. Compositional evolution of the zoned calcalkaline magma chamber of mount-mazama, Crater Lake, Oregon. Contributions to Mineralogy and Petrology, 98 (2): 224-256.

Baker D R, Moretti R, 2011. Modeling the solubility of sulfur in magmas: a 50-year old geochemical challenge. Reviews in Mineralogy and Geochemistry, 73 (1): 167-213.

Ballentine C J, Barry P H, 2018. Noble gases//White W M. Encyclopedia of Geochemistry: A Comprehensive Reference Source on the Chemistry of the Earth. Cham: Springer International Publishing: 1003-1008.

Ballouard C, Poujol M, Boulvais P, et al., 2016. Nb-Ta fractionation in peraluminous granites: a marker of the magmatic-hydrothermal transition. Geology, 44 (3): 231-234.

Bau M, 1996. Controls on the fractionation of isovalent trace elements in magmatic and aqueous systems: evidence from Y/Ho, Zr/Hf, and lanthanide tetrad effect. Contributions to Mineralogy and Petrology, 123 (3): 323-333.

Bockrath C, Ballhaus C, Holzheid A, 2004. Fractionation of the platinum-group elements during mantle melting. Science, 305 (5692): 1951-1953.

Botcharnikov R E, Linnen R L, Wilke M, et al., 2011. High gold concentrations in sulphide-bearing magma under oxidizing conditions. Nature Geoscience, 4 (2): 112-115.

Brenan J M, Bennett N R, Zajacz Z, 2016. Experimental results on fractionation of the highly siderophile elements (HSE) at variable pressures and temperatures during planetary and magmatic differentiation. Reviews in Mineralogy and Geochemistry, 81 (1): 1-87.

Brophy J G, Schimmelmann A, 2018. Hydrogen//White W M. Encyclopedia of Geochemistry: A Comprehensive Reference Source on the Chemistry of the Earth. Cham: Springer International Publishing: 693-696.

Bureau H, Keppler H, Métrich N, 2000. Volcanic degassing of bromine and iodine: experimental fluid/melt partitioning data and applications to stratospheric chemistry. Earth and Planetary Science Letters, 183 (1): 51-60.

Busigny V, Bebout G E, 2013. Nitrogen in the silicate earth: speciation and isotopic behavior during mineral-fluid interactions. Elements, 9 (5): 353-358.

Chapin F S, Matson P A, Vitousek P M, 2011. Nutrient cycling//Principles of Terrestrial Ecosystem Ecology. New York, NY: Springer New York: 259-296.

Chen K, Tang M, Lee C-T A, et al., 2020. Sulfide-bearing cumulates in deep continental arcs: the missing copper reservoir. Earth and Planetary Science Letters, 531: 115971.

Clay P L, Burgess R, Busemann H, et al., 2017. Halogens in chondritic meteorites and terrestrial accretion. Nature, 551: 614.

Combs Jr G F, 2005. Geological impacts on nutrition//Selinus O. Essentials of Medical Geology: Impacts of the Natural Environment on Public Health. Amsterdam, The Netherlands: Elsevier: 161-178.

Coryell C D, Chase J W, Winchester J W, 1963. A procedure for geochemical interpretation of terrestrial rare-earth abundance patterns. Journal of Geophysical Research, 68 (2): 559-566.

Dauphas N, 2017. The isotopic nature of the Earth's accreting material through time. Nature, 541 (7638): 521-524.

Dietzel A, 1942. Die Kationenfeldstärken und ihre Beziehungen zu Entglasungsvorgängen, zur Verbindungsbildung und zu den Schmelzpunkten von Silicaten. Zeitschrift für Elektrochemie und Angewandte Physikalische Chemie, 48 (1): 9-23.

Ding S, Dasgupta R, Tsuno K, 2014. Sulfur concentration of martian basalts at sulfide saturation at high pressures and temperatures—implications for deep sulfur cycle on Mars. Geochimica et Cosmochimica Acta, 131 (Supplement C): 227-246.

Eggenkamp H G M, 2014. The Geochemistry of Stable Chlorine and Bromine Isotopes. New York: Springer.

Foley S, Tiepolo M, Vannucci R, 2002. Growth of early continental crust controlled by melting of amphibolite in subduction zones. Nature, 417: 837-840.

Fortin M-A, Riddle J, Desjardins-Langlais Y, et al., 2015. The effect of water on the sulfur concentration at sulfide saturation (SCSS) in natural melts. Geochimica et Cosmochimica Acta, 160 (Supplement C): 100-116.

Gao S, Luo T C, Zhang B R, et al., 1998. Chemical composition of the continental crust as revealed by studies in East China. Geochimica et Cosmochimica Acta, 62: 1959-1975.

Green T H, 1995. Significance of Nb/Ta as an indicator of geochemical processes in the crust-mantle system. Chemical Geology, 120 (3-4): 347-359.

Harlov D E, Aranovich L, 2018. The role of halogens in terrestrial and extraterrestrial geochemical processes: surface, crust, and mantle//Harlov D E, Aranovich L. The Role of Halogens in Terrestrial and Extraterrestrial Geochemical Processes: Surface, Crust, and Mantle. Cham: Springer International Publishing: 1-19.

Hay W W, Migdisov A, Balukhovsky A N, et al., 2006. Evaporites and the salinity of the ocean during the Phanerozoic: implications for climate, ocean circulation and life. Palaeogeography, Palaeoclimatology, Palaeoecology, 240 (1-2): 3-46.

Henderson P, 1984. Chapter 1 General geochemical properties and abundances of the rare earth elements//Henderson P. Developments in Geochemistry. Amsterdam: Elsevier: 1-32.

Hickmott D, Spear F S, 1992. Major- and trace-element zoning in garnets from Calcareous pelites in the NW Shelburne Falls Quadrangle, Massachusetts: garnet growth histories in retrograded rocks. Journal of Petrology, 33 (5): 965-1005.

Hofmann A W, 1988. Chemical differentiation of the Earth: the relationship between mantle, continental crust, and oceanic crust. Earth and Planetary Science Letters, 90 (3): 297-314.

Hofmann A W, 1997. Mantle geochemistry: the message from oceanic volcanism. Nature, 385 (6613): 219-229.

Hollabaugh C L, 2007. Chapter 2 Modification of Goldschmidt's geochemical classification of the elements to include arsenic, mercury, and lead as biophile elements. Concepts and Applications in Environmental Geochemistry: 9-31.

Holloway J M, Dahlgren R A, 2002. Nitrogen in rock: occurrences and biogeochemical implications. Global Biogeochemical Cycles, 16 (4): 65-1-65-17.

Holwell D A, McDonald I, 2010. A review of the behaviour of platinum group elements within natural magmatic sulfide ore systems. Platinum Metals Review, 54 (1): 26-36.

Hsu-Kim H, Kucharzyk K H, Zhang T, et al., 2013. Mechanisms regulating mercury bioavailability for methylating microorganisms in the aquatic environment: a critical review. Environmental Science and Technology, 47 (6): 2441-2456.

Irving A J, Frey F A, 1978. Distribution of trace elements between garnet megacrysts and host volcanic liquids of kimberlitic to rhyolitic composition. Geochimica et Cosmochimica Acta, 42 (6): 771-787.

Jenner F E, 2017. Cumulate causes for the low contents of sulfide-loving elements in the continental crust. Nature Geoscience, 10 (7): 524-529.

Jenner F E, Hauri E H, Bullock E S, et al., 2015. The competing effects of sulfide saturation versus degassing on the behavior of the chalcophile elements during the differentiation of hydrous melts. Geochemistry, Geophysics, Geosystems, 16 (5): 1490-1507.

Jiang S Y, Wang R C, Xu X S, et al., 2005. Mobility of high field strength elements (HFSE) in magmatic-, metamorphic-, and submarine- hydrothermal systems. Physics and Chemistry of the Earth, Parts A/B/C, 30 (17): 1020-1029.

Jugo P J, 2009. Sulfur content at sulfide saturation in oxidized magmas. Geology, 37 (5): 415-418.

Jugo P J, Wilke M, Botcharnikov R E, 2010. Sulfur K- edge XANES analysis of natural and synthetic basaltic glasses: implications for S speciation and S content as function of oxygen fugacity. Geochimica et Cosmochimica Acta, 74 (20): 5926-5938.

Kelemen P B, Hanghøj K, Greene A R, 2014. 4. 21-One view of the geochemistry of subduction-related magmatic arcs, with an emphasis on primitive andesite and lower crust//Holland H D, Turekian K K. Treatise on Geochemistry. 2nd ed. Oxford: Elsevier: 749-806.

Kendrick M A, Woodhead J D, Kamenetsky V S, 2012. Tracking halogens through the subduction cycle. Geology, 40 (12): 1075-1078.

Kendrick M A, Hémond C, Kamenetsky V S, et al., 2017. Seawater cycled throughout Earth's mantle in partially serpentinized lithosphere. Nature Geoscience, 10: 222.

Kendrick M A, Danyushevsky L V, Falloon T J, et al., 2020. SW Pacific arc and backarc lavas and the role of slab-bend serpentinites in the global halogen cycle. Earth and Planetary Science Letters, 530: 115921.

Kessel R, Schmidt M W, Ulmer P, et al., 2005. Trace element signature of subduction-zone fluids, melts and supercritical liquids at 120-180km depth. Nature, 437: 724-727.

Kiseeva E S, Wood B J, 2013. A simple model for chalcophile element partitioning between sulphide and silicate liquids with geochemical applications. Earth and Planetary Science Letters, 383 (Supplement C): 68-81.

Kiseeva E S, Wood B J, 2015. The effects of composition and temperature on chalcophile and lithophile element partitioning into magmatic sulphides. Earth and Planetary Science Letters, 424 (Supplement C): 280-294.

Kiseeva E S, Fonseca R O C, Smythe D J, 2017. Chalcophile elements and sulfides in the upper mantle. Elements, 13 (2): 111-116.

Klemme S, Prowatke S, Hametner K, et al., 2005. Partitioning of trace elements between rutile and silicate melts: implications for subduction zones. Geochimica et Cosmochimica Acta, 69 (9): 2361-2371.

Kobayashi M, Sumino H, Nagao K, et al., 2017. Slab-derived halogens and noble gases illuminate closed system processes controlling volatile element transport into the mantle wedge. Earth and Planetary Science Letters, 457: 106-116.

Lauretta D S, 2011. A cosmochemical view of the solar system. Elements, 7 (1): 11-16.

Li Y, Audétat A, 2012. Partitioning of V, Mn, Co, Ni, Cu, Zn, As, Mo, Ag, Sn, Sb, W, Au, Pb, and Bi between sulfide phases and hydrous basanite melt at upper mantle conditions. Earth and Planetary Science Letters, 355-356: 327-340.

Li Y, Audétat A, 2013. Gold solubility and partitioning between sulfide liquid, monosulfide solid solution and hydrous mantle melts: implications for the formation of Au- rich magmas and crust—mantle differentiation. Geochimica et Cosmochimica Acta, 118: 247-262.

Li Y, Audétat A, 2015. Effects of temperature, silicate melt composition, and oxygen fugacity on the partitioning of V, Mn, Co, Ni, Cu, Zn, As, Mo, Ag, Sn, Sb, W, Au, Pb, and Bi between sulfide phases and silicate melt. Geochimica et Cosmochimica Acta, 162: 25-45.

Li Y, Dasgupta R, Tsuno K, et al., 2016. Carbon and sulfur budget of the silicate Earth explained by accretion of differentiated planetary embryos. Nature Geoscience, 9 (10): 781-785.

Li Y, Feng L, Kiseeva E S, et al., 2019. An essential role for sulfur in sulfide-silicate melt partitioning of gold and magmatic gold transport at subduction settings. Earth and Planetary Science Letters, 528: 115850.

Li Y H, 1982. A brief discussion on the mean oceanic residence time of elements. Geochimica et Cosmochimica Acta, 46 (12): 2671-2675.

Lindh U, 2005. Biological functions of the elements//Selinus O. Essentials of Medical Geology: Impacts of the Natural Environment on Public Health. Amsterdam: Elsevier: 115-160.

Liu J L, Xu X R, Ding Z H, et al., 2015. Heavy metals in wild marine fish from South China Sea: levels, tissue- and species-specific accumulation and potential risk to humans. Ecotoxicology, 24 (7): 1583-1592.

Liu Y, Brenan J, 2015. Partitioning of platinum-group elements (PGE) and chalcogens (Se, Te, As, Sb, Bi) between monosulfide-solid solution (MSS), intermediate solid solution (ISS) and sulfide liquid at controlled $f_{O_2}$-$f_{S_2}$ conditions. Geochimica et Cosmochimica Acta, 159: 139-161.

Liu Y, Samaha N-T, Baker D R, 2007. Sulfur concentration at sulfide saturation (SCSS) in magmatic silicate melts. Geochimica et Cosmochimica Acta, 71 (7): 1783-1799.

Lodders K, 2003. Solar system abundances and condensation temperatures of the elements. Astrophysical Journal, 591 (2): 1220-1247.

Lorand J-P, Luguet A, 2016. Chalcophile and siderophile elements in mantle rocks: trace elements controlled by trace minerals. Reviews in Mineralogy and Geochemistry, 81 (1): 441-488.

Ma J L, Wei G J, Xu Y G, et al., 2007. Mobilization and re-distribution of major and trace elements during extreme weathering of basalt in Hainan Island, South China. Geochimica et Cosmochimica Acta, 71 (13): 3223-3237.

Mann U, Frost D J, Rubie D C, et al., 2012. Partitioning of Ru, Rh, Pd, Re, Ir and Pt between liquid metal and silicate at high pressures and high temperatures—implications for the origin of highly siderophile element concentrations in the Earth's mantle. Geochimica et Cosmochimica Acta, 84: 593-613.

Marty B, 2012. The origins and concentrations of water, carbon, nitrogen and noble gases on Earth. Earth and Planetary Science Letters, 313: 56-66.

Masuda A, 1962. Regularities in variation of relative abundances of lanthanide elements and an attempt to analyse separation-index patterns of some minerals. The Journal of Earth Sciences, Nagoya University, 10 (2): 173-187.

McDonough W F, Sun S S, 1995. The composition of the earth. Chemical Geology, 120 (3-4): 223-253.

McKenzie D A N, O'Nions R K, 1991. Partial melt distributions from inversion of rare earth element concentrations. Journal of Petrology, 32 (5): 1021-1091.

Montelli R, Nolet G, Dahlen F A, et al., 2004. Finite-frequency tomography reveals a variety of plumes in the mantle. Science, 303 (5656): 338-343.

Mungall J E, Brenan J M, 2014. Partitioning of platinum-group elements and Au between sulfide liquid and basalt and the origins of mantle-crust fractionation of the chalcophile elements. Geochimica et Cosmochimica Acta, 125: 265-289.

Mungall J E, Andrews D R A, Cabri L J, et al., 2005. Partitioning of Cu, Ni, Au, and platinum-group elements between monosulfide solid solution and sulfide melt under controlled oxygen and sulfur fugacities. Geochimica et

Cosmochimica Acta, 69 (17): 4349-4360.

Münker C, Wörner G, Yogodzinski G, et al., 2004. Behaviour of high field strength elements in subduction zones: constraints from Kamchatka—Aleutian arc lavas. Earth and Planetary Science Letters, 224 (3): 275-293.

Muramatsu Y, Doi T, Tomaru H, et al., 2007. Halogen concentrations in pore waters and sediments of the Nankai Trough, Japan: implications for the origin of gas hydrates. Applied Geochemistry, 22 (3): 534-556.

Nash W P, Crecraft H R, 1985. Partition coefficients for trace elements in silicic magmas. Geochimica et Cosmochimica Acta, 49 (11): 2309-2322.

Palme H, O'Neill H S C, 2014. 3.1-Cosmochemical estimates of mantle composition//Holland H D, Turekian K K. Treatise on Geochemistry. 2nd ed. Oxford: Elsevier: 1-39.

Palta M M, Hartnett H E, 2018. Nitrogen cycle//White W M. Encyclopedia of Geochemistry: A Comprehensive Reference Source on the Chemistry of the Earth. Cham: Springer International Publishing: 987-991.

Patten C, Barnes S-J, Mathez E A, et al., 2013. Partition coefficients of chalcophile elements between sulfide and silicate melts and the early crystallization history of sulfide liquid: LA-ICP-MS analysis of MORB sulfide droplets. Chemical Geology, 358: 170-188.

Pearce J A, Cann J R, 1973. Tectonic setting of basic volcanic rocks determined using trace element analyses. Earth and Planetary Science Letters, 19 (2): 290-300.

Pearce J A, Stern R J, Bloomer S H, et al., 2005. Geochemical mapping of the Mariana arc-basin system: implications for the nature and distribution of subduction components. Geochemistry, Geophysics, Geosystems, 6 (7): 1-27.

Péron S, Moreira M, Agranier A, 2018. Origin of light noble gases (He, Ne, and Ar) on Earth: a review. Geochemistry, Geophysics, Geosystems, 19 (4): 979-996.

Pinti D L, 2017. Atmophile elements. Encyclopedia of Engineering Geology: 1-3.

Pinti D L, Hashizume K, 2011. Early life record from nitrogen isotopes//Golding S D, Glikson M. Earliest Life on Earth: Habitats, Environments and Methods of Detection. Dordrecht: Springer Netherlands: 183-205.

Plank T, Langmuir C H, 1998. The chemical composition of subducting sediment and its consequences for the crust and mantle. Chemical Geology, 145 (3-4): 325-394.

Rapp R P, Shimizu N, Norman M D, 2003. Growth of early continental crust by partial melting of eclogite. Nature, 425: 605-609.

Rollinson H R, 1993. Using geochemical data: evaluation, presentation, interpretation. Harlow: Longman Group Limited: 353.

Rubin J N, Henry C D, Price J G, 1993. The mobility of zirconium and other "immobile" elements during hydrothermal alteration. Chemical Geology, 110 (1): 29-47.

Rudnick R L, Fountain D M, 1995. Nature and composition of the continental crust: a lower crustal perspective. Reviews of Geophysics, 33 (3): 267-309.

Rudnick R L, Gao S, 2014. 4.1-Composition of the continental crust//Holland H D, Turekian K K. Treatise on Geochemistry. 2nd ed. Oxford: Elsevier: 1-51.

Rudnick R L, Barth M, Horn I, et al., 2000. Rutile-bearing refractory eclogites: missing link between continents and depleted mantle. Science, 287 (5451): 278-281.

Salters V, Stracke A, 2004. Composition of the depleted mantle. Geochemistry, Geophysics, Geosystems, 5 (5): Q05004, 05010. 01029/02003GC000597.

Sano Y, Marty B, Burnard P, 2013. Noble gases in the atmosphere//Burnard P. The Noble Gases as Geochemical Tracers. Berlin, Heidelberg: Springer Berlin Heidelberg: 17-31.

Schmidt M W, Poli S, 1998. Experimentally based water budgets for dehydrating slabs and consequences for arc magma generation. Earth and Planetary Science Letters, 163 (1-4): 361-379.

Schnetzler C C, Philpotts J A, 1970. Partition coefficients of rare-earth elements between igneous matrix material and rock-forming mineral phenocrysts—Ⅱ. Geochimica et Cosmochimica Acta, 34 (3): 331-340.

Shannon R D, 1976. Revised effective ionic radii and systematic studies of interatomic distances in halides and chalcogenides. Acta Cryst, A32: 751-767.

Smythe D J, Wood B J, Kiseeva E S, 2017. The S content of silicate melts at sulfide saturation: new experiments and a model incorporating the effects of sulfide composition. American Mineralogist, 102 (4): 795-803.

Stern R J, 2002. Subduction zones. Reviews of Geophysics, 40 (4): 3-1-3-13.

Taylor S R, McLennan S M, 1985. The continental crust: its composition and evolution. London: Blackwell Scientific: 328.

von Glasow R, 2008. Atmospheric chemistry—Sun, sea and ozone destruction. Nature, 453 (7199): 1195-1196.

Wade J, Wood B J, 2001. The Earth's "missing" niobium may be in the core. Nature, 409 (6816): 75-78.

Wallace P, Carmichael I S E, 1992. Sulfur in basaltic magmas. Geochimica et Cosmochimica Acta, 56 (5): 1863-1874.

Wang Z, Becker H, Gawronski T, 2013. Partial re-equilibration of highly siderophile elements and the chalcogens in the mantle: a case study on the Baldissero and Balmuccia peridotite massifs (Ivrea Zone, Italian Alps). Geochimica et Cosmochimica Acta, 108: 21-44.

Wang Z, Becker H, Liu Y, et al., 2018. Constant Cu/Ag in upper mantle and oceanic crust: implications for the role of cumulates during the formation of continental crust. Earth and Planetary Science Letters, 493: 25-35.

Weis P, Driesner T, Heinrich C A, 2012. Porphyry-copper ore shells form at stable pressure-temperature fronts within dynamic fluid plumes. Science, 338 (6114): 1613-1616.

Wilke M, Jugo Pedro J, Klimm K, et al., 2008. The origin of $S^{4+}$ detected in silicate glasses by XANES. American Mineralogist, 93: 235-240.

Wood B J, Kiseeva E S, 2015. Trace element partitioning into sulfide: how lithophile elements become chalcophile and vice versa. American Mineralogist, 100 (11-12): 2371-2379.

Wood B J, Walter M J, Wade J, 2006. Accretion of the Earth and segregation of its core. Nature, 441 (7095): 825-833.

Wood B J, Smythe D J, Harrison T, 2019. The condensation temperatures of the elements: a reappraisal. American Mineralogist, 104 (6): 844-856.

Workman R K, Hart S R, 2005. Major and trace element composition of the depleted MORB mantle (DMM). Earth and Planetary Science Letters, 231 (1-2): 53-72.

Wu F, Liu X, Ji W, et al., 2017. Highly fractionated granites: recognition and research. Science China Earth Sciences, 60 (7): 1201-1219.

Zajacz Z, Candela P A, Piccoli P M, et al., 2013. Solubility and partitioning behavior of Au, Cu, Ag and reduced S in magmas. Geochimica et Cosmochimica Acta, 112: 288-304.

Zhang Y G, Yin Q Z, 2012. Carbon and other light element contents in the Earth's core based on first-principles molecular dynamics. Proceedings of the National Academy of Sciences of the United States of America, 109 (48): 19579-19583.

Zhang Z, Hirschmann M M, 2016. Experimental constraints on mantle sulfide melting up to 8GPa. American Mineralogist, 101 (1): 181-192.

# 第4章　地球不同圈层微量元素组成

地球在长期的分异演化过程中，形成了其独特的圈层结构。

地球外部圈层包括大气圈、水圈、土壤圈和生物圈，与人类和生物生存密不可分。

地球内部主要由三个圈层组成，从外向内依次为地壳、地幔（上地幔、下地幔）和地核（外核、内核）（图4.1）。地球内部各圈层之间除了物理性质不同外，其化学性质也有很大的差别。地球内部圈层的形成主要是通过两个基本过程实现：①地球历史早期核幔分异，形成金属地核与硅酸盐地幔；②硅酸盐地幔部分熔融分异形成地壳。地球化学储库（geochemical reservoir）是对具有相似物质组成和化学成分的一类地质体的统称，地球的三个内部圈层是地球上最主要的地球化学储库。

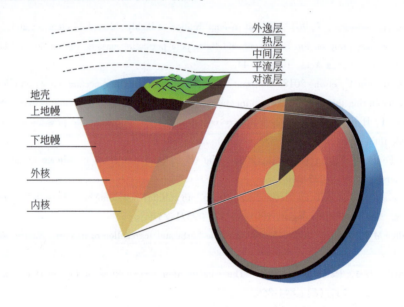

图 4.1　地球的圈层结构示意图

## 4.1　地球外部圈层微量元素组成

### 4.1.1　大气圈

大气圈由包围在地球最外面的气态物质组成。大气是人类和生物赖以生存必不可少的物质条件，也是使地表保持温度和水分的保护层，同时也是促进地表形态变化的重要动力和媒介。大气圈自下而上分为对流层、平流层、中间层、热层、散逸层（图4.1）。根据大气中气体成分的均一性可以将大气圈分为均质层和非均质层。其中，均质层是指从地球表面向上到大约 90km 高度的气体层，非均质层是指地球表面 90km 以上的气体层。约 97% 的大气质量集中在距地表 29km 内的均匀层中。所测大气成分均来自均质层的下部，主要成分为 N、O，其次为 Ar、$CO_2$、$H_2O$，还有微量的 He、Ne、Kr、Xe、$O_3$、Rn、$NH_3$ 和 H（表 4.1）。大气类似于海洋，是一个比较均匀的储库，大多数成分的滞留时间比地球寿命短得多。

表 4.1　近地面大气成分

| | 成分 | 地面体积浓度/($\mu$g/g) | 总质量/$10^6$ t | 滞留时间 |
|---|---|---|---|---|
| 氮（N） | 氮及其化合物 | $(78.084\pm0.004)\times10^4$ | $3.85\times10^9$ | 沉淀物中循环一次 $4\times10^4$ 年 |
| | 一氧化二氮（$N_2O$） | $0.33\pm0.01$ | $1.9\times10^3$ | 5～50 年 |
| | 一氧化氮（NO） | 0.001 | 8 | <1 个月 |
| | 二氧化氮（$NO_2$） | 0.001 | 8 | <1 个月 |
| | 氨（$NH_3$） | 0.006～0.020 | | 约 1 天 |
| 氧、氢及其化合物 | 氧（O） | $(20.946\pm0.002)\times10^4$ | $1.18\times10^9$ | 生物圈中循环一次 6000 年 |
| | 氢（H） | 0.55 | 180 | 4～7 年 |
| | 水（$H_2O$） | 40～40000 | | |
| | 臭氧（$O_3$） | 0.01～0.03 | 200 | |
| 碳化物 | 二氧化碳（$CO_2$） | 320 | $2.5\times10^6$ | 生物圈中循环一次约 10 年 |
| | 一氧化碳（CO） | 0.06～0.2 | 500 | 0.5 年 |
| | 甲烷（$CH_4$） | 1.4 | | 2.6～8 年 |
| | 甲醛（$CH_2O$） | 0～0.01 | | |
| | $CFCl_3$ | $130\times10^{-6}$ | | 45～68 年 |
| | $CFCl_5$ | $230\times10^{-6}$ | | 45～68 年 |
| | $CCl_4$ | $(100～250)\times10^{-6}$ | | |
| | $CH_4Cl$ | $500\times10^{-6}$ | | |
| 硫化物 | 二氧化硫（$SO_2$） | 0.001～0.004 | 11 | 几小时至几周 |
| | 硫化氢（$H_2S$） | ≤0.0002 | | ≤1 天 |
| | 二甲硫（$(CH_3)_2S$） | | | |
| 惰性气体 | 氦（He） | $5.24\pm0.04$ | $3.7\times10^3$ | $2\times10^6$ 年逸出 |
| | 氖（Ne） | $18.18\pm0.04$ | $6.4\times10^4$ | 大量聚积 |
| | 氩（Ar） | $9340\pm10$ | $6.5\times10^7$ | 同上 |
| | 氪（Kr） | $1.14\pm0.01$ | $1.5\times10^4$ | 同上 |
| | 氙（Xe） | $0.087\pm0.001$ | | 同上 |

数据来源：孙广立等（2009）。

　　人类活动及自然界都在不断地向大气排放各种各样的物质，这些物质在大气中会存在一定的时间。当大气中某种物质的含量超过了正常水平而对人类和生态环境产生不良影响时，就构成了大气污染物（陈岳龙和杨忠芳，2017）。这些污染物主要以气溶胶态和气态形式存在，气溶胶态污染物包括粉尘、烟、飞灰、雾、总悬浮颗粒物等。总悬浮颗粒物指大气中粒径小于 $100\mu m$ 的所有固体颗粒，其中粒径小于 $10\mu m$ 的颗粒物（$PM_{10}$）和粒径小于 $2.5\mu m$ 的颗粒物（$PM_{2.5}$）容易吸附稀土元素和重金属元素等微量元素。

Milford 和 Davidson（1985）对美国、英国、印度、日本、巴西等多国报道的大气颗粒物中 38 种微量元素进行了综合研究（表 4.2），发现大气颗粒物中 Pb、Br、Zn、Sr、Ti、Ni、Cu、Mn 等微量元素的含量均大于 $20ng/m^3$，在微量元素中占比较大；As、Cd、Sb、Hg、V 等元素含量相对较低（$0.1 \sim 20ng/m^3$）；In、Ta、Cs、Th、Hf 等元素含量占比最低，均小于等于 $0.1ng/m^3$。此外，除 Ce 以外，其他稀土元素（如 Eu、Sm 等）含量相对较低，这与各元素在地壳中的含量分布规律基本吻合。

表 4.2　大气颗粒物中微量元素的含量范围

| 元素 | 含量范围/（$ng/m^3$） | 平均含量/（$ng/m^3$） | 几何标准差 | $EF_{crust}$ |
|---|---|---|---|---|
| W | 0.29 ~ 0.80 | 0.48 | 2.0 | 19 |
| Pb | 0.11 ~ 14000 | 310 | 11 | 1500 |
| Hg | 0.08 ~ 81 | 1.9 | 31 | 560 |
| Se | 0.12 ~ 8.6 | 1.1 | 9.4 | 3100 |
| Cd | 0.05 ~ 1000 | 3.7 | 10 | 1900 |
| Sb | 0.003 ~ 680 | 2.3 | 22 | 1400 |
| Br | 2.1 ~ 6500 | 94 | 5.7 | 1900 |
| Ni | 1.5 ~ 630 | 33 | 5.7 | 32 |
| I | 0.28 ~ 9.3 | 2.0 | 2.7 | 510 |
| As | 0.27 ~ 290 | 4.3 | 2.8 | 310 |
| Cr | 0.74 ~ 130 | 6.4 | 4.1 | 8.1 |
| Zn | 1.8 ~ 2800 | 68 | 7.9 | 260 |
| Cu | 0.03 ~ 400 | 24 | 8.8 | 100 |
| V | 0.05 ~ 1200 | 4.7 | 6.2 | 14 |
| U | 0.21 ~ 0.92 | 0.44 | 2.8 | 2.9 |
| In | 0.01 ~ 0.07 | 0.03 | 4.0 | 90 |
| Ta | 0.0004 ~ 1.5 | 0.08 | 30 | 1.1 |
| Cs | 0.0007 ~ 0.41 | 0.04 | 10 | 12 |
| Mn | 0.07 ~ 290 | 20 | 3.2 | 3.9 |
| Eu | 0.0009 ~ 0.02 | 0.0031 | 5.8 | 2.7 |
| Co | 0.002 ~ 4.8 | 0.77 | 7.2 | 3.5 |
| Th | 0.0009 ~ 4.2 | 0.07 | 11 | 1.8 |
| Sm | 0.03 ~ 0.35 | 0.12 | 4.0 | 2.1 |
| Cl | 110 ~ 13000 | 610 | 10 | 740 |
| Ba | 0.5 ~ 250 | 19 | 10 | 5.5 |
| Fe | 2.7 ~ 6100 | 430 | 4.3 | 2.1 |

续表

| 元素 | 含量范围/(ng/m³) | 平均含量/(ng/m³) | 几何标准差 | EF_crust |
|---|---|---|---|---|
| K | 19~4000 | 180 | 3.0 | 2.0 |
| Na | 250~12000 | 1100 | 4.0 | 4.4 |
| Si | 21~5300 | 680 | 6.2 | 0.79 |
| Sc | 0.008~2.3 | 0.25 | 3.4 | 1.2 |
| Al | 2.3~5000 | 530 | 8.7 | 1.0 |
| Ca | 14~9200 | 330 | 3.8 | 2.8 |
| Ce | 0.008~22 | 6.4 | 2.9 | 2.6 |
| Ga | 0.80~6.9 | 2.4 | 4.6 | 2.5 |
| Mg | 340~8100 | 980 | 4.2 | 2.4 |
| Ti | 3.9~800 | 42 | 4.0 | 1.4 |
| Hf | 0.0007~3.6 | 0.1 | 29 | 2.0 |
| Sr | 16~100 | 40 | 3.7 | 1.5 |

数据来源：Milford and Davidson (1985)。

注：$EF_{crust} = (X_A / Al_A) / (X_C / Al_C)$。$X_A$ 表示大气颗粒物中元素 $X$ 的含量，$Al_A$ 表示大气颗粒物中 Al 的含量，$X_C$ 表示地壳中元素 $X$ 的丰度，$Al_C$ 表示地壳中 Al 的丰度。

Mamun 等（2019）总结了 1998~2018 年间北美洲、欧洲和亚洲大气颗粒物中的微量元素含量（表 4.3）。不同国家和地区间的差异很大，亚洲的城市和工业区域环境中大气微量元素的浓度显著高于欧洲和北美洲，城市、工业和交通繁忙地区的大气微量元素浓度高于非城市地区。Zn 在 $PM_{2.5}$ 和 $PM_{10}$ 中的浓度都最高，其次为 Pb 和 Cu；浓度最低的元素为 Be、Tl 和 Hg。大气颗粒物中微量元素的富集程度与元素种类和赋存形态、时间、空间、悬浮物粒径等都有密切关系。大气颗粒物中微量元素含量随时间变化显著，如在中国总体呈现出冬季、春季高，夏季低的特点（顾家伟，2019）。

表 4.3　北美洲、欧洲和亚洲地区大气颗粒物中微量元素含量　（单位：ng/m³）

| 微量元素 | $PM_{2.5}$ 中的含量 | | | $PM_{10}$ 中的含量 | | |
|---|---|---|---|---|---|---|
| | 北美洲 | 欧洲 | 亚洲 | 北美洲 | 欧洲 | 亚洲 |
| Sb | 0.07~15 | 0.5~5.5 | / | 0.09~16 | 0.27~84.1 | 5.3~17.9 |
| 中值 | 0.70 | 1.22 | 9.95 | 1.19 | 2.50 | 11.6 |
| As | 0.11~6 | 0.229~4 | 0.68~27.8 | 0.18~7 | 0.03~7.21 | 0.88~21.9 |
| 中值 | 0.57 | 0.596 | 6.44 | 0.24 | 1.00 | 1.96 |
| Be | 0.002~0.04 | 0.01~0.1 | / | 0.01~0.05 | 0.01~0.07 | 0.1~0.4 |
| 中值 | 0.013 | 0.05 | / | 0.05 | 0.04 | 0.25 |
| Cd | 0.01~3 | 0.09~3.9 | 0.3~13.2 | 0.03~3 | 0.1~4.77 | 0.54~160 |
| 中值 | 0.12 | 0.34 | 2.95 | 0.18 | 0.71 | 5.40 |
| Cr | 0.1~5.04 | 0.5~18.8 | 2.03~44.6 | 0.7~6.09 | 0.54~41 | 11~320 |

续表

| 微量元素 | PM$_{2.5}$中的含量 | | | PM$_{10}$中的含量 | | |
|---|---|---|---|---|---|---|
| | 北美洲 | 欧洲 | 亚洲 | 北美洲 | 欧洲 | 亚洲 |
| 中值 | 1.14 | 2.93 | 11.1 | 1.90 | 6.80 | 17.4 |
| Cu | 0.25~90 | 1.4~149 | 6~160 | 2.27~140 | 1.88~982 | 1.84~103 |
| 中值 | 3.90 | 8.06 | 26.2 | 15.5 | 19.3 | 26.2 |
| Pb | 0.33~62 | 3.39~386 | 3.7~283 | 0.51~111 | 1.53~444 | 0.65~573 |
| 中值 | 3.11 | 21.6 | 80.0 | 3.77 | 23.8 | 192 |
| Hg | 0.13~1 | 0.01~1.31 | 1.24~2.2 | 0.11~7.7 | 0.028~0.087 | / |
| 中值 | 0.56 | 0.073 | 1.72 | 0.22 | 0.061 | / |
| Ni | 0.18~24 | 0.8~42 | 2.1~134 | 0.99~5 | 0.26~55 | 1.12~168 |
| 中值 | 1.21 | 3.14 | 6.48 | 2.55 | 5.70 | 16.4 |
| Se | 0.05~6 | 0.3~3 | 2.6~11.4 | 0.19~7 | 0.18~3.1 | 2~10.1 |
| 中值 | 0.51 | 0.64 | 2.70 | 3.30 | 0.50 | 6.05 |
| Ag | 0.29~3 | 0.286~6.09 | 0.35~6.09 | 26.8~121 | 0.02~1.98 | 1.4~1.5 |
| 中值 | 1.00 | 0.68 | 1.87 | 73.7 | 0.47 | 1.45 |
| Tl | 0.001~0.3 | 0.04~2.5 | / | 0.006~0.6 | 0.01~3 | 0.6~2.1 |
| 中值 | 0.006 | 0.29 | / | 0.30 | 0.16 | 1.35 |
| Zn | 1.73~340 | 7.5~1630 | 93~661 | 6.1~500 | 13.3~2300 | 159~680 |
| 中值 | 12.8 | 45.7 | 200 | 24.3 | 72.3 | 425 |

数据来源：Mamun 等（2019）。

注："/"表示原文献中未报道数据。

大气颗粒物中稀土元素总量（ΣREE）占微量元素含量的2%左右。ΣREE 在大气颗粒物中的时间分布变化显著，呈现明显的季节性变化（如干季>湿季，或夏季>春季>秋季>冬季）或月度变化规律。温度、相对湿度、风速等气象参数以及污染源排放等是引起稀土元素季节性变化的重要因素。ΣREE 的空间分布规律也很明显，呈现出矿区和稀土金属冶炼区中稀土总量较非稀土矿区大；单一城市各功能区大气颗粒物中 ΣREE 的分布呈现出工业区>交通区>商业区>其他功能区和城区>郊区的特点（李小成等，2020）。

## 4.1.2 水圈

水圈是指地球表面液态、气态和固态的水形成的一个几乎连续、不规则圈层，包括大气中的水汽、地表水、土壤水、地下水和生物体内的水。水圈中大部分水以液态形式储存于海洋、河流、湖泊、水库、沼泽及土壤中，部分水以固态形式存在于极地和高原的广大冰原、冰川、积雪和冻土中，水汽主要存在于大气中。天然水体中的微量元素是指质量浓度低于10mg/L的元素，主要包括重金属元素（如 Pb、Zn、Ni 等）、稀有元素（如 Li、Rb、Cs 等）、卤族元素（Br、I、F）和放射性元素。

#### 4.1.2.1　海洋水体

海水是一种化学成分复杂的多相（液、气、固）多组分的混合溶液。H 和 O 是海水中最主要的化学成分。海水中已发现天然元素约 80 种，按其含量和性质可分为五类，分别为常量元素、营养元素、微量元素、溶解气体和水中的有机物质。常量元素又称保守元素，是指在现代海水中浓度比例基本不变，受生物活动和总盐度变化影响不大，含量最高的那些组分（一般 $>1\mu g/g$）。常量元素总量占海水总盐分的 99.8%～99.9%，对海水盐度的计算起很大作用，主要阴离子有 $Cl^-$、$SO_4^{2-}$、$HCO_3^-$、$CO_3^{2-}$、$Br^-$、$F^-$，主要阳离子为 $Na^+$、$Mg^{2+}$、$Ca^{2+}$、$K^+$、$Sr^{2+}$。它们对海水盐度的计算起到很大作用。营养元素是指与海洋植物生长有关的元素，如 N、P 和 Si 等，在海水中含量较低，受生物活动的影响大。微量元素是指除常量元素和营养元素以外的其他元素，在海水中浓度非常小（$<1\mu g/g$），仅仅占海水总含盐量的 1% 左右，如 Mn、Ni、Zn、Mo、Cd、Hg 等（龙爱民，2020）。

海水中的微量元素广泛参与了各种海洋物理、化学和生物过程。海水中微量元素的来源主要包括：①陆地岩石风化产物经大气沉降或河流输入海洋中；②海水与玄武岩洋壳相互作用；③洋脊扩张中心的高温热液活动；④中、深层颗粒物质氧化分解以及浮游生物外壳骨骼；⑤海底沉积物重新溶解释放微量元素。Yoshiki 和 Bruland（2011）在前人研究数据的基础上，对海水中的溶解态元素含量和赋存形式进行了汇总（表 4.4）。

**表 4.4　海水中溶解态微量元素含量**

| 原子序数 | 元素 | 主要无机形态 | 浓度范围（平均值估计） |
|---|---|---|---|
| 4 | Be | $Be(OH)^+$, $Be(OH)_2^0$ | 4～30pmol/kg（～23） |
| 13 | Al | $Al(OH)_4^-$, $Al(OH)_3^0$ | 0.3～40nmol/kg（～2） |
| 21 | Sc | $Sc(OH)_3^0$ | 8～20pmol/kg（～16） |
| 22 | Ti | $TiO(OH)_2^0$, $Ti(OH)_4^0$ | 6～250pmol/kg（～150） |
| 23 | V | $HVO_4^{2-}$ | 30～37nmol/kg（～35） |
| 24 | Cr | $CrO_4^{2-}$ | 3～5nmol/kg（～4） |
| 25 | Mn | $Mn^{2+}$ | 0.06～10nmol/kg（～0.3） |
| 26 | Fe | $Fe(OH)_2^+$, $Fe(OH)_3^0$ | 0.03～3pmol/kg（～0.5） |
| 27 | Co | $Co^{2+}$ | 3～300pmol/kg（～40） |
| 28 | Ni | $Ni^{2+}$ | 2～12nmol/kg（～8） |
| 29 | Cu | $Cu^{2+}$ | 0.4～5nmol/kg（～3） |
| 30 | Zn | $Zn^{2+}$ | 0.05～10nmol/kg（～6） |
| 31 | Ga | $Ga(OH)_4^-$, $Ga(OH)_3^0$ | 10～30pmol/kg（～20） |
| 32 | Ge | $H4GeO_4^0$, 甲基锗 | 1～100pmol/kg，400pmol/kg |
| 33 | As | $HAsO_4^{2-}$ | 17～25nmol/kg（～22） |
| 34 | Se | $SeO_4^{2-}$, $SeO_3^{2-}$ | 0.5～2.3nmol/kg（～1.8） |

续表

| 原子序数 | 元素 | 主要无机形态 | 浓度范围（平均值估计） |
|---|---|---|---|
| 37 | Rb | $Rb^+$ | 1.4μmol/kg |
| 39 | Y | $Y(CO_3)^+, Y(OH)_2^+$ | 60~250pmol/kg（~200） |
| 40 | Zr | $Zr(OH)_5^-, Zr(OH)_4^0$ | 9~300pmol/kg（~160） |
| 41 | Nb | $Nb(OH)_5^0, Nb(OH)_6^-$ | 1~4pmol/kg（~3） |
| 42 | Mo | $MoO_4^{2-}$ | 100~110nmol/kg（~105） |
| 44 | Ru | $Ru(OH)_n^{4-n}$ | ?，<50fmol/kg |
| 45 | Rh | $Rh(OH)_n^{3-n}, RhCl_n^{3-n}$ | 0.4~1fmol/kg（~0.8） |
| 46 | Pd | $PdCl_4^{2-}$ | 0.2~1pmol/kg（~0.7） |
| 47 | Ag | $AgCl_2^-$ | 1~35pmol/kg（~20） |
| 48 | Cd | $CdCl_3^-$ | 1~1050pmol/kg（~600） |
| 49 | In | $In(OH)_3^0$ | 0.04~2pmol/kg（0.1） |
| 50 | Sn | $SnO(OH)_3^-, Sn(OH)_4^0$ | 1~20pmol/kg（?） |
| 51 | Sb | $Sb(OH)_6^-$ | 1.6nmol/kg |
| 52 | Te | $Te(OH)_6^0$ | 0.5~1.5pmol/kg（~0.6） |
| 53 | I | $IO_3^-$ | 350~460nmol/kg（~450） |
| 55 | Cs | $Cs^+$ | 2.2nmol/kg |
| 56 | Ba | $Ba^{2+}$ | 30~150nmol/kg（~110） |
| 57~71 | 镧系元素 | $LaCO_3^+$ | 0.2~2pmol/kg（~1） |
| 72 | Hf | $Hf(OH)_4^0, Hf(OH)_5^-$ | 0.06~1pmol/kg（~0.3） |
| 73 | Ta | $Ta(OH)_5^0$ | 0.01~0.3pmol/kg（~0.1） |
| 74 | W | $WO_4^{2-}$ | 55pmol/kg |
| 75 | Re | $ReO_4^{2-}$ | 40pmol/kg |
| 76 | Os | $H_3OsO_6^-, OsO_4$ | 3~8fmol/kg（~6） |
| 77 | Ir | $Ir(OH)_n^{3-n}$ | 0.5~1fmol/kg（?） |
| 78 | Pt | $PtCl_4^{2-}$ | 0.2~1.5pmol/kg（~0.8） |
| 79 | Au | $AuCl_2^-$ | 10~100fmol/kg（~50） |
| 80 | Hg | $HgCl_4^{2-}$ | 0.2~10pmol/kg（~1） |
| 81 | Tl | $Tl^+, TlCl^0$ | 60~75pmol/kg（~70） |
| 82 | Pb | $PbCO_3^0$ | 4~160pmol/kg（~10） |
| 83 | Bi | $Bi(OH)_2^+, BiO^+$ | 40~500fmol/kg（~100） |

数据来源：Yoshiki 和 Bruland（2011）。

根据海水中溶解金属元素离子的化学循环过程、性质和在海水中的垂直分布特征以及在海水中的滞留时间，海水中的微量元素主要分为三大类：稳定型（conservative-type）、营养型（nutrient-type）和清除型（scavenged-type）（Chester and Jickells，2007）。稳定型元素是指在垂向上随海水深度的变化其质量浓度基本保持不变的元素。这些元素具有较长的滞留时间（≥$10^6$年）。稳定性元素包括元素周期表里的所有主族元素和大多数副族元素（如 Li、Na、K、Cs、Mg、Sr 等）。这类元素以简单的阳离子、阴离子存在于海水中，如铯（$Cs^+$）或溴（$Br^-$），很少参与海洋生物循环。营养型元素即生物生长的限制性元素，包括参与生物体循环的 $NO_3^-$、溶解无机磷和构成生物骨架的 Si、Ca 等物质。营养型元素滞留时间约为 $10^3$ 年。当生物死后生物物质被海水吸收，在海洋深部分解并重新释放为营养物质。因此，浅部海水中营养物质的浓度在表层较低，垂向向下逐渐增加，在深部水体中的浓度达到最大。Sc、Ni、Ba、Zn、Cd、Fe、Ge、As、Se 的分布也与营养型元素相似。清除型元素是指在海水中能够被颗粒物吸附而从海水中被清除的元素。清除型元素在海水中的滞留时间低于营养型元素和稳定型元素，一般<$10^3$年。这类元素通常在表层水中的浓度最高，随着海水深度增加而逐渐降低，如 Al、Mn、Co 和 Hg 等。

微量元素在海水中也存在区域分布和垂直分布变化。Alibo 和 Nozaki（1999）对西北太平洋不同深度海水中稀土元素和钇的含量与形态分布开展了研究，发现 $REE^{3+}$ 在垂直剖面呈现随深度增大而平缓增大的凸曲线（图 4.2）。尽管不同深度海水的稀土元素组成模式具有相似性，但随着深度增加，海水的 Ce 负异常逐渐增强 [图 4.3（a）]。海水中溶解态 Ce 的含量从近地表的 6pmol/kg 下降到 400m 深度左右的最小值 2.5pmol/kg，在 800m 深度以下接近恒定值 4pmol/kg；从表层到 200m 深度，颗粒态 Ce 的含量显著增加，表明 $Ce^{3+}$ 被氧化为 $Ce^{4+}$，随后在上层水柱中清除。由于 $Ce^{3+}$ 向 $Ce^{4+}$ 的氧化作用，海水中 Ce 的颗粒态组分（31%）远远高于其他 $REE^{3+}$（<5%）。因此，海水具有更强的 Ce 负异常，而海洋沉积物中的 Fe-Mn 氧化物则具有显著的 Ce 正异常（图 4.3）（Liao et al.，2019）。

影响海水中微量元素含量和分布的过程主要包括以下 5 个方面：

（1）生物过程。浮游植物通过光合作用和呼吸作用控制着营养元素的分布及变化。一些微量元素在海水中的分布与某种营养元素十分相似，如 Cu 和 Cd 的分布与 N 和 P 的分布相似，而 Ba、Zn、Cr 的分布与 Si 相似。

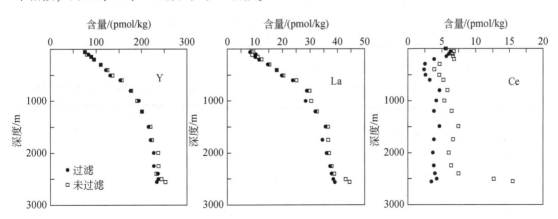

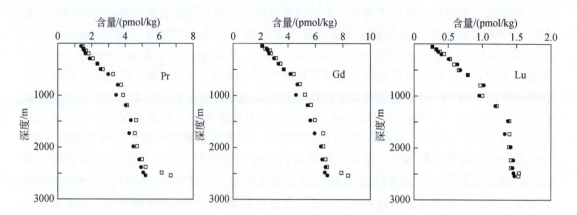

图 4.2　西北太平洋海水中颗粒态和溶解态 Y、La、Ce、Pr、Gd、Lu 含量的垂直分布

实心符号为溶解态（经 0.04μm 孔径滤膜过滤），空心符号为总含量（未过滤），修改自 Alibo 和 Nozaki（1999）

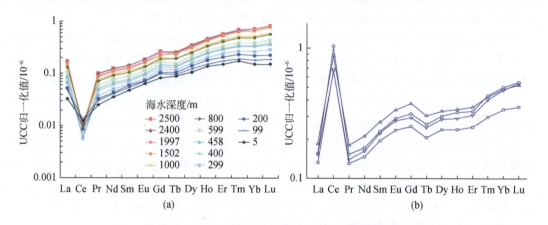

图 4.3　大陆上地壳（UCC）归一化稀土元素组成模式图

（a）西北太平洋海水的大陆上地壳（UCC）归一化稀土元素组成模式图；（b）北太平洋中部深海锰结核的大陆上地壳归一化稀土元素组成模式图。海水数据来自 Alibo 和 Nozaki（1999），深海锰结核的数据来自 Liao 等（2019），UCC 值据 Rudnick 和 Gao（2014）

　　（2）吸附过程。悬浮在海水中的黏土矿物、铁和锰的氧化物以及氢氧化物、腐殖质等颗粒在下沉过程中，大量吸收海水中各种微量元素，将它们带至海底进入沉积相，这也是影响微量元素在海水中浓度的重要因素。

　　（3）海气交互过程。有几种微量元素在表层海水中的浓度高，在深层海水中的浓度低。如 Pb 在表层海水中的浓度最大，在 1000m 以下的海水中浓度随深度的增加而迅速降低，这是受到海气交互过程所控制。

　　（4）海底热液过程。洋壳内部的热液会通过地壳裂缝注入深层海水，形成海底热泉，从而使附近深海区的海水组成发生很大变化。

　　（5）海底沉积物中微量元素再释放过程。海底沉积物受到扰动或者吸附的物质重新溶解后释放进入水体，导致海水微量元素组成发生变化。

#### 4.1.2.2 陆地水体

陆地水体包括河流、湖泊、冰川水以及地下水等。与海水相比，大部分陆地水体的盐度更低、密度更小。不同类型陆地水体的微量元素含量不尽相同，本书主要针对河流和湖泊中的重金属元素和稀土元素进行介绍。

河流和湖泊中的物质主要由溶解相（0.45μm 或 0.22μm 孔径滤膜可过滤物质）、悬浮物（0.45μm 或 0.22μm 孔径滤膜不可过滤物质）和沉积物等组分组成。微量元素在水环境中的赋存形态主要包括颗粒态、溶解态。其中，溶解态主要是指能够通过 0.45μm 或 0.22μm 孔径滤膜的形态，主要由微细粒胶体、有机络合物、无机络合物、自由离子组成。溶解态微量元素在表生水体中的存在方式主要为前三种，以自由离子方式存在的比例极小。

在流域和湖泊中，微量元素的含量主要受到人为输入和各种自然作用的长期影响。进入流域的微量元素的自然来源包括火山爆发、岩石风化、土壤侵蚀、地表径流、生物转化、风暴、燃烧产生的颗粒物通过大气沉降等自然作用进入流域中。人为源主要包括冶炼、采矿活动、含金属螯合物的工业废水、农业活动中滥用的矿物肥料、磷石膏、化肥和杀虫剂、生活垃圾和污水排放等。湖泊和河流中微量元素的时空分布受到人为源、pH、水温、水量、微生物活动以及氧化还原条件等多种因素的影响。稀土元素受区域地质背景、风化作用、溶液化学以及水与颗粒物相互作用等因素的影响发生分异。

Li 等（2020）收集了 47 年间（1970～2017 年）来自五大洲的 120 条河流和 116 个湖泊中的 8 种重金属元素（Cd、Pb、Cr、Zn、Cu、Ni、Mn、Fe）的含量数据（表 4.5 和表 4.6）。大多数重金属元素在河流水体中的含量在亚洲最高，在欧洲最低。整体上，欧美地区的重金属污染程度较低，亚非地区的污染程度较高，这可能与不同地区的发展程度有关。从时间上来看，在 1970～2017 年间，五个不同时间段水体中重金属元素含量有所不同。水体中重金属元素含量在 21 世纪前十年最高，20 世纪七八十年代最低；水体中 Cd、Cr、Cu、Ni、Mn、Fe 含量总体呈上升趋势，Pb、Zn 含量呈下降趋势。

表 4.5 1970～2017 年间全球五大洲河流水体中溶解态金属元素含量

（单位：μg/L）

| 元素 | 非洲 | | 亚洲 | | 欧洲 | | 北美洲 | | 南美洲 | |
|---|---|---|---|---|---|---|---|---|---|---|
| | 平均值 | 标准偏差 | 平均值 | 标准偏差 | 平均值 | 标准偏差 | 平均值 | 标准偏差 | 平均值 | 标准偏差 |
| Cd | 3.00 | 2.93 | 10.7 | 38.3 | 0.62 | 1.28 | 3.64 | 4.92 | 2.71 | 5.96 |
| Pb | 34.1 | 35.2 | 36.1 | 98.5 | 7.57 | 15.7 | 24.8 | 47.1 | 32.5 | 48.4 |
| Cr | 36.9 | 68.8 | 128 | 583 | 7.25 | 9.63 | 26.6 | 64.3 | 12.5 | 15.4 |
| Zn | 59.2 | 65.2 | 208 | 785 | 96.1 | 332 | 197 | 328 | 83.5 | 131 |
| Cu | 34.2 | 58.4 | 37.6 | 134 | 8.48 | 15.9 | 38.1 | 100 | 15.4 | 31.2 |
| Ni | 29.7 | 39.2 | 91.6 | 381 | 3.95 | 4.34 | 5.84 | 10.4 | 10.9 | 23.4 |
| Mn | 518 | 898 | 126 | 269 | 75.8 | 77.2 | 378 | 519 | 69.0 | 76.4 |
| Fe | 1241 | 1898 | 566 | 1425 | 52.2 | 111 | 31.1 | 51.3 | 1158 | 1214 |

数据来源：Li 等（2020）。

表 4.6　1970～2017 年间全球河流湖泊中溶解态金属元素含量　（单位：μg/L）

| 元素 | 1971～1980 年 | | 1981～1990 年 | | 1991～2000 年 | | 2001～2010 年 | | 2011～2017 年 | |
|---|---|---|---|---|---|---|---|---|---|---|
| | 平均值 | 标准偏差 | 平均值 | 标准偏差 | 平均值 | 标准偏差 | 平均值 | 标准偏差 | 平均值 | 标准偏差 |
| Cd | 9.22 | 20.6 | 0.85 | 2.38 | 1.05 | 2.24 | 10.0 | 33.8 | 16.2 | 52.3 |
| Pb | 19.1 | 45.1 | 11.4 | 24.5 | 36.1 | 84.7 | 26.2 | 87.1 | 58.7 | 114 |
| Cr | 45.9 | 71.9 | 2.28 | 4.28 | 9.14 | 11.5 | 126 | 635 | 131 | 446 |
| Zn | 234 | 472 | 74.2 | 231 | 70.8 | 103 | 118 | 377 | 483 | 1385 |
| Cu | 36.5 | 87.0 | 4.76 | 6.11 | 13.1 | 32.1 | 34.1 | 91.8 | 62.5 | 212 |
| Ni | 2.33 | 3.87 | 2.76 | 6.91 | 45.2 | 173 | 40.3 | 93.8 | 201 | 657 |
| Mn | 165 | 255 | 694 | 608 | 171 | 162 | 180 | 478 | 138 | 172 |
| Fe | 27.0 | 24.8 | 222 | 552 | 39.7 | 81.6 | 554 | 1413 | 925 | 1693 |

数据来源：Li 等（2020）。

河水中溶解态 REE 的含量非常低，不同河流之间差别较大，从 0.1ng/kg 到 300ng/kg，相差达 2～3 个数量级。世界河水 REE 平均含量为 50ng/kg 左右（王中良等，2000），欧美地区河流 REE 平均含量为 100～300ng/kg，中国东部主要河流溶解态 REE 平均含量为 270ng/kg（周国华等，2012），喀斯特地区河流溶解态 REE 含量为 39.5～94.8ng/kg（韩贵琳和刘丛强，2004）。中国河流溶解态 REE 含量存在南北差异，表现出北方河流明显高于南方河流的特征，这源于北方河流呈中性或碱性，水体中含有较高的 $CO_3^{2-}$、$PO_4^{3-}$、$OH^-$、$SO_4^{2-}$、$F^-$ 等阴离子，易与稀土元素发生络合反应生成阴离子络合物，导致水体中溶解态 REE 含量升高。相比于溶解态稀土元素含量，河流悬浮物中的稀土元素含量要高得多，基本分布在 20～60μg/g 之间，平均含量为 40μg/g，与上地壳 REE 平均丰度（38μg/g）接近，而且各河流之间的差别很小（王中良等，2000）。影响河流悬浮物中稀土元素含量的两个重要因素是河流的酸碱度和颗粒物含量，而其他因素如流域岩石类型、水土流失强度、风化作用强度不同会导致河流悬浮物的物质组成和粒级不同，进而对悬浮物中稀土元素含量造成影响。

王中良等（2000）对世界 28 条河流中稀土元素的含量和组成模式进行了综合分析（图 4.4 和图 4.5），发现河流中溶解态稀土元素的页岩归一化组成模式发生显著分异。重稀土元素富集是大多数河流溶解态稀土元素组成模式的特点，表现为页岩归一化的轻重稀土元素比值($La/Yb)_{SN}$（下标 SN 表示页岩归一化）小于 1。悬浮物主要表现为一定程度的轻稀土元素富集，只有极少数河流的悬浮物表现为重稀土元素富集特征。世界河流的 REE 组成特征可分为以下 4 类。

第一类：HREE 线性富集型，从 La 到 Lu 呈现递增式富集。具有该特征的河流包括巴基斯坦的印度河（Indus River）、美国的康涅狄格河（Connecticut River）和密西西比河（Mississippi River）、德国的易北河（Elbe River）和莱茵河（Rhine River）等。

第二类：MREE 相对富集型，REE 组成模式曲线呈现上"凸"形。具有该特征的河流包括巴西的亚马孙河（Amazon River）、刚果（金）的扎伊尔河（Zaire River）、中国的长江等。

第三类：REE 组成分布平坦型，页岩归一化组成模式几乎呈一条直线。具有该特征的河流包括法国的加龙河（Garonne River）、美国的哥伦比亚河（Columbia River）、刚果（布）的刚果河（Congo River）等。

　　第四类：LREE 相对富集型，页岩归一化组成模式显示明显的 LREE 富集特征。具有该特征的河流包括加拿大的大鲸河（Great Whale River）、格陵兰岛的伊苏亚河（Isua River）等。

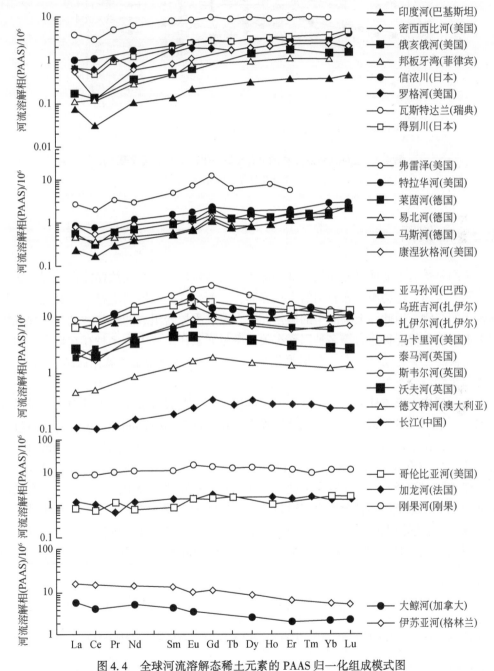

图 4.4　全球河流溶解态稀土元素的 PAAS 归一化组成模式图

PAAS 为后太古宙澳大利亚页岩（Post-Archean Australian Shale, PAAS）。引自王中良等（2000）

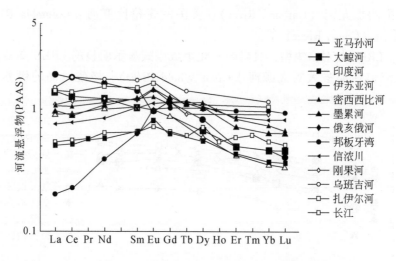

图 4.5　全球河流悬浮物的 PAAS 归一化稀土元素组成模式图

引自王中良等（2000）

## 4.1.3　土壤圈

　　土壤圈是覆盖于地球表面和浅水域底部的土壤所构成的一种连续体或覆盖层。土壤圈是大气圈、水圈、生物圈与岩石圈的交接界面，它既是这些圈层的支撑者，又是它们长期共同作用的产物。因此，土壤圈中的微量元素含量既受原岩组成的影响，又与风化和沉积作用中不同元素的迁移能力等多种因素有关。微量元素在土壤中有多种存在形态，包括水溶态、交换态、氧化物结合态（包括氧化锰、无定型氧化铁和晶型氧化铁结合态）、有机结合态和矿物结合态等。

　　由于受到成土母质种类与成土过程、土壤质地、土壤有机质以及土壤周边人类活动等的影响，土壤中微量元素的含量变化范围极大（Kabata-Pendias and Mukherjee, 2007）（表4.7）。例如，由基性–超基性岩风化形成的土壤中富含 Ni、Cr、Co、Cu 等，中酸性岩风化形成的土壤则富含 W、Sn、Be、Mo、Pb、Li、Th、REE 等（Vithanage et al., 2019）。土壤质地细或细粒部分的微量元素含量高，而在沙质土和砂粒部分中的含量较低。有机质含量较高的土壤中的微量元素含量也相对较高，但有机质含量为 5% ~ 15% 时，微量元素含量反而减少。通过将土壤中元素含量除以大陆地壳中的元素丰度（该比值称为浓度克拉克值①）（表4.7），可以大致了解各元素从岩石风化到形成土壤过程中的集散情况（Kabata-

---

　　① 1889 年美国化学家 F. W. 克拉克（Frank Wigglesworth Clarke, 1847 ~ 1931 年）发表了第一篇关于元素地球化学分布的论文，通过对世界各地 5159 件岩石样品的测试和计算，给出了地壳内 50 种元素的平均含量，即地壳元素丰度。为表彰其卓越贡献，国际地质学会将地壳元素丰度命名为克拉克值。浓度克拉克值则是由 В. И. 维尔纳茨基提出，是指某元素 $i$ 在某一地质体（矿床、岩体或矿物等）中的平均含量与其克拉克值的比值，是衡量元素 $i$ 在该地质体中集中或分散程度的良好标尺，在地球化学理论研究和找矿实践中都具有重大意义。当浓度克拉克值>1 时，说明元素 $i$ 在该地质体中相对富集；当浓度克拉克值<1 时，则意味着分散。

Pendias and Mukherjee, 2007)。根据土壤中各种元素的浓度克拉克值，土壤圈的元素组成可以分为三类：

(1) 在风化成壤过程中明显集中的元素。这类元素主要是在表生带中能够形成稳定矿物的元素，其土壤浓度克拉克值大于 1.2，如 Ag、Bi、Sb、Ge、Pd、Se、Zr 等。

(2) 在风化成壤过程中明显分散的元素。属于这一类的是土壤浓度克拉克值小于 0.8 的元素，如 Be、Co、Cr、F、Mn、Ni、Rb、Sr、W 等。

(3) 在风化成壤过程中集散程度不显著的元素。这一类元素的土壤浓度克拉克值为 1 左右 (0.8~1.2)，如 As、B、Ba、Ce、Cs、Gd、Ga、Li、Ti、Zn 等。

总之，土壤是岩石风化的产物，不同原岩中的元素组成特征不同，成壤后富含的微量元素也不一样。即使是同类型岩石风化形成的土壤，受物理化学条件、风化程度以及生物作用等多种因素的影响，其中的元素分布特征也是不均匀的。

表 4.7  表层土壤和大陆上地壳中的微量元素含量对比　　　(单位：μg/g)

| 元素 | 大陆上地壳 | 世界土壤 | 瑞典土壤 | 日本土壤 | 巴西土壤 | 美国土壤 | $SEF_{crust}$ |
|------|-----------|----------|----------|----------|----------|----------|---------------|
| Sb | 0.4 | 0.62 | 0.25 | 0.78 | / | 0.66 | 1.44 |
| As | 4.8 | 4.7 | 3.8 | / | / | 7.2 | 1.09 |
| Ba | 624 | 362 | 608 | 350 | / | 580 | 0.76 |
| Be | 2.1 | 1.9 | 1.3 | 1.4 | / | 0.92 | 0.66 |
| Bi | 0.16 | 0.7 | 0.16 | 0.33 | / | / | 2.48 |
| B | 17 | / | 5.1 | / | / | 33 | 1.12 |
| Br | 1.6 | / | / | / | 10.5 | 0.85 | 3.55 |
| Cd | 0.09 | 1.1 | 0.17 | 0.33 | 0.18 | <0.01~41 | 4.94 |
| Ce | 63 | 49 | 60 | 52 | 89 | 75 | 1.03 |
| Cs | 4.9 | 8 | 1.7 | 5.4 | 4.6 | / | 1.01 |
| Cl | 370 | 380 | / | / | / | / | 1.03 |
| Cr | 92 | 42 | 22 | 58 | 86 | 54 | 0.57 |
| Co | 17.3 | 6.9 | 7.1 | 18 | 17 | 9.1 | 0.67 |
| Cu | 28 | 14 | 17 | 48 | 109 | 25 | 1.52 |
| Dy | 3.9 | 0.7 | 4.1 | 3.9 | 5.6 | / | 0.92 |
| Er | 2.3 | 1.6 | 2.2 | 2.2 | 3.1 | / | 0.99 |
| Eu | 1.0 | 1.2 | 0.79 | 1.2 | 1.5 | / | 1.17 |
| F | 557 | 264 | / | / | 269 | 430 | 0.58 |
| Gd | 4 | 2.2 | 3.4 | 4.2 | 5.5 | / | 0.96 |
| Ga | 17.5 | 1.2 | 8.9 | 20 | 31 | 17 | 0.89 |
| Ge | 1.4 | 1.2 | 19 | / | 1.9 | 1.2 | 4.16 |
| Au | 0.0015 | 0.002 | <0.005 | / | 0.002 | / | 2.00 |
| Hf | 5.3 | 3 | 7.6 | 2.5 | 12.7 | / | 1.22 |
| Ho | 0.83 | 1.1 | 0.87 | 0.73 | 1 | / | 1.11 |

| 元素 | 大陆上地壳 | 世界土壤 | 瑞典土壤 | 日本土壤 | 巴西土壤 | 美国土壤 | $SEF_{crust}$ |
|---|---|---|---|---|---|---|---|
| In | 0.056 | / | <0.04 | 0.09 | 0.11 | / | 1.43 |
| I | 0.0014 | 2.4 | / | / | 13 | 1.2 | 3.95 |
| Ir | 0.000022 | / | <0.04 | / | / | / | / |
| Li | 31 | 26 | 33 | 23 | 34 | 37 | 0.99 |
| Pb | 17 | 25 | 18 | 24 | 22 | 19 | 1.27 |
| Li | 21 | 28 | 17 | 13 | 24 | 24 | 1.01 |
| Lu | 0.31 | 0.34 | 0.39 | 0.31 | 0.52 | / | 1.26 |
| Mn | 1000 | 418 | 411 | / | 535 | 550 | 0.48 |
| Hg | 0.05 | 0.1 | 0.043 | / | 0.053 | 0.09 | 1.43 |
| Mo | 1.1 | 1.8 | 0.58 | 1.3 | 1.6 | 0.97 | 1.14 |
| Nd | 27 | 19 | 29 | 22 | 32 | 46 | 1.10 |
| Ni | 47 | 18 | 13 | 26 | 25 | 19 | 0.43 |
| Nb | 12 | 12 | 12 | 10 | 25 | 11 | 1.17 |
| Os | 0.000031 | / | / | / | / | / | / |
| Pd | 0.00052 | / | 0.04 | / | 0.003 | / | 41.4 |
| Pt | 0.0005 | / | <0.04 | / | 0.002 | / | 42.0 |
| Pr | 7.1 | 7.6 | 7.7 | 5.3 | 8.4 | / | 1.02 |
| Re | 0.000198 | / | <0.04 | / | / | / | / |
| Rh | / | / | <0.04 | / | / | / | / |
| Rb | 84 | 50 | 116 | 70 | 18 | 67 | 0.76 |
| Ru | 0.00034 | / | <0.04 | / | / | / | / |
| Sm | 4.7 | 3.1 | 4.5 | 4.4 | 6.7 | / | 0.99 |
| Sc | 14 | 9.5 | 10 | 21 | 0.47 | 8.9 | 0.88 |
| Se | 0.09 | 0.7 | 0.23 | / | 0.47 | 0.39 | 4.97 |
| Ag | 0.053 | 0.1 | 0.11 | 0.1 | 0.05 | / | 1.70 |
| Sr | 320 | 147 | 163 | 190 | / | 240 | 0.58 |
| Ta | 0.88 | 1.1 | 1.1 | 1.7 | 2.3 | / | 1.76 |
| Te | / | / | <0.08 | / | / | / | / |
| Tb | 0.7 | 0.4 | 0.48 | 0.74 | 0.9 | / | 0.90 |
| Tl | 0.9 | 0.6 | 0.23 | 0.49 | 0.36 | / | 0.47 |
| Th | 10.5 | 8.2 | 8.1 | 9 | 11 | 9.4 | 0.87 |
| Tm | 0.3 | 0.46 | 0.32 | 0.3 | 0.5 | / | 1.32 |
| Sn | 2.1 | / | 1.8 | 2.4 | / | 1.3 | 0.87 |
| Ti | 6400 | / | 3700 | / | 15480 | 2900 | 1.15 |
| W | 1.9 | 1.2 | 1.3 | 1.3 | 1.4 | 0.16~0.17 | 0.68 |

续表

| 元素 | 大陆上地壳 | 世界土壤 | 瑞典土壤 | 日本土壤 | 巴西土壤 | 美国土壤 | SEF$_{crust}$ |
|---|---|---|---|---|---|---|---|
| U | 2.7 | 3.7 | 4.4 | 1.9 | 1.9 | 2.7 | 1.08 |
| V | 97 | 60 | 69 | 180 | 320 | 80 | 1.46 |
| Yb | 2 | 2.1 | 2.9 | 2.1 | 3.2 | 3.1 | 1.34 |
| Y | 21 | 12 | 27 | 21 | 27 | 25 | 1.07 |
| Zn | 67 | 62 | 65 | 89 | 73 | 60 | 1.04 |
| Zr | 193 | 300 | 308 | 92 | 421 | 230 | 1.40 |

数据来源：大陆上地壳数据来自 Rudnick 和 Gao（2014）；各地土壤数据引自 Kabata-Pendias 和 Mukherjee（2007）；SEF$_{crust}$ 为表中所有土壤平均含量与上地壳丰度的比值，无单位。"/"表示原文献未报道数据。

## 4.1.4  生物圈

生物圈是指地球生物及其活动范围所构成的一个极其特殊的重要圈层，是地球上所有生物及其生存环境的总称。在地理环境中，生物圈并不单独占有任何空间，而是渗透于水圈、大气圈的下层和岩石圈的表层。它们相互影响、相互交错分布，其间没有一条明显的分界线。生物圈所包括的范围是以生物存在和生命活动为标准的，从地表以下 3km 到地表以上 10km 的高空以及深海的海底都属于生物圈的范围，但是生物圈中 90% 以上的生物都活动在地表到 200m 高空以及从水面到水下 200m 的水域空间内，所以这部分是生物圈的主体。生物圈在促进太阳能转化、改变大气与水圈的成分、参与风化作用和成土过程、改造地表形态、建造岩石等方面扮演着重要的角色。

### 4.1.4.1  人体中的微量元素

对于哺乳动物和人类而言，微量元素是指构成人体质量 0.01% 以下的元素。在人体内发现有 50 余种微量元素，共占人体总质量的 0.2%，其中包括必需和非必需元素。铁、氟、锌是人体中含量最高的微量元素，分别占人体的 0.006%、0.0037%、0.0033%。表 4.8 和表 4.9 列出的是"标准"人体和血液中必需和非必需微量元素的含量和总量，各种必需微量元素的总量为 1.5~4200mg，非必需微量元素的总量低于 420mg。

表 4.8  人体和血液中必需微量元素的含量和总量

| 元素 | 人体 | | 血液 | 血浆 | 红细胞 | 特点 |
|---|---|---|---|---|---|---|
| | 总量/mg | 含量/（mg/kg） | 总量/mg | 总量/mg | 总量/mg | |
| Fe | 4200 | 60 | 2500 | 3.6 | 2400 | 70.5% 在血红蛋白 |
| F | 2600 | 37 | 0.95 | 0.87 | 0.17 | 98% 在骨内 |
| Zn | 2300 | 33 | 43 | 5.6 | 2.8 | 65.2% 在肌肉 |
| Sr | 320 | 4.6 | 0.18 | 0.18 | 0.17 | 99% 在骨内 |

续表

| 元素 | 人体 | | 血液 | 血浆 | 红细胞 | 特点 |
|---|---|---|---|---|---|---|
| | 总量/mg | 含量/(mg/kg) | 总量/mg | 总量/mg | 总量/mg | |
| Cu | 72 | 1.0 | 5.6 | 3.5 | 2.2 | 34.7%在肌肉 |
| Se | 13 | 0.2 | 1.1 | / | / | 38.3%在肌肉 |
| Mn | 12 | 0.2 | 0.14 | 0.025 | 0.12 | 43.4%在骨内 |
| I | 11 | 0.2 | 0.29 | 2.6 | 0.35 | 87.4%在甲状腺 |
| Mo | 9.3 | 0.1 | 0.083 | / | / | 19%在肝脏 |
| Cr | 1.7 | 0.02 | 0.14 | 0.0074 | 0.044 | 37%在皮肤 |
| Co | 1.5 | 0.02 | 0.0017 | 0.0014 | 0.00034 | 18.6%在骨髓 |
| 可能是必需元素 | | | | | | |
| Ni | 10 | 0.1 | 0.16 | 0.09 | 0.07 | 18%在皮肤 |
| V | <18 | 0.3 | 0.08 | 0.031 | 0.057 | >90%在脂肪 |

数据来源：刘建业（1974）。

注："/"表示原文献中未报道数据。

### 表4.9　人体和血液中非必需微量元素的含量和总量

| 元素 | 人体 | | 血液 | 血浆 | 红细胞 | 特点 |
|---|---|---|---|---|---|---|
| | 总量/mg | 含量/(mg/kg) | 总量/mg | 总量/mg | 总量/mg | |
| Ru | 320 | 4.6 | 14 | 2.2 | 12 | 伴随钾 |
| Br | 200 | 2.9 | 24 | 17 | 7.5 | 60%在肌肉 |
| Pb | 120 | 1.7 | 1.4 | 0.14 | 1.2 | 91.6%在骨内 |
| Al | 61 | 0.9 | 1.9 | 1.3 | 0.14 | 19.7%在肺，34.5%在骨 |
| Cd | 50 | 0.7 | 0.036 | / | / | 27.8%在肾和肝脏 |
| B | <48 | 0.7 | 0.52 | / | / | 植物必需 |
| Ba | 22 | 0.3 | <1.0 | <0.62 | / | 91%在骨内 |
| Sn | <17 | 0.2 | 0.68 | 0.1 | / | 25%在脂肪和皮肤 |
| Hg | 13 | 0.2 | 0.026 | 0.009 | / | 69.2%在脂肪和肌肉 |
| Ti | 9 | 0.1 | 0.14 | 0.12 | 0.08 | 49.1%在肺和淋巴结 |
| Au | <10 | 0.1 | 0.0021 | / | / | 52%在骨 |
| Sb | <7.9 | 0.1 | 2.024 | 0.16 | / | 25%在骨 |
| Cs | 1.5 | 0.02 | 0.015 | / | / | 伴随钾 |
| U | 0.09 | 0.001 | 0.0046 | / | / | 65.5%在骨 |
| Be | 0.036 | / | <0.0005 | / | / | 75%在骨 |
| As | <18 | 0.3 | 2.5 | <0.093 | 0.59 | 伴随磷 |
| Li | 2.2 | 0.03 | 0.1 | 0.093 | 0.061 | 50%在肌肉 |

续表

| 元素 | 人体 | | 血液 | 血浆 | 红细胞 | 特点 |
| | 总量/mg | 含量/(mg/kg) | 总量/mg | 总量/mg | 总量/mg | |
| --- | --- | --- | --- | --- | --- | --- |
| Zr | 420 | 6 | 13 | 1.2 | 12 | 67%在脂肪 |
| Nb | <110 | 1.6 | 13 | <0.025 | 13 | 26%在脂肪 |
| Te | <8.2 | 0.1 | 0.18 | 0.09 | 0.078 | 可能在骨内 |

数据来源：刘建业（1974）。

注："/"表示原文献中未报道数据。

### 4.1.4.2 植物中的微量元素

16 种元素被认为是植物正常生长所必需的，包括 C、H、O、N、P、K、Ca、Mg、S、Fe、Zn、Cu、B、Mn、Mo 和 Cl。有些微量元素（如 V、I、Co、Ga 和 Rb 等）对某些低等植物是不可缺少的，而在高等植物中还没有发现它们的重要性（袁玉信，1996）。植物中微量元素的含量受植物种类和植物所处环境（包括土壤、水、大气）的影响变化较大。在植物体内的微量元素有几十种，但真正为植物生长所必需的微量元素被认为只有 Fe、Zn、Mn、Mo、Cu、B 和 Cl 等 7 种元素（表 4.10）。

表 4.10 植物生长所必需微量元素

| 元素 | 植物体中元素含量 | 缺少或过量时的症状 |
| --- | --- | --- |
| Fe | 植物对铁的需要量甚微，土壤中的铁含量一般不会低于植物的需要量。一般认为植物铁含量低于 50mg/kg 即表示缺铁 | 植物最常见的缺铁症状是幼叶失绿，导致生长受阻，严重时植株死亡 |
| Zn | 植物锌含量在 20～200mg/kg 之间。当植物锌含量低于 20mg/kg 时就认为缺锌 | 植物缺锌的典型症状是出现矮化和小叶病 |
| Mn | 植物中锰的正常含量范围在 20～50mg/kg 之间。植物锰含量低于 20mg/kg 时即表示缺锰 | 植物缺锰的病症是在幼叶或老叶上发生缺绿斑点 |
| Mo | 不同植物的含钼水平各异，典型的植物中钼的浓度变化范围在 0.1～2.0mg/kg，一般不超过 1.0mg/kg。植物钼含量低于 0.1mg/kg 时便出现缺钼症状 | 缺钼的典型症状是植物发生"黄斑病" |
| Cu | 植物体内铜的浓度一般在 5～20mg/kg 之间，幼苗含铜浓度最高，随着植物逐渐成熟，铜浓度稳定下降。植物含铜低于 4mg/kg 时就可能出现缺铜症状 | 典型的缺铜症状首先表现在幼苗的叶尖上，顶端生长不良，导致植株矮化丛生。果树缺铜常出现"顶死病" |
| B | 不同植物的硼含量不同，一般在 2～100mg/kg 之间。植物硼含量低于 15mg/kg 或土壤水溶性（有效性）硼含量在低于 0.3～0.5mg/kg 时就可能缺硼 | 植物缺硼最典型的症状出现在幼嫩生长部位。顶端生长停止或枯死 |
| Cl | 植物氯含量低于 100mg/kg 时表明缺氯。在自然条件下极少观察到氯，较常遇到的是由于过量氯而使植物受到毒害 | 过量氯而使植物受到毒害的症状表现为叶尖或叶缘灼烧变成青铜色，成熟前黄化及叶片脱落 |

资料来源：Vatansever 等（2017）。

# 4.2　地壳的微量元素组成

地球有两类地壳：大洋地壳（oceanic crust）和大陆地壳（continental crust）。大洋地壳位于大洋底部，被海水覆盖，平均厚度仅为 7km，而且形成年龄一般不超过 0.2Ga，以基性的玄武岩和辉长岩为主。大陆地壳横向上延伸到大陆架边缘，垂向上从地表延伸到莫霍面，一部分位于海平面之下。大陆地壳的平均厚度为 35~40km，具有低密度、年龄古老、岩石类型丰富和成分高度演化的特征。现在普遍认为大陆地壳的主体形成于太古宙，平均形成年龄约 20Ga。

在硅酸盐地球分异演化形成两类地壳的过程中，微量元素会在相关过程中发生迁移和富集。地壳成分的基本特征主要受岩浆作用的控制，可以结合岩浆作用中微量元素的地球化学行为（5.1 节）进行学习。浅部地壳（如大洋或大陆的上地壳）可能经历水-岩作用改造，部分可溶性元素的组成会受到这些过程的影响，可以结合表生作用中的微量元素地球化学行为进一步学习（5.4 节）。不同类型地壳的微量元素组成特征可以用来揭示其形成演化历史，对于认识硅酸盐地球的分异演化至关重要。

本节将从两类地壳的基本岩石学特征、化学组成及微量元素特征进行介绍。地壳的岩石学特征是主量元素的外在表现，而微量元素主要通过类质同象替代主量元素进入矿物，因此地壳的岩石学特征可以看作是微量元素更高一级的宏观控制，是认识地壳微量元素组成特征和控制因素的基础。

## 4.2.1　大陆地壳

大陆地壳通常可以分为花岗质的上地壳、英云闪长质的中地壳以及玄武质的下地壳。地壳内部从浅到深温度和压力升高，变质等级也从上地壳的低级变质升高至中地壳的斜长角闪岩相变质，以及下地壳的麻粒岩相变质（图 4.6）。

大陆上地壳（upper continental crust, UCC）、中地壳（middle continental crust, MCC）、下地壳（lower continental crust, LCC）和大陆总地壳（bulk continental crust, BCC）的化学成分参考模型见表 4.11。

### 4.2.1.1　大陆总地壳

大陆地壳作为重要的地球化学储库之一，其成分特征已得到较好的约束。整体认识包括：①大陆总地壳为安山质，$SiO_2$ 含量范围为 57%~63%；②以明显亏损 Nb、Ta 等高场强元素和富集 Pb 及大离子亲石元素为特征，在原始地幔归一化多元素组成分布图上呈现显著的 Nb、Ta 负异常和 Pb 正异常，明显不同于洋壳；③上地壳至下地壳地震波速随深度增加，与之对应的是 $SiO_2$ 和不相容元素含量逐渐降低，以及相容元素含量的逐渐升高；④大陆上地壳具有明显的负 Eu 异常，大陆下地壳通常为正 Eu 异常，但上地壳和下地壳的 Eu 异常并不平衡，使得大陆总地壳具有弱的负 Eu 异常。

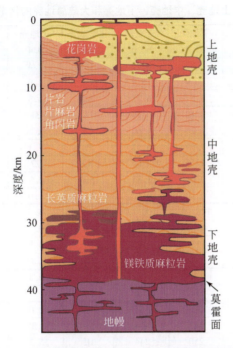

图 4.6　简化的大陆地壳结构和岩石学组成剖面图
引自 Roberts 等（2015）

　　大陆总地壳的主量元素组成具有较为演化的特征（表 4.11，图 4.7），含有约 60.6% 的 $SiO_2$ 和 4.66% 的 MgO（与地幔平衡的幔源岩浆通常为玄武质，$SiO_2$ 约 50%，MgO 约 8%）。具有演化成分的大陆地壳不太可能与上地幔处于平衡状态。因此，大陆地壳的形成模型大多至少包括两个阶段：①地幔中玄武质岩浆的提取；②玄武质岩浆的结晶分异或玄武质岩石的部分熔融作用。涉及的岩浆过程也控制了大陆地壳整体以及垂向上的化学成分变化。

　　大陆地壳的微量元素特征对于认识大陆地壳的形成演化也具有重要意义。大陆地壳整体亏损 Nb、Ta 等高场强元素并富集 Pb 和大离子亲石元素，这种特征与俯冲带岩浆作用较为一致，暗示大陆地壳可能主要形成于俯冲带环境。上地壳和下地壳在一定程度上具有互补的 Eu 异常特征，暗示长石的结晶分异作用可能在形成大陆地壳的岩浆分异演化过程中扮演了重要角色。大陆地壳整体存在的弱负 Eu 异常则进一步暗示具有正 Eu 异常的大陆下地壳（与斜长石堆晶作用有关）可能在地质历史中发生了部分的移除，再循环进入了深部地幔。

　　此外，虽然大陆地壳的质量仅占整个硅酸盐地球质量的约 0.6%，但是地球上很大一部分不相容元素（如 40% 的 K）都储存于大陆地壳之中。因此，大陆地壳对于整个地球相关的质量平衡计算以及对地球热力学结构的估算都起着非常重要的作用。

表4.11　大陆上地壳、中地壳、下地壳和大陆总地壳的化学成分参考模型

| 化学成分 | 上地壳 | 中地壳 | 下地壳 | 总地壳 | 化学成分 | 上地壳 | 中地壳 | 下地壳 | 总地壳 |
|---|---|---|---|---|---|---|---|---|---|
| $SiO_2$ | 66.6 | 63.5 | 53.4 | 60.6 | Sb | 0.4 | 0.28 | 0.10 | 0.2 |
| $TiO_2$ | 0.64 | 0.69 | 0.82 | 0.72 | I | 1.4 | / | 0.14 | 0.71 |
| $Al_2O_3$ | 15.4 | 15.0 | 16.9 | 15.9 | Cs | 4.9 | 2.2 | 0.3 | 2 |
| $FeO^T$ | 5.04 | 6.02 | 8.57 | 6.71 | Ba | 628 | 532 | 259 | 456 |
| MnO | 0.10 | 0.10 | 0.10 | 0.10 | La | 31 | 24 | 8 | 20 |
| MgO | 2.48 | 3.59 | 7.24 | 4.66 | Ce | 63 | 53 | 20 | 43 |
| CaO | 3.59 | 5.25 | 9.59 | 6.41 | Pr | 7.1 | 5.8 | 2.4 | 4.9 |
| $Na_2O$ | 3.27 | 3.39 | 2.65 | 3.07 | Nd | 27 | 25 | 11 | 20 |
| $K_2O$ | 2.80 | 2.30 | 0.61 | 1.81 | Sm | 4.7 | 4.6 | 2.8 | 3.9 |
| $P_2O_5$ | 0.15 | 0.15 | 0.10 | 0.13 | Eu | 1.0 | 1.4 | 1.1 | 1.1 |
| 总计 | 100.05 | 100.00 | 100.00 | 100.12 | Gd | 4.0 | 4.0 | 3.1 | 3.7 |
| $Mg^\#$ | 46.7 | 51.5 | 60.1 | 55.3 | Tb | 0.7 | 0.7 | 0.48 | 0.6 |
| Li | 24 | 12 | 13 | 16 | Dy | 3.9 | 3.8 | 3.1 | 3.6 |
| Be | 2.1 | 2.3 | 1.4 | 1.9 | Ho | 0.83 | 0.82 | 0.68 | 0.77 |
| B | 17 | 17 | 2 | 11 | Er | 2.3 | 2.3 | 1.9 | 2.1 |
| N | 83 | / | 34 | 56 | Tm | 0.30 | 0.32 | 0.24 | 0.28 |
| F | 557 | 524 | 570 | 553 | Yb | 2.0 | 2.2 | 1.5 | 1.9 |
| S | 621 | 249 | 345 | 404 | Lu | 0.31 | 0.4 | 0.25 | 0.30 |
| Cl | 370 | 182 | 250 | 244 | Hf | 5.3 | 4.4 | 1.9 | 3.7 |
| Sc | 14.0 | 19 | 31 | 21.9 | Ta | 0.9 | 0.6 | 0.6 | 0.7 |
| V | 97 | 107 | 196 | 138 | W | 1.9 | 0.60 | 0.60 | 1 |
| Cr | 92 | 76 | 215 | 135 | Re | 0.198 | / | 0.18 | 0.188 |
| Co | 17.3 | 22 | 38 | 26.6 | Os | 0.031 | / | 0.05 | 0.041 |
| Ni | 47 | 33.5 | 88 | 59 | Ir | 0.022 | / | 0.05 | 0.037 |
| Cu | 28 | 26 | 26 | 27 | Pt | 0.5 | 0.85 | 2.7 | 1.5 |
| Zn | 67 | 69.5 | 78 | 72 | Au | 1.5 | 0.66 | 1.6 | 1.3 |
| Ga | 17.5 | 17.5 | 13 | 16 | Hg | 0.05 | 0.0079 | 0.014 | 0.03 |
| Ge | 1.4 | 1.1 | 1.3 | 1.3 | Tl | 0.9 | 0.27 | 0.32 | 0.5 |
| As | 4.8 | 3.1 | 0.2 | 2.5 | Pb | 17 | 15.2 | 4 | 11 |
| Se | 0.09 | 0.064 | 0.2 | 0.13 | Bi | 0.16 | 0.17 | 0.2 | 0.18 |
| Br | 1.6 | / | 0.3 | 0.88 | Th | 10.5 | 6.5 | 1.2 | 5.6 |
| Rb | 84 | 65 | 11 | 49 | U | 2.7 | 1.3 | 0.2 | 1.3 |
| Sr | 320 | 282 | 348 | 320 | | | | | |
| Y | 21 | 20 | 16 | 19 | Eu/Eu* | 0.72 | 0.96 | 1.14 | 0.93 |
| Zr | 193 | 149 | 68 | 132 | Nb/Ta | 13.4 | 16.5 | 8.3 | 12.4 |
| Nb | 12 | 10 | 5 | 8 | Zr/Hf | 36.7 | 33.9 | 35.8 | 35.5 |
| Mo | 1.1 | 0.60 | 0.6 | 0.8 | Th/U | 3.8 | 4.9 | 6.0 | 4.3 |
| Ru | 0.34 | / | 0.75 | 0.57 | K/U | 9475 | 15607 | 27245 | 12367 |
| Pd | 0.52 | 0.76 | 2.8 | 1.5 | La/Yb | 15.4 | 10.7 | 5.3 | 10.6 |
| Ag | 53 | 48 | 65 | 56 | Rb/Cs | 20 | 30 | 37 | 24 |
| Cd | 0.09 | 0.061 | 0.10 | 0.08 | K/Rb | 283 | 296 | 462 | 304 |
| In | 0.056 | / | 0.05 | 0.052 | La/Ta | 36 | 42 | 13 | 29 |
| Sn | 2.1 | 1.30 | 1.7 | 1.7 | 热产率 | 1.65 | 1.00 | 0.19 | 0.89 |

数据来源：Rudnick 和 Gao（2014）。

注：氧化物含量单位为%，微量元素含量单位为 $\mu g/g$，热产率单位为 $\mu W/m^3$。$Mg^\# = 100 \times Mg/(Mg+Fe)$，原子个数之比。"/" 表示原文献中没有报道数据。

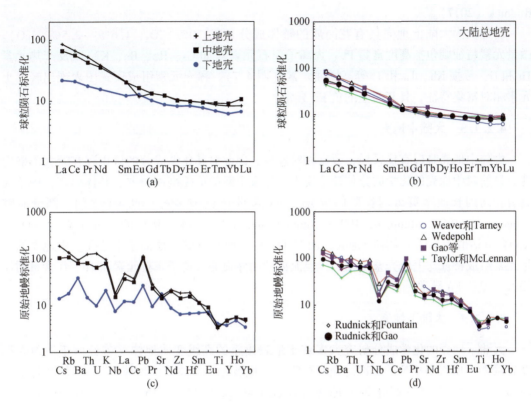

图 4.7　大陆地壳微量元素组成特征

（a）（b）大陆上地壳、中地壳、下地壳和大陆总地壳球粒陨石归一化稀土元素组成模式图；（c）（d）大陆上地壳、中地壳、下地壳和大陆总地壳原始地幔归一化多元素组成分布图。修改自 Rudnick 和 Gao（2014）。球粒陨石数据来自 Taylor 和 McLennan（1985），原始地幔值来自 McDonough 和 Sun（1995）

### 4.2.1.2　大陆上地壳

大陆上地壳最容易采样，因此目前对其化学成分的约束程度也最高。现有对大陆上地壳化学成分的研究一般基于大规模地表采样（Eade and Fahrig, 1971, 1973；Gao et al., 1998；Shaw et al., 1967, 1976；Togashi et al., 2000）或者分析细粒沉积物和沉积岩[①]，例如页岩（Haskin and Haskin, 1966；McLennan et al., 1980；Nance and Taylor, 1976）、黄土（Chauvel et al., 2014；Hu and Gao, 2008；Park et al., 2012；Peucker- Ehrenbrink and Jahn, 2001；Sauzéat et al., 2015）、河流沉积物（Kamber et al., 2005）和冰碛岩中的细粒基质（Chen et al., 2016；Gaschnig et al., 2016；Goldschmidt, 1933）。其中，河流沉积物和冰碛岩都来自地表经历强烈风化的最上部地壳，基于这两类样品得到的上地壳成分也受到了化学风化作用的影响，表现为相对易溶元素（如 Mg、Ca、Na、Sr 等）的亏损（Gaschnig et al., 2016；Kamber et al., 2005）。根据不同方法获得的上地壳成分模型详见

---

① 细粒沉积物和沉积岩被认为代表了自然过程对地表岩石的大范围采样。

Rudnick（2017）。

研究认为大陆上地壳具有花岗质的整体成分（66.70% $SiO_2$，1.6% ~ 2.5% MgO）。微量元素特征则包括高度富集 Pb、大离子亲石元素（如 Cs、Rb、Ba、K）以及产热元素 Th 和 U，亏损 Nb、Ta 和 Ti 等高场强元素（图 4.7）。稀土元素组成模式图表现出轻稀土元素相对富集特征，具有明显的负 Eu 异常。

#### 4.2.1.3  大陆中地壳

大陆中地壳难以直接采样，数据相对较少，因此对其化学成分的认识存在较大不确定性。目前对中地壳的化学成分估计主要来自地表出露的地壳剖面研究。整体而言，中地壳具有花岗闪长质至英云闪长质的成分，$SiO_2$ 含量介于 62.4% ~ 69.4% 之间。部分研究（Gao et al., 1992；Rudnick, 1995；Rudnick and Gao, 2014）获得的大陆中地壳 $SiO_2$ 和 $K_2O$ 含量估值明显低于大陆上地壳，而 MgO、FeO 和 CaO 的估值高于上地壳。中地壳的微量元素组成特征与上地壳整体相似，但流体活动性强的大离子亲石元素和 Th、U 含量明显偏低，无负 Eu 异常。

#### 4.2.1.4  大陆下地壳

大陆下地壳的化学成分研究大多基于地表出露的高级变质地体（曾经位于下地壳深度）或者火山岩中挟带的深部地壳岩石碎片（也被称为包体或捕虏体）。一些研究将中地壳和下地壳合并在一起作为下地壳（Hacker et al., 2011, 2015；Taylor and McLennan, 1985）。大陆下地壳的成分估值也存在相当大的不确定性，基本特征包括：大陆下地壳整体具有基性成分；在微量元素组成上，下地壳中的许多高度不相容元素含量显著低于中上地壳；Sr、Eu 含量与中上地壳接近，相比于其他与之不相容性相近的微量元素具有一定的正异常，这可能与下地壳存在大量堆晶成因的辉长岩以及经历了低压部分熔融（处于斜长石稳定域）的麻粒岩残余体有关；下地壳同样也具有 Pb 富集、Nb 等高场强元素亏损特征。

## 4.2.2  大洋地壳

大洋地壳平均厚度约 7km，其形成主要与洋中脊和海山相关的岩浆作用有关。大洋地壳上部的 2km 一般由玄武质熔岩和岩墙组成，这些岩墙也充当了海底岩浆喷发的岩浆通道。大洋地壳深部约 5km 厚的下地壳由各种粗粒的深成侵入岩组成，包括超镁铁质堆晶岩、辉长岩和相对富硅的斜长花岗岩。如果不考虑大洋地壳顶部的沉积物，可以将其进一步划分为上、中、下三层（图 4.8）：

（1）上层为较薄的火山岩，由海底喷发的玄武质熔岩组成，主要为洋中脊玄武岩；

（2）中间层为较厚的、结晶粒度较粗的玄武质岩墙，也是上层火山岩的岩浆通道；

（3）下层为较厚的粗粒辉长岩，由洋中脊岩浆系统缓慢冷却过程中矿物堆积形成。

目前对大洋地壳成分的认识仍旧存在较大的不确定性。一方面，大洋地壳的化学成分变化较大，而且对大洋地壳的采样受现有条件限制，远不如对大陆地壳采样完整；另一方

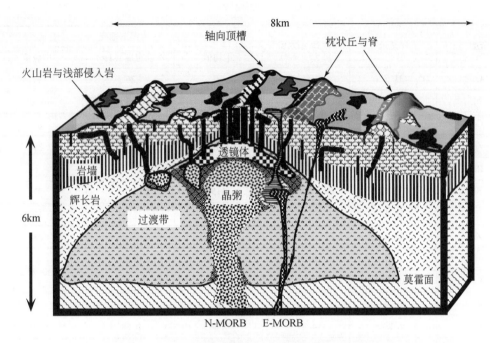

图 4.8　快速扩张洋脊地区大洋地壳的三维结构示意图

N-MORB 为正常型洋中脊玄武岩；E-MORB 为富集型洋中脊玄武岩。修改自 Perfit（2001）

面，大洋地壳普遍经历热液蚀变，该过程可以改造大洋地壳的化学组成（Ridley et al.，1994），但当前尚不清楚经历蚀变改造的大洋地壳在所有大洋地壳中占的比例。因此，为了估计大洋总地壳的化学成分，需要将原位样品、钻孔样品、蛇绿岩等与大洋地壳的地震波速研究相结合。最近一些研究对大洋地壳玄武岩和深成侵入岩的组成及其比例进行了估计（Arevalo and McDonough，2010；Coogan，2014；Gale et al.，2013；White and Klein，2014），并以此为基础对大洋地壳的整体成分进行了约束。其中，White 和 Klein（2014）假设从地幔提取的母岩浆的 $Mg^{\#}$ 是 72，利用岩浆演化热动力学数值模拟的约束，提供了大洋地壳的微量元素组成模型（表 4.12）。

表 4.12　大洋总地壳、平均洋中脊玄武岩（MORB）、大洋下地壳微量元素组成

| 元素 | 大洋总地壳 | 平均 MORB | 大洋下地壳 | | |
| --- | --- | --- | --- | --- | --- |
| | | | 平均值 | 不确定度（$1\sigma$） | 中位值 |
| Li | 3.52 | 6.63 | / | / | / |
| Be | 0.31 | 0.64 | / | / | / |
| B | 0.80 | 1.80 | / | / | / |
| K | 651 | 1237 | / | / | / |
| Sc | 36.2 | 37 | 37 | 12 | 40 |
| V | 177 | 299 | 209 | 136 | 162 |
| Cr | 317 | 331 | 308 | 129 | 285 |

续表

| 元素 | 大洋总地壳 | 平均 MORB | 大洋下地壳 | | |
|---|---|---|---|---|---|
| | | | 平均值 | 不确定度（1$\sigma$） | 中位值 |
| Co | 31.7 | 44 | 50 | 26 | 41 |
| Ni | 134 | 100 | 138 | 45 | 159 |
| Cu | 43.7 | 80.8 | 71 | 19 | 65 |
| Zn | 48.5 | 86.8 | 38 | 9.6 | 39 |
| Rb | 1.74 | 4.05 | / | / | / |
| Sr | 103 | 138 | 115 | 30 | 97 |
| Y | 18.1 | 32.4 | 13.9 | 7.4 | 13 |
| Zr | 44.5 | 103 | 28.4 | 13.6 | 28 |
| Nb | 2.77 | 6.44 | 0.93 | 0.65 | 1 |
| Cs | 0.02 | 0.05 | / | / | / |
| Ba | 19.4 | 43.4 | / | / | / |
| La | 2.13 | 4.87 | 0.86 | 0.68 | 0.83 |
| Ce | 5.81 | 13.1 | 2.75 | 1.95 | 2.76 |
| Pr | 0.94 | 2.08 | 0.52 | 0.38 | 0.53 |
| Nd | 4.90 | 10.4 | 2.78 | 1.86 | 2.61 |
| Sm | 1.70 | 3.37 | 1.1 | 0.68 | 1.09 |
| Eu | 0.62 | 1.20 | 0.58 | 0.25 | 0.58 |
| Gd | 2.25 | 4.42 | 1.6 | 0.93 | 1.6 |
| Tb | 0.43 | 0.81 | 0.31 | 0.18 | 0.3 |
| Dy | 2.84 | 5.28 | 2.09 | 1.17 | 2.06 |
| Ho | 0.63 | 1.14 | 0.46 | 0.29 | 0.48 |
| Er | 1.85 | 3.30 | 1.34 | 0.77 | 1.32 |
| Tm | 0.28 | 0.49 | / | / | / |
| Yb | 1.85 | 3.17 | 1.27 | 0.74 | 1.23 |
| Lu | 0.28 | 0.48 | 0.19 | 0.11 | 0.18 |
| Hf | 1.21 | 2.62 | / | / | / |
| Ta | 0.18 | 0.417 | / | / | / |
| Pb | 0.47 | 0.657 | / | / | / |
| Th | 0.21 | 0.491 | / | / | / |
| U | 0.07 | 0.157 | / | / | / |

数据来源：White 和 Klein（2014）。

注：元素含量单位为 $\mu g/g$；"/"表示原文献中没有报道数据。

大洋地壳整体亏损大离子亲石元素以及 Th 和 U 等，同时具有 Nb 和 Ta 的正异常，这些特征与全球洋中脊玄武岩的平均成分（平均 MORB）相似（图 4.9）。不过相比于平均 MORB，大洋总地壳具有更低的稀土元素含量，Pb 负异常程度也明显小于平均 MORB。大洋总地壳还出现了 Sr 和 Eu 的正异常，而平均 MORB 则表现出 Sr 和 Eu 的负异常。MORB 中的 Pb、Eu 和 Sr 负异常可能与幔源岩浆经历的斜长石分离结晶作用有关；分离结晶作用形成的富斜长石岩石（如辉长岩）大多储存于大洋地壳深部。

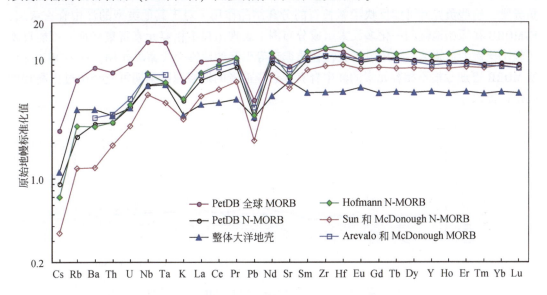

图 4.9　大洋地壳微量元素组成分布图

元素从左到右按相容性增加的顺序排列。PetDB 为火成岩和变质岩地球化学数据库。

原始地幔数据来自 Lyubetskaya 和 Korenaga（2007）。修改自 White 和 Klein（2014）

### 4.2.2.1　洋中脊玄武岩

大洋地壳的上部（除沉积物以外）主要由洋中脊玄武岩组成。整体而言，洋中脊玄武岩的成分变化有限，但并不均一，与岩浆源区的类型、源区熔融条件以及后期的分异作用有关。同一洋中脊不同区段的玄武岩可以具有不同的地球化学特征，可能反映了地幔源区成分和熔融条件差异的影响。分离结晶作用和岩浆混合作用也是影响洋中脊玄武岩地球化学特征的主要因素（O'Neill and Jenner，2012）。例如，在快速扩张洋脊中产生的岩浆更多，使得母岩浆在较浅岩浆房中可以发生更强烈的分异或混合（图 4.8）；在岩浆供给较少的慢速扩张洋脊中，岩浆在较深且连通性较差的熔体层中聚集，形成演化程度较低、不均一性更强的熔体（White and Klein，2014）。需要注意的是，<100℃ 的低温水–岩反应可以导致大洋地壳成分发生变化，例如挥发分和一些大离子亲石元素含量的增加（如 K、Rb、Cs）或者降低（如 Ca、Sr、S），有时还可以导致 Mg、Si、Co 和 Ni 的亏损等。

根据洋中脊玄武岩的地球化学特征，可以将其进一步划分为不同的类型，包括普通洋中脊玄武岩（N-MORB）、过渡型洋中脊玄武岩（T-MORB）、富集型洋中脊玄武岩（E-

MORB)、亏损型洋中脊玄武岩（D-MORB）（图4.10）。N-MORB中高度不相容元素的含量极低，这种亏损特征与较为富集不相容元素的大陆玄武岩（continental flood basalts，CFB）、洋岛玄武岩（oceanic island basalts，OIB）或岛弧玄武岩（island arc basalts，IAB）显著不同。在原始地幔归一化多元素组成分布图上，N-MORB表现出较平滑的、强烈亏损高度不相容元素的特征，反映其地幔源区经历了早期部分熔融作用，导致高度不相容微量元素发生显著亏损。而且，全球平均N-MORB还显示出明显的Pb负异常和轻微的Sr、Eu负异常，这些负异常可能反映了斜长石的分离结晶作用。对于其他类型的洋中脊玄武岩，E-MORB在原始地幔归一化多元素组成分布图上表现出强不相容元素富集特征，可能反映了较小比例的地幔熔融作用或者壳幔物质循环等引起的地幔交代富集作用。D-MORB是比N-MORB更加亏损不相容元素的洋中脊玄武岩，前者的地幔源区早期可能经历过更高程度的熔体提取作用。

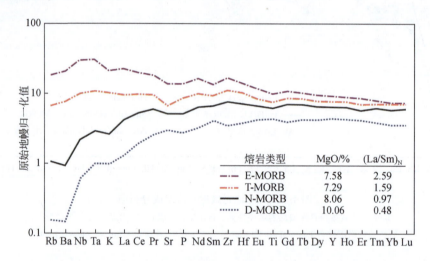

图4.10　东太平洋隆起8°N~10°N段不同类型洋中脊玄武岩的原始地幔归一化多元素组成分布图
微量元素按从左到右在地幔熔融过程中不相容性降低的顺序排序。原始地幔值来自
Sun和McDonough（1989）。修改自Perfit（2018）

#### 4.2.2.2　基性岩墙

大洋地壳上部的火山岩之下为基性侵入岩岩墙，这些岩墙的化学成分与其上层的洋中脊玄武岩相似，不过岩墙往往比浅部熔岩具有更粗的粒度，这是因为岩墙的冷却速度比从海底喷出的熔岩要慢得多（White and Klein，2014）。此外，由于玄武岩层下部和深处的席状岩墙普遍经历热液蚀变作用，岩浆的原始成分有可能被后期热液蚀变作用改造。

#### 4.2.2.3　辉长岩层

大洋地壳的中下部由复杂多样的粗粒辉长岩和超镁铁质深成岩组合而成，这些类型的深成岩也构成了大洋地壳的主体。与空间上相关的岩墙和玄武质熔岩相比，辉长岩在深部洋壳经历了更长时间的结晶过程，岩浆堆晶作用以及熔体和堆晶矿物之间的交代反应导致其化学成分变化更大（White and Klein，2014）。例如，大洋钻探计划曾在大西洋阿特兰蒂斯地块同一钻井（IODP U1309）内获得了一系列玄武岩和辉长岩，其中玄武岩具有典型的 N-MORB 特征，而辉长岩与 MORB 的微量元素组成特征则存在显著不同（Godard et al.，2009）。辉长岩的典型特征表现为不相容元素含量整体较低且变化较大，Sr 和 Eu 相对于其他与之不相容性接近的微量元素出现异常富集，指示了斜长石堆晶作用引起的富集作用；而演化程度最高的含铁氧化物辉长岩则具有升高的不相容元素含量以及 Sr 和 Eu 的负异常，表明熔体经历了斜长石的分离结晶，这与此类辉长岩的低 $Al_2O_3$ 特征相符。总之，辉长岩的微量元素组成主要反映堆晶矿物相的种类、粒间熔体比例的变化以及深部晶体-熔体交代反应的影响，而其微量元素组成特征与原始的地幔熔体没有直接关联性（White and Klein，2014）。

#### 4.2.2.4　俯冲大洋沉积物

大洋沉积物可以有效反映陆地表面风化剥蚀作用和海洋生物繁衍的影响。这些沉积物被大量带入世界各地的大洋俯冲带中，为弧火山提供了水和其他化学组分，并向更深的地幔提供了再循环的地壳物质。地质历史中，长期存在的俯冲作用可以将巨量的大洋沉积物带入地幔，因此大洋沉积物的成分对于认识地幔不均一性具有重要意义。

Plank 和 Langmuir（1998）对全球 25 处海沟的沉积物进行了系统分析，提出了全球俯冲沉积物模型（global subducting sediment，GLOSS）。Plank（2014）对这些沉积物进行了进一步的采样和分析，获得了新的俯冲沉积物模型 GLOSS-Ⅱ（表 4.13）。

全球俯冲沉积物的一些元素比值与大陆上地壳的一致，特别是那些在大洋环境中没有发生强烈分异的元素（如 Zr/Hf、Ti/Al、Th/U、Be/$K_2O$、Nb/K 和 Nb/Ta 等）。这种一致性表明俯冲沉积物的主要来源还是陆源沉积物组成的大型海底扇，尽管洋岛和岛弧火山作用对海底沉积物（特别是接近海沟的海底沉积物）存在重要贡献（Plank，2014），但这些物质只占全球俯冲沉积物的一小部分。全球俯冲沉积物的 Nd 同位素组成以及 Ce/Pb 比值也都表明全球俯冲沉积物主要由大陆来源的物质组成，而非来自年轻的岛弧或洋岛。

相比于大陆上地壳，全球俯冲沉积物成分模型中的部分元素出现亏损或富集的特征，通常与大洋过程和大陆风化作用有关（图 4.11）。例如，热液和水成作用可以导致沉积物中 Pb、Cu、Mn 和 REE 的富集；生物活动可以导致 Ca、P 和 REE 的富集，同时生物活动形成的蛋白石和碳酸盐等矿物会稀释陆源物质的贡献，从而导致沉积物中部分元素（如 K、Th、U、HFSE 和 Cr 等）的亏损；大陆风化作用可以解释俯冲带沉积物模型中 Li、Rb、Cs 和 B 等元素的富集。全球俯冲沉积物成分模型的 Li/$K_2O$ 比值（20）与后太古宙澳大利亚页岩相同，是平均大陆上地壳值的两倍多。大陆风化作用形成的黏土沉积物比沙质沉积物具有更高的 Li/$K_2O$ 比值，因此俯冲沉积物中的高 Li/$K_2O$ 比值主要反映陆源富黏土沉积物的贡献。全球俯冲沉积物中 B 的富集也是反映陆源沉积物贡献的显著信号，这是因为大洋本身不存在 B 的富集。准确认识俯冲带大洋沉积物的微量元素特征，可以进一步帮助我们认识俯冲带岩浆作用以及地幔不均一性等关键科学问题。

## 表 4.13 全球俯冲沉积物成分模型 GLOSS- Ⅱ

| 元素 | 含量 | 不确定度 | 元素 | 含量 | 不确定度 |
|---|---|---|---|---|---|
| $SiO_2$ | 56.6 | 3.0 | Zr | 129 | 7.6 |
| $TiO_2$ | 0.64 | 0.04 | Hf | 3.42 | 0.22 |
| $Al_2O_3$ | 12.51 | 0.69 | Nb | 9.42 | 0.64 |
| $FeO^T$ | 5.67 | 0.33 | Ta | 0.698 | 0.049 |
| MnO | 0.43 | 0.03 | La | 29.1 | 2.0 |
| MgO | 2.75 | 0.16 | Ce | 57.6 | 4.0 |
| CaO | 6.22 | 0.33 | Pr | 7.15 | 0.46 |
| $Na_2O$ | 2.50 | 0.12 | Nd | 27.6 | 1.7 |
| $K_2O$ | 2.21 | 0.14 | Sm | 6.00 | 0.38 |
| $P_2O_5$ | 0.20 | 0.01 | Eu | 1.37 | 0.08 |
| $CO_2$ | 3.07 | 0.23 | Gd | 5.81 | 0.36 |
| $H_2O^+$ | 7.09 | 0.35 | Tb | 0.92 | 0.06 |
| Li | 44.8 | 2.8 | Dy | 5.43 | 0.33 |
| Be | 1.99 | 0.13 | Ho | 1.10 | 0.07 |
| B | 67.9 | 4.0 | Er | 3.09 | 0.19 |
| Sc | 15.0 | 0.83 | Yb | 3.01 | 0.19 |
| V | 116 | 6.3 | Lu | 0.459 | 0.03 |
| Cr | 68.8 | 3.7 | Pb | 21.2 | 1.4 |
| Co | 26.9 | 1.3 | Th | 8.10 | 0.59 |
| Ni | 73.0 | 4.6 | U | 1.73 | 0.09 |
| Cu | 116 | 5.9 | | | |
| Zn | 93.0 | 5.2 | $\delta^7Li$ | 2.42 | 0.18 |
| Rb | 83.7 | 5.7 | $^{87}Sr/^{86}Sr$ | 0.71236 | 0.00033 |
| Cs | 4.90 | 0.33 | $^{143}Nd/^{144}Nd$ | 0.51221 | 0.00002 |
| Sr | 302 | 17.2 | $^{206}Pb/^{204}Pb$ | 18.929 | 0.025 |
| Ba | 786 | 39 | $^{207}Pb/^{204}Pb$ | 15.694 | 0.007 |
| Y | 33.3 | 2.0 | $^{208}Pb/^{204}Pb$ | 39.121 | 0.028 |

数据来源：Plank（2014）。

注：氧化物含量单位为%，微量元素含量单位为 $\mu g/g$。

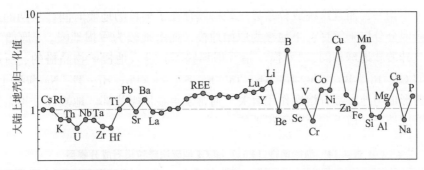

图 4.11　全球俯冲沉积物（GLOSS-Ⅱ）相对于大陆上地壳组成的归一化含量图

GLOSS-Ⅱ来自 Plank（2014）；大陆上地壳数据来自 Rudnick 和 Gao（2014）

## 4.3　地幔的微量元素组成

### 4.3.1　原始地幔

原始地幔（primitive mantle，PM）也经常被称为硅酸盐地球（bulk silicate earth，BSE），代表地球硅酸盐部分的初始化学成分模型，指吸积作用形成的地球经历地核分离后的剩余部分（对应现今地幔和地壳的总和）。原始地幔的成分可以为认识地球吸积过程、地幔化学演化和地核成分提供基本约束。McDonough 和 Sun（1995）利用地幔分异过程中主量和微量元素的行为来约束原始地幔的组成（表 4.14），得到的难熔亲石元素含量大约是 CI 碳质球粒陨石[①]的 2.75 倍。现有模型也表明在整个地质记录最后的 3.5Ga 中，地核和地幔之间的物质交换可以忽略不计（McDonough and Sun，1995）。

Palme 和 O'Neill（2014）对原始地幔成分进行了新的估计（表 4.14），发现地球整体成分中的造岩元素与球粒陨石值接近，并以此为基础估算了地球的整体成分。原始地幔组成显示地球是由许多与球粒陨石经历相似分异过程的物质组成，这些过程发生在太阳系形成的初始阶段。而且通过与球粒陨石的详细比较，可以得出地球的整体组成不是 CI 型碳质球粒陨石质的，而是与 CV 型碳质球粒陨石化学组成更加相近。

### 4.3.2　不同地幔端元的微量元素组成特征

前人主要通过研究大洋玄武岩的元素和同位素组成来认识地幔的不均一性。自从 Gast 等（1964）第一次开展大洋玄武岩的同位素研究，至今已有大量研究发现地幔的元素和同

---

①　球粒陨石包括碳质球粒陨石（carbonaceous chondrites）、普通球粒陨石（ordinary chondrites）和顽火辉石球粒陨石（enstatite chondrites），主要由球粒、FeNi 金属、难熔包裹体和细粒基质四种成分组成。其中，碳质球粒陨石又分为 8 个类型，包括 CI、CM、CR、CO、CV、CK、CH、CB，不同类型陨石的化学成分、氧同位素以及矿物学和岩石学特征有很大不同。

位素组成并不均一，而且这种成分差异应该持续存在了很长的地质时间。早期的观察结果可以用地幔成分分层来解释：下地幔为原始地幔，而上地幔为亏损地幔。"原始"指地幔在成分上与硅酸盐地球相同；"亏损"指亏损那些不易进入地幔矿物晶格的、所谓的不相容元素，如 Cs、Rb、Ba、Th、U、Nb、Ta、K、Sr、Zr、Pb、Hf、Ti、Na 和稀土元素等。亏损地幔的形成与地幔部分熔融作用有关，通常发生在地幔浅部。地幔部分熔融提取出的熔体最终形成地壳，留下残余的亏损地幔。

表 4.14　原始地幔（PM）和 CI 型碳质球粒陨石成分模型

| 元素 | 单位 | CI MS95 | PM MS95 | CI PO14 | PM PO14 | 元素 | 单位 | CI MS95 | PM MS95 | CI PO14 | PM PO14 |
|---|---|---|---|---|---|---|---|---|---|---|---|
| H | μg/g | | | 19700 | 120 | Rh | ng/g | 130 | 0.9 | 132 | 1.2 |
| Li | μg/g | 1.5 | 1.6 | 1.45 | 1.6 | Pd | ng/g | 550 | 3.9 | 560 | 7.1 |
| Be | μg/g | 0.025 | 0.068 | 0.0219 | 0.062 | Ag | ng/g | 200 | 8 | 201 | 6 |
| B | μg/g | 0.9 | 0.30 | 0.775 | 0.26 | Cd | ng/g | 710 | 40 | 674 | 35 |
| C | μg/g | 35000 | 120 | 34800 | 100 | In | ng/g | 80 | 11 | 77.8 | 18 |
| N | μg/g | 3180 | 2 | 2950 | 2 | Sn | ng/g | 1650 | 130 | 1630 | 140 |
| O | % | | | 45.9 | 44.33 | Sb | ng/g | 140 | 5.5 | 145 | 5.4 |
| F | μg/g | 60 | 25 | 58.2 | 25 | Te | ng/g | 2330 | 12 | 2280 | 9 |
| Na | μg/g | 5100 | 2670 | 4962 | 2590 | I | ng/g | 450 | 10 | 530 | 7 |
| Mg | % | 9.65 | 22.8 | 9.54 | 22.17 | Cs | ng/g | 190 | 21 | 188 | 18 |
| Al | % | 0.86 | 2.35 | 0.84 | 2.38 | Ba | ng/g | 2410 | 6600 | 2420 | 6850 |
| Si | % | 10.65 | 21.0 | 10.7 | 21.22 | La | ng/g | 237 | 648 | 241.4 | 683.2 |
| P | μg/g | 1080 | 90 | 985 | 87 | Ce | ng/g | 613 | 1675 | 619.4 | 1752.9 |
| S | μg/g | 54000 | 250 | 53500 | 200 | Pr | ng/g | 92.8 | 254 | 93.9 | 265.7 |
| Cl | μg/g | 680 | 17 | 698 | 30 | Nd | ng/g | 457 | 1250 | 473.7 | 1341 |
| K | μg/g | 550 | 240 | 546 | 260 | Sm | ng/g | 148 | 406 | 153.6 | 434.7 |
| Ca | % | 0.925 | 2.53 | 0.911 | 2.61 | Eu | ng/g | 56.3 | 154 | 58.83 | 166.5 |
| Sc | μg/g | 5.92 | 16.2 | 5.81 | 16.4 | Gd | ng/g | 199 | 544 | 206.9 | 585.5 |
| Ti | μg/g | 440 | 1205 | 447 | 1265 | Tb | ng/g | 36.1 | 99 | 37.97 | 107.5 |
| V | μg/g | 56 | 82 | 54.6 | 86 | Dy | ng/g | 246 | 674 | 255.8 | 723.9 |
| Cr | μg/g | 2650 | 2625 | 2623 | 2520 | Ho | ng/g | 54.6 | 149 | 56.44 | 159.7 |
| Mn | μg/g | 1920 | 1045 | 1916 | 1050 | Er | ng/g | 160 | 438 | 165.5 | 468.4 |
| Fe | % | 18.1 | 6.26 | 18.66 | 6.3 | Tm | ng/g | 24.7 | 68 | 26.09 | 73.83 |
| Co | μg/g | 500 | 105 | 513 | 102 | Yb | ng/g | 161 | 441 | 168.7 | 477.4 |
| Ni | μg/g | 10500 | 1960 | 10910 | 1860 | Lu | ng/g | 24.6 | 67.5 | 25.03 | 70.83 |
| Cu | μg/g | 120 | 30 | 133 | 20 | Hf | ng/g | 103 | 283 | 106.5 | 301.4 |
| Zn | μg/g | 310 | 55 | 309 | 53.5 | Ta | ng/g | 13.6 | 37 | 15 | 43 |
| Ga | μg/g | 9.2 | 4.00 | 9.62 | 4.4 | W | ng/g | 93 | 29 | 96 | 12 |

续表

| 元素 | 单位 | CI MS95 | PM MS95 | CI PO14 | PM PO14 | 元素 | 单位 | CI MS95 | PM MS95 | CI PO14 | PM PO14 |
|---|---|---|---|---|---|---|---|---|---|---|---|
| Ge | μg/g | 31 | 1.1 | 32.6 | 1.2 | Re | ng/g | 40 | 0.28 | 40 | 0.35 |
| As | μg/g | 1.85 | 0.05 | 1.74 | 0.068 | Os | ng/g | 490 | 3.4 | 495 | 3.9 |
| Se | μg/g | 21 | 0.075 | 20.3 | 0.076 | Ir | ng/g | 455 | 3.2 | 469 | 3.5 |
| Br | μg/g | 3.57 | 0.050 | 3.26 | 0.075 | Pt | ng/g | 1010 | 7.1 | 925 | 7.6 |
| Rb | μg/g | 2.30 | 0.600 | 2.32 | 0.605 | Au | ng/g | 140 | 1.0 | 148 | 1.7 |
| Sr | μg/g | 7.25 | 19.9 | 7.79 | 22 | Hg | ng/g | 300 | 10 | 350 | 6 |
| Y | μg/g | 1.57 | 4.3 | 1.46 | 4.13 | Tl | ng/g | 140 | 3.5 | 140 | 4.1 |
| Zr | μg/g | 3.82 | 10.5 | 3.63 | 10.3 | Pb | ng/g | 2470 | 150 | 2620 | 185 |
| Nb | ng/g | 240 | 658 | 283 | 595 | Bi | ng/g | 110 | 2.5 | 110 | 3 |
| Mo | ng/g | 900 | 50 | 961 | 47 | Th | ng/g | 29 | 79.5 | 30 | 84.9 |
| Ru | ng/g | 710 | 5 | 690 | 7.4 | U | ng/g | 7.4 | 20.3 | 8.1 | 22.9 |

数据来源：MS95 为 McDonough 和 Sun（1995），PO14 为 Palme 和 O'Neill（2014）。

然而，越来越多的数据表明大洋玄武岩中的放射性同位素组成明显比推断的亏损地幔和原始地幔成分变化范围更大，暗示可能存在不同地幔端元。Zindler 和 Hart（1986）提出地幔中存在五种不同的地球化学储库，其中第一种与洋中脊玄武岩有关，而其他大多为洋岛玄武岩的源区。这五种地幔地球化学储库分别为：亏损地幔（depleted mantle，DM）、富集地幔 1（enriched mantle 1，EM1）、富集地幔 2（enriched mantle 2，EM2）、普通地幔（prevalent mantle，PREMA）、高 $\mu$（$\mu = {}^{238}\mathrm{U}/{}^{204}\mathrm{Pb}$）地幔（high-$\mu$ mantle，HIMU 地幔）。不同地幔储库的形成可能与大洋岩石圈地幔和大陆地壳物质的再循环有关（Willbold and Stracke，2006）。

HIMU 型玄武岩普遍富集不相容微量元素，但是强不相容微量元素（如 Cs、Rb、Ba、Th、K、Pb 和轻稀土元素等）的含量相比于富集地幔型玄武岩（包括 EM1 和 EM2 型）存在一定程度的亏损（图 4.12），Nb、Ta 相对于 U 和 La 的富集程度更加显著（Willbold and Stracke，2006）。这种特征表明 HIMU 地幔源区曾经历过部分熔融，导致强不相容元素的高度亏损，随后在弧下环境中被流体–岩石反应作用所改造。此外，HIMU 型玄武岩具有高放射性成因的 Pb 同位素特征，与大洋岩石圈中预期存在高 U/Pb 和 Th/Pb 比值吻合较好（Willbold and Stracke，2006）。整体而言，HIMU 型玄武岩及其地幔源区具有高度富集的不相容微量元素和独特的同位素组成特征，应与受俯冲作用改造的大洋岩石圈再循环有关。

与 HIMU 型玄武岩相比，富集地幔型玄武岩具有一些与之相似的微量元素比值（如 Nb/U、La/Sm、La/Th、Sr/Nd、Ba/K 和 Rb/K 等），表明它们的地幔源区存在相似之处，很可能都与经过俯冲作用改造的大洋岩石圈再循环有关。然而，富集地幔型玄武岩相对于 HIMU 型玄武岩通常更富集部分大离子亲石元素（如 Cs、Rb、Ba、K 等），而且这些元素的含量变化范围较大；同时，富集地幔型玄武岩 Th/U 和 Rb/Sr 比值越高，Pb 的亏损越不明显。这些玄武岩之间微量元素的系统差别表明富集地幔源区还需要再循环大洋岩石圈以外的组分加入，如俯冲大洋沉积物、再循环的大陆上地壳或下地壳物质（Willbold and Stracke，2006）。

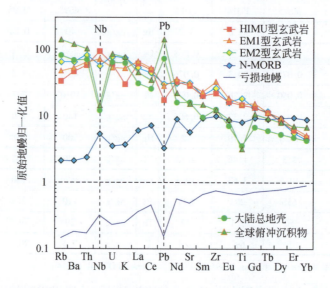

图 4.12　不同类型大洋玄武岩、大陆总地壳和全球俯冲沉积物原始地幔归一化多元素组成分布图

代表性样品或地球化学储库数据来源：N-MORB 来自 Hofmann（1988），HIMU 型玄武岩来自 Woodhead（1996），EM1 型玄武岩来自 Eisele 等（2002），EM2 型玄武岩来自 White 和 Duncan（1996），大陆总地壳来自 Rudnick 和 Gao（2014），全球俯冲沉积物来自 Plank（2014），亏损地幔来自 Salters 和 Stracke（2004），原始地幔来自 McDonough 和 Sun（1995）

## 4.4　地核的微量元素组成

地核由液态的外核（约占地核质量的 95%）和固态的内核（约占地核质量的 5%）组成。地核的成分难以直接获得，但是可以间接地利用整体地球的成分减去硅酸盐地球部分来约束。可以假设整体地球具有类似球粒陨石的成分（特别是具有类似球粒陨石的元素比值），结合硅酸盐地球的成分可以获得地核的主要元素组成，也可以推测部分微量元素的组成。目前，对地核的主量元素组成约束较好，其中 Fe 占 85%、Ni 占 5%、其他轻元素约占 10%。由于轻元素的存在，地核的密度要比纯 Fe-Ni 合金在地核温度压力条件下的密度低 10%（Birch，1952）或低 3%~7%（Anderson and Isaak，2002）。地核中轻元素的类型并不确定，根据宇宙化学的观点和近期一系列研究，地核中的轻元素最可能为 Si 以及少量 O 和 S；最近的研究认为地球上 2/3 的碳可能存储在地核中（Deep Carbon Observatory，2019）。McDonough（2017）根据整体地球和硅酸盐地球的成分给出了地核成分参考模型（表 4.15）。

根据金属–硅酸盐相之间的元素分配系数，可以估计出部分微量元素在地核部分占地球中的比例（表 4.16）。例如，地球中绝大多数亲铜和亲铁元素都应储存在地核之中，大部分卤族元素和 H 以及约 10% 的 Si 和 Mn 也可能储存在地核中。

**表 4.15　整体地球、硅酸盐地球和地核的元素组成**

| 元素 | 元素质量分数/% | | |
|---|---|---|---|
| | 整体地球 | 硅酸盐地球 | 地核 |
| Fe | 31.9 | 6.26 | 85.5 |
| O | 30.4 | 44 | 2 |
| Si | 15.3 | 21 | 4 |
| Mg | 15.4 | 22.8 | 0 |
| Ni | 1.83 | 0.196 | 5.1 |
| Co | 0.090 | 0.0105 | 0.249 |
| Ca | 1.71 | 2.53 | 0 |
| Al | 1.59 | 2.35 | 0 |
| S | 0.650 | 0.025 | 1.9 |
| Cr | 0.43 | 0.263 | 0.75 |
| Na | 0.18 | 0.27 | 0 |
| P | 0.072 | 0.009 | 0.02 |
| Mn | 0.08 | 0.105 | 0.03 |
| C | 0.073 | 0.012 | 0.2 |
| H | 0.026 | 0.01 | 0.06 |
| 总量 | 99.7 | 99.8 | 99.8 |

数据来源：McDonough（2017）。

**表 4.16　金属–硅酸盐分配系数以及部分微量元素在地核部分占地球中的比例**

| 元素 | 金属–硅酸盐分配系数 | 部分微量元素在地核部分占地球中的比例/% |
|---|---|---|
| Re、PGE | >800 | 98 |
| Au | ~500 | 98 |
| S、Se、Te、Mo、As | ~100 | 96 |
| N | ~40 | 97 |
| Ni、Co、Sb、P | ~25 | 93 |
| Ag、Ge、C、W | ~17 | 91 |
| Fe | ~14 | 87 |
| Cl、Br、I | 10~15 | 85 |
| Bi、Tl | ~10 | 80 |
| H、Hg | ~6 | 70 |
| Cu、Sn、Cd、Cr | 3~4 | 60~65 |
| Cs、Pb | ~3 | 55~60 |
| V | ~2 | 50 |
| Si、Mn | 0.3 | ~10 |

数据来源：McDonough（2003）。

# 思 考 题

1. 大气圈微量元素地球化学储库的基本特征是什么？
2. 水圈中微量元素的类型主要有哪些？各自特点如何？
3. 土壤圈与岩石圈微量元素地球化学储库的异同点分别是什么？为什么？
4. 大陆地壳的微量元素组成有何特征？
5. 大洋地壳的微量元素组成有何特征？
6. 不同类型地幔的微量元素组成有何特征？可能由哪些机制控制？
7. 如何利用玄武岩微量元素组成认识地球板块运动？

# 参 考 文 献

陈岳龙，杨忠芳，2017. 环境地球化学. 北京：地质出版社.

顾家伟，2019. 我国城市大气颗粒物重金属污染研究进展与趋势. 地球与环境，47（3）：385-396.

韩贵琳，刘丛强，2004. 喀斯特河流溶解态稀土元素组成变化及其控制因素. 中国岩溶，23（3）：177-186.

李小成，张梦君，柳亚龙，等，2020. 大气颗粒物中稀土元素污染的研究进展. 环境科学与技术，43（11）：188-199.

刘建业，1974. 临床化学领域的微量元素分析（综述）. 医药科技资料，（4）：39-56.

龙爱民，2020. 化学海洋学. 北京：科学出版社.

孙广立，谢周清，杨晓勇，2009. 地球环境科学导论. 合肥：中国科学技术大学出版社.

王中良，刘丛强，徐志方，等，2000. 河流稀土元素地球化学研究进展. 地球科学进展，15（5）：553-558.

袁玉信，1996. 微量元素在植物生活中的作用. 生物学通报，31（4）：4-8.

周国华，孙彬彬，刘占元，等，2012. 中国东部主要河流稀土元素地球化学特征. 现代地质，26（5）：1028-1042.

Alibo D S, Nozaki Y, 1999. Rare earth elements in seawater: particle association, shale-normalization, and Ce oxidation. Geochimica et Cosmochimica Acta, 63 (3-4): 363-372.

Anderson O L, Isaak D G, 2002. Another look at the core density deficit of Earth's outer core. Physics of the Earth and Planetary Interiors, 131 (1): 19-27.

Arevalo R, McDonough W F, 2010. Chemical variations and regional diversity observed in MORB. Chemical Geology, 271 (1): 70-85.

Beck M L, 2016. Compositional evolution of the upper continental crust through time, as constrained by ancient glacial diamictites. Geochimica et Cosmochimica Acta, 186: 316-343.

Birch F, 1952. Elasticity and constitution of the Earth's interior. Journal of Geophysical Research, 57 (2): 227-286.

Chauvel C, Garçon M, Bureau S, et al., 2014. Constraints from loess on the Hf-Nd isotopic composition of the upper continental crust. Earth and Planetary Science Letters, 388: 48-58.

Chen K, Walker R J, Rudnick R L, et al., 2016. Platinum-group element abundances and Re-Os isotopic systematics of the upper continental crust through time: evidence from glacial diamictites. Geochimica et Cosmochimica Acta, 191: 1-16.

Chester R, Jickells T, 2007. Marine geochemistry. Oxford, UK: John Wiley & Sons, Ltd.

Coogan L A, 2014. The lower oceanic crust//Holland H D, Turekian K K, Treatise on Geochemistry. 2nd ed.

Oxforod: Elsevier : 497-541.

Deep Carbon Observatory, 2019. Deep carbon observatory: a decade of discovery. Washington, DC: Deep Carbon Observatory Secretariat.

Eade K E, Fahrig W F, 1971. Geochemical evolutionary trends of continental plates—a preliminary study of the Canadian Shield. Nw, Calgary: Geology Survey of Canada.

Eade K E, Fahrig W F, 1973. Regional, lithological and temporal variation in the abundances of some trace elements in the Canadian Shield. Nw, Calgary: Geology Survey of Canada.

Eisele J, Sharma M, Galer S J G, et al., 2002. The role of sediment recycling in EM-1 inferred from Os, Pb, Hf, Nd, Sr isotope and trace element systematics of the Pitcairn hotspot. Earth and Planetary Science Letters, 196 (3-4): 197-212.

Gale A, Dalton C A, Langmuir C H, et al. , 2013. The mean composition of ocean ridge basalts. Geochemistry, Geophysics, Geosystems, 14 (3): 489-518.

Gao S, Zhang B R, Luo T C, et al. , 1992. Chemical composition of the continental crust in the Qinling Orogenic Belt and its adjacent North China and Yangtze cratons. Geochimica et Cosmochimica Acta, 56 (11): 3933-3950.

Gao S, Luo T C, Zhang B R, et al. , 1998. Chemical composition of the continental crust as revealed by studies in East China. Geochimica et Cosmochimica Acta, 62 (11): 1959-1975.

Gaschnig R M, Rudnick R L, McDonough W F, et al. , 2016. Compositional evolution of the upper continental crust through time, as constrained by ancient glacial diamictites. Geochimica et Cosmochimica Acta, 186: 316-343.

Gast P W, Tilton G R, Hedge C, 1964. Isotopic composition of lead and strontium from ascension and gough islands. Science, 145 (3637): 1181-1185.

Godard M, Awaji S, Hansen H, et al. , 2009. Geochemistry of a long in- situ section of intrusive slow- spread oceanic lithosphere: Results from IODP Site U1309 (Atlantis Massif, 30°N Mid- Atlantic- Ridge). Earth and Planetary Science Letters, 279 (1): 110-122.

Goldschmidt V M, 1933. Grundlagen der quantitativen Geochemie. Fortschritte der Mineralogie, Krystallographie und Petrographie, 17: 122-156.

Hacker B R, Kelemen P B, Behn M D, 2011. Differentiation of the continental crust by relamination. Earth and Planetary Science Letters, 307 (3): 501-516.

Hacker B R, Kelemen P B, Behn M D, 2015. Continental lower crust. Annual Review of Earth and Planetary Sciences, 43 (1): 167-205.

Haskin M A, Haskin L A, 1966. Rare earths in European shales: a redetermination. Science, 154 (3748): 507-509.

Hofmann A W, 1988. Chemical differentiation of the earth: the relationship between mantle, continental crust, and oceanic crust. Earth and Planetary Science Letters, 90 (3): 297-314.

Hu Z, Gao S, 2008. Upper crustal abundances of trace elements: a revision and update. Chemical Geology, 253 (3-4): 205-221.

Kabata- Pendias A, Mukherjee A B, 2007. Trace elements from soil to human. New York: Springer- Verlag Berlin Heidelberg.

Kamber B S, Greig A, Collerson K D, 2005. A new estimate for the composition of weathered young upper continental crust from alluvial sediments, Queensland, Australia. Geochimica et Cosmochimica Acta, 69 (4): 1041-1058.

Li Y, Zhou Q, Ren B, et al., 2020. Trends and health risks of dissolved heavy metal pollution in global river and lake water from 1970 to 2017. Reviews Environmental Contamination and Toxicology, 251: 1-24.

Liao J, Sun X, Wu Z, et al., 2019. Fe-Mn (oxyhydr) oxides as an indicator of REY enrichment in deep-sea sediments from the central North Pacific. Ore Geology Reviews, 112: 103044.

Lyubetskaya T, Korenaga J, 2007. Chemical composition of Earth's primitive mantle and its variance: 1. Method and results. Journal of Geophysical Research. Solid Earth, 112 (B3): 3555.

Mamun A A, Cheng I, Zhang L, et al., 2019. Overview of size distribution, concentration, and dry deposition of airborne particulate elements measured worldwide. Environmental Reviews: 1-12.

McDonough W F, 2003. 2.15 Compositional model for the earth's core////Holland H D, Turekian K K, Treatise on Geochemistry. Oxford: Elsevier: 547-568.

McDonough W F, 2017. Earth's core//White W M. Encyclopedia of Geochemistry: A Comprehensive Reference Source on the Chemistry of the Earth. Cham: Springer International Publishing: 1-13.

McDonough W F, Sun S S, 1995. The composition of the earth. Chemical Geology, 120 (3-4): 223-253.

McLennan S M, Nance W B, Taylor S R, 1980. Rare earth element-thorium correlations in sedimentary rocks, and the composition of the continental crust. Geochimica et Cosmochimica Acta, 44 (11): 1833-1839.

Milford J B, Davidson C I, 1985. The size of particulate trace elements in the atmosphere—a review. Journal of the Air Pollution Control Association, 35 (12): 1249-1260.

Nance W B, Taylor S R, 1976. Rare earth element patterns and crustal evolution—I. Australian post-Archean sedimentary rocks. Geochimica et Cosmochimica Acta, 40 (12): 1539-1551.

O'Neill H S C, Jenner F E, 2012. The global pattern of trace-element distributions in ocean floor basalts. Nature, 491 (7426): 698-704.

Palme H, O'Neill H S C, 2014. 3.1-Cosmochemical estimates of mantle composition//Holland H D, Turekian K K. Treatise on Geochemistry. 2nd ed. Oxford: Elsevier: 1-39.

Park J W, Hu Z, Gao S, et al., 2012. Platinum group element abundances in the upper continental crust revisited—new constraints from analyses of Chinese loess. Geochimica et Cosmochimica Acta, 93: 63-76.

Perfit M, 2018. Earth's oceanic crust//White W M. Encyclopedia of Geochemistry: A Comprehensive Reference Source on the Chemistry of the Earth. Cham: Springer International Publishing: 430-439.

Perfit M R, 2001. Mid-ocean ridge geochemistry and petrology//Steele J H. Encyclopedia of Ocean Sciences. Oxford: Academic Press: 1778-1788.

Peucker-Ehrenbrink B, Jahn B, 2001. Rhenium-osmium isotope systematics and platinum group element concentrations: loess and the upper continental crust. Geochemistry, Geophysics, Geosystems, 2: 2001GC000172.

Plank T, 2014. 4.17-The chemical composition of subducting sediments//Holland H D, Turekian K K. Treatise on Geochemistry. 2nd ed. Oxford: Elsevier: 607-629.

Plank T, Langmuir C H, 1998. The chemical composition of subducting sediment and its consequences for the crust and mantle. Chemical Geology, 145 (3-4): 325-394.

Ridley W I, Perfit M R, Josnasson I R, et al., 1994. Hydrothermal alteration in oceanic ridge volcanics: a detailed study at the Galapagos Fossil Hydrothermal Field. Geochimica et Cosmochimica Acta, 58 (11): 2477-2494.

Roberts N M W, Van Kranendonk M J, Parman S, et al., 2015. Continent formation through time. Geological Society, London, Special Publications, 389 (1): 1-16.

Rudnick R L, 1995. Making continental crust. Nature, 378: 571-578.

Rudnick R L, 2017. Earth's continental crust//White W M. Encyclopedia of Geochemistry: A Comprehensive Reference Source on the Chemistry of the Earth. Cham: Springer International Publishing: 1-27.

Rudnick R L, Gao S, 2014. 4.1-Composition of the continental crust//Holland H D, Turekian K K. Treatise on Geochemistry. 2nd ed. Oxford: Elsevier: 1-51.

Salters V, Stracke A, 2004. Composition of the depleted mantle. Geochemistry, Geophysics, Geosystems, 5 (5): Q05004, 05010.01029/02003GC000597.

Sauzéat L, Rudnick R L, Chauvel C, et al., 2015. New perspectives on the Li isotopic composition of the upper continental crust and its weathering signature. Earth and Planetary Science Letters, 428: 181-192.

Shaw D M, Reilly G A, Muysson J R, et al., 1967. An estimate of the chemical composition of the canadian pre-cambrian shield. Canadian Journal of Earth Sciences, 4 (5): 829-853.

Shaw D M, Dostal J, Keays R R, 1976. Additional estimates of continental surface Precambrian shield composition in Canada. Geochimica et Cosmochimica Acta, (40): 73-83.

Sun S S, McDonough W F, 1989. Chemical and isotopic systematics of oceanic basalts: implications for mantle composition and processes. Geological Society, London, Special Publications, 42: 313-345.

Taylor S R, McLennan S M, 1985. The continental crust: its composition and evolution. London: Blackwell Scientific: 328.

Togashi S, Imai N, Others, 2000. Young upper crustal chemical composition of the orogenic Japan Arc. Geochemistry, Geophysics, Geosystems, 11 (1).

Vatansever R, Ozyigit I, Filiz E, 2017. Essential and beneficial trace elements in plants, and their transport in roots: a review. Appl Biochem Biotechnol, 181 (1): 464-482.

Vithanage M, Kumarathilaka P, Oze C, et al., 2019. Occurrence and cycling of trace elements in ultramafic soils and their impacts on human health: a critical review. Environment International, 131: 104974.

White W M, Duncan R A, 1996. Geochemistry and geochronology of the Society Islands: new evidence for deep mantle recycling//Basu A, Hart S R. Earth Processes: Reading the Isotopic Code. Washington: American Geophysical Union: 183-206.

White W M, Klein E M, 2014. 4.13-Composition of the oceanic crust//Holland H D, Turekian K K. Treatise on Geochemistry. 2nd ed. Oxford: Elsevier: 457-496.

Willbold M, Stracke A, 2006. Trace element composition of mantle end-members: implications for recycling of oceanic and upper and lower continental crust. Geochemistry, Geophysics, Geosystems, 7 (4): Q04004.

Woodhead J D, 1996. Extreme HIMU in an oceanic setting: the geochemistry of Mangaia Island (Polynesia), and temporal evolution of the Cook-Austral hotspot. Journal of Volcanology and Geothermal Research, 72 (1-2): 1-19.

Yoshiki S, Bruland K W, 2011. Global status of trace elements in the ocean. TrAC Trends in Analytical Chemistry, 30 (8): 1291-1307.

Zindler A, Hart S, 1986. Chemical Geodynamics. Annual Review of Earth and Planetary Sciences, 14 (1): 493-571.

# 第5章 微量元素的地球化学行为

在地质作用过程中微量元素对环境物理化学条件等的变化往往比主量元素更敏感。因此，微量元素变化可以有效地记录复杂的地质演化过程。利用微量元素示踪地质过程或者地质事件时，需要掌握微量元素在不同地质环境中的地球化学行为，这是我们运用微量元素进行地球化学示踪研究的重要前提。本章对典型地质作用（包括岩浆作用、流体作用、变质作用和表生作用）中微量元素地球化学行为的基本原理和应用进行了系统总结。

## 5.1 岩浆作用中微量元素的地球化学行为

利用微量元素分配模型可以定量研究岩浆形成和演化过程中的各种作用，包括部分熔融作用、岩浆结晶作用、同化混染–分离结晶作用、岩浆不混溶作用、岩浆脱气作用等。

### 5.1.1 部分熔融作用

部分熔融作用是地壳生长演化过程中最重要的地质作用。部分熔融作用的地球化学模拟通常采用平衡熔融（equilibrium melting）或称批次熔融（batch melting）、分离熔融（fractional melting）和累积熔融（incremental batch melting）等模型（图 5.1）。平衡熔融和分离熔融是连续或实时进行的，而累积熔融则是间歇性批次熔融的累加。根据模拟计算时的参数选择，又可分为模式（modal）和非模式（non-modal）熔融。模式熔融模型假设各种矿物在整个部分熔融过程中始终保持固定比例被熔融，即熔融过程中微量元素 $i$ 的总分配系数 $\overline{D}_i$ 保持不变；非模式熔融模型则认为由于不同矿物被熔融的难易程度不同，在部分熔融过程中矿物被熔融的比例会发生变化（易熔矿物先熔，难熔矿物后熔）。因此，部分熔融过程中微量元素 $i$ 的总分配系数 $\overline{D}_i$ 会随着熔融程度增加而改变。

模式平衡熔融是最简单的部分熔融模型。根据熔融前后质量守恒的原则，有如下公式：

$$\begin{aligned}
W_{\mathrm{o}} &= W_{\mathrm{l}} + W_{\mathrm{s}} \\
C_{\mathrm{o}}^i\, W_{\mathrm{o}} &= C_{\mathrm{l}}^i\, W_{\mathrm{l}} + C_{\mathrm{s}}^i\, W_{\mathrm{s}} \\
F &= \frac{W_{\mathrm{l}}}{W_{\mathrm{o}}}
\end{aligned} \tag{5.1}$$

式中，$W_{\mathrm{o}}$、$W_{\mathrm{l}}$ 和 $W_{\mathrm{s}}$ 分别为初始固相（部分熔融前的原岩）、液相（熔体）和残余固相的质量；$C_{\mathrm{o}}^i$、$C_{\mathrm{l}}^i$ 和 $C_{\mathrm{s}}^i$ 则分别为微量元素 $i$ 在初始固相、液相和残余固相中的浓度；$F$ 为熔体所占的质量分数，即部分熔融程度。总分配系数 $\left(\overline{D}_i = \dfrac{C_{\mathrm{s}}^i}{C_{\mathrm{l}}^i}\right)$ 代入式（5.1）后变换如下：

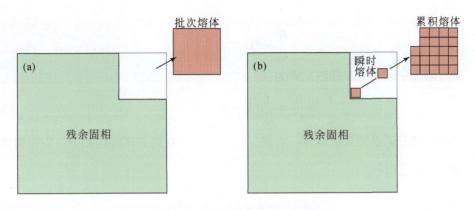

图 5.1　部分熔融作用示意图

(a) 平衡熔融作用；(b) 分离熔融作用

$$\frac{C_l^i}{C_o^i} = \frac{1}{\overline{D}_i(1-F)+F} \tag{5.2}$$

与平衡熔融不同，分离熔融是一个连续变化的过程，熔体一旦产生就会立刻从体系中分离出去，残余固相保持其化学均匀性，只有分离出体系的瞬时熔体才与残余固相保持平衡，符合平衡熔融模式 [式 (5.2)]。设初始固相质量为 $W_o$，其中某微量元素的质量为 $m_o$，部分熔融作用中某一时刻残余固相的质量为 $W$，其中某微量元素的质量为 $m$，则微量元素在残余固相中的浓度为 $C_s^i = m/W$。当有极少量熔体 $dW$ 形成时，就有极少量微量元素 $dm$ 进入熔体中，此部分熔体中微量元素的浓度为 $C_l^i = dm/dW$，根据分配系数定义可得

$$\overline{D}_i = \frac{m/W}{dm/dW} \tag{5.3}$$

整理后可得

$$\frac{1}{W}dW = \overline{D}_i \times \frac{1}{m}dm \tag{5.4}$$

对上式积分：

$$\int_{W_o}^{W} \frac{1}{W}dW = \int_{m_o}^{m} \frac{1}{m}dm \tag{5.5}$$

得

$$\ln\frac{W}{W_o} = \overline{D}_i \ln\frac{m}{m_o} \tag{5.6}$$

即

$$\frac{m}{m_o} = \left(\frac{W}{W_o}\right)^{1/\overline{D}_i} \tag{5.7}$$

上式两边同时乘以 $\dfrac{W_o}{W}$：

$$\frac{m/W}{m_o/W_o} = \left(\frac{W}{W_o}\right)^{(1/\overline{D}_i - 1)} \tag{5.8}$$

即

$$\frac{C_s^i}{C_o^i} = (1-F)^{(1/\overline{D}_i-1)} \tag{5.9}$$

那么，瞬时熔体中微量元素的浓度则为

$$\frac{C_1^i}{C_o^i} = \frac{1}{\overline{D}_i}(1-F)^{(1/\overline{D}_i-1)} \tag{5.10}$$

对于已经离开体系的累积熔体，将式（5.10）进行 0 到 $F$ 区间的积分可以得到累积熔体的微量元素浓度 $\overline{C}_1^i$：

$$\frac{\overline{C}_1^i}{C_o^i} = \frac{1}{F}\big[1 - (1-F)^{1/\overline{D}_i}\big] \tag{5.11}$$

一般来说平衡熔融和分离熔融代表了自然岩石熔融过程的两种端元模型，熔融过程中具体以哪种模型为主取决于熔体从源区分离出来的能力。分离熔融模型可能比较适合于玄武质熔体，因为物理模型显示小体积的低黏度玄武质熔体更容易从地幔源区提取出来，而黏度高的长英质熔体可能更适合采用平衡熔融模型。

对于平衡熔融和分离熔融作用，由 $C_1^i/C_o^i$ 与 $\overline{D}_i$ 及 $F$ 值的变化关系（图 5.2），可以看出：

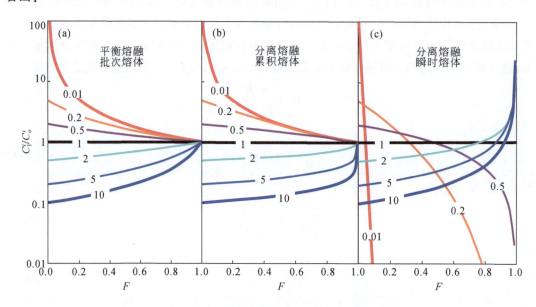

图 5.2　平衡熔融作用和分离熔融作用过程中微量元素的行为

微量元素 $i$ 分别在平衡熔融批次熔体（a）中的浓度、分离熔融累积熔体（b）中的浓度和分离熔融瞬时熔体（c）中的浓度（$C_1^i$）与原岩中的浓度（$C_o^i$）的比值随部分熔融程度（$F$）及总分配系数（$\overline{D}_i$）的变化关系。曲线上标记数字为微量元素 $i$ 的总分配系数

（1）不相容元素（$\overline{D}_i<1$）在平衡熔融批次熔体和分离熔融累积熔体中的行为相似，其在熔体中的浓度相对于原岩中的浓度随着熔融程度增加而快速降低，最小值为该元素在

原岩中的浓度 [图 5.2 (a)(b)]。分离熔融瞬时熔体中的不相容元素浓度相对于原岩中的浓度会随着熔融程度增加而急剧下降,不相容性越强下降速率越快,并且可以低于该元素在原岩中的浓度 [图 5.2 (c)]。

(2) 相容元素 ($\overline{D_i}>1$) 倾向于保存在残余固相中,整体上随着 $F$ 值的增大,相容元素在熔体中的浓度逐渐升高。但在低程度熔融时,随熔融程度增加,相容元素在熔体中的浓度变化幅度较小,只有在高程度熔融时才会显著升高。尤其是对于分离熔融模型,这种差异更为突出 [图 5.2 (b)(c)]。相容元素在平衡熔融批次熔体和分离熔融累积熔体中的最大浓度不超过原岩中的浓度 [图 5.2 (a)(b)],但是分离熔融瞬时熔体在高程度熔融时的浓度可以高于原岩中的浓度 [图 5.2 (c)]。

(3) 当 $F\rightarrow 0$ 时 (熔融程度很低),微量元素在平衡熔融批次熔体和分离熔融累积熔体中的富集 (不相容元素) 或贫化 (相容元素) 程度最大;随着 $F$ 增大,微量元素在平衡熔融批次熔体和分离熔融累积熔体中富集或贫化的程度逐渐减小;当 $F\rightarrow 1$ (即岩石接近全熔) 时,熔体中微量元素的浓度与母岩中该元素的浓度趋于一致。但是,分离熔融瞬时熔体的变化情况完全不同,当 $F\rightarrow 1$ 时,不相容元素的含量趋于零,而相容元素的浓度趋于无穷大。

## 5.1.2　岩浆结晶作用

岩浆冷却或者降压过程存在两种基本的分异演化方式:结晶作用 (crystallization) 和不混溶作用 (immiscibility)。结晶作用是指岩浆通过不断地结晶出矿物以及矿物与残余熔体分离,而使得残余熔体成分不断地演化的过程。矿物在岩浆演化过程中的晶出作用通常用以下两种模型来模拟:平衡结晶作用 (equilibrium crystallization) 和分离结晶作用 (fractional crystallization)。

平衡结晶作用也被称作批次结晶作用。在平衡结晶过程中,矿物与熔体之间始终保持整体的平衡,形成的晶体成分均一、没有成分环带。与平衡熔融过程中液相和固相的关系一致,所以用于描述平衡熔融作用的式 (5.2) 也适用于描述平衡结晶作用,只是作用过程发生的方向不同 (在熔融过程中,熔体从无到有;在结晶过程中,熔体从有到无)。

在分离结晶过程中,微量元素在矿物和熔体之间的分配通常只能维持表面平衡。导致这种仅达到表面平衡的情形主要是:①微量元素在晶体中的扩散速度比在熔体中慢,而扩散作用控制固相中元素成分的均一化,所以矿物一旦形成,其内部很难实现与熔体的整体平衡;②微量元素在熔体中的扩散速度比晶体生长速度慢得多,晶体生长引起的微量元素在局部熔体中的变化得不到及时补充恢复;③矿物结晶后通过重力分选或其他机制与残余熔体分离。分离结晶作用中微量元素在矿物和熔体之间分配时的表面平衡可以利用 Rayleigh (1902) 描述二元混合物蒸馏作用的方法建立定量模型。Greenland (1970) 对岩浆分离结晶作用的方程进行了修正,用式 (5.12) 描述任一时刻微量元素 $i$ 在熔体中的浓度:

$$C_1^i = C_o^i F^{\overline{D_i}-1} \tag{5.12}$$

这就是常用的分离结晶作用方程,通常称为瑞利分馏定律。式中, $C_1^i$ 为微量元素 $i$ 在残余熔体中的浓度；$C_o^i$为微量元素 $i$ 在原始熔体中的浓度；$F$ 为残余熔体与原始熔体质量的比值；$\overline{D_i}$为元素 $i$ 在结晶固相与熔体之间的总分配系数。在分离结晶过程中，微量元素 $i$ 在任意瞬间固相中的浓度，可结合分配系数定义表示为

$$C_s^i = \overline{D_i}\, C_o^i\, F^{\overline{D_i}-1} \tag{5.13}$$

通过对 $F$ 进行积分，可以得到累积固相中微量元素 $i$ 的平均浓度$\overline{C_s^i}$：

$$\overline{C_s^i} = C_o^i\, \frac{1 - F^{\overline{D_i}}}{1 - F} \tag{5.14}$$

对于平衡结晶作用和分离结晶作用，由 $C_l^i/C_o^i$ 与 $\overline{D_i}$ 及 $F$ 值的变化关系（图 5.3），可见：

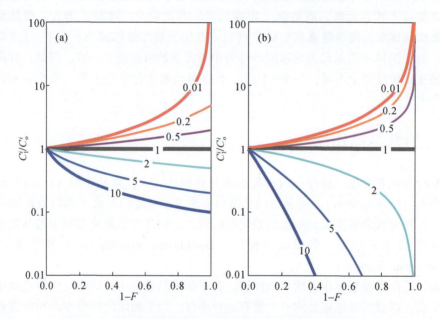

图 5.3　平衡结晶作用和分离结晶作用中微量元素的行为

平衡结晶作用（a）和分离结晶作用（b）中微量元素 $i$ 在残余熔体中的浓度（$C_l^i$）与初始熔体中的浓度（$C_o^i$）的比值随结晶程度（1–$F$）和总分配系数（$\overline{D_i}$）的变化关系。$F$ 为残余熔体质量分数。曲线上标记数字为微量元素 $i$ 的总分配系数

（1）不相容元素（$\overline{D_i}<1$）在残余熔体中的浓度随结晶程度的增加而增加。在较低程度结晶作用中，不相容元素在残余熔体中的浓度变化幅度小，仅当发生高程度结晶作用时才会大幅度增加。

（2）总分配系数$\overline{D_i}\to0$ 时，即微量元素 $i$ 在结晶过程中几乎全部保留在残余熔体中而不进入结晶相，残余熔体中的元素浓度$C_l^i$可根据式（5.2）和式（5.12）近似为

$$C_l^i \approx \frac{C_o^i}{F} \tag{5.15}$$

即高度不相容微量元素 $i$ 在残余熔体中的浓度与 $F$ 值成反比。熔体比例 $F$ 越小（结晶程度

越高），残余熔体中高度不相容元素的含量越高，所以结晶作用可以导致熔体中不相容微量元素的高度富集。

（3）相容元素（$\overline{D_i} > 1$）倾向于在结晶固相中富集，伴随着矿物晶体的不断析出，相容元素在残余熔体中的浓度快速减小。微量元素的相容性越强，该元素在残余熔体中下降的速度越快。相对于平衡结晶作用，分离结晶过程中相容元素在残余熔体中的浓度随结晶程度的增加而显著下降。

## 5.1.3　同化混染-分离结晶作用

岩浆形成后，熔体密度比母岩低，因此在浮力作用下会向上迁移。如果岩浆形成后直接、快速地喷出地表，上升迁移过程中经历的分离结晶作用轻微，则可仅考虑来自岩浆通道围岩的同化混染作用（assimilation）。此时，根据质量守恒的原则，可以利用简单的两端元混合模型对同化混染作用中微量元素 $i$ 的含量变化特征进行定量模拟计算：

$$C_m = C_m^o (1 - f) + C_a f \tag{5.16}$$

式中，$C_m^o$、$C_m$ 和 $C_a$ 分别为初始岩浆、受混染岩浆和混染物中任意元素的含量；$f$ 为混染物的质量（$M_a$）占最终岩浆总质量（$M_m$）的比例（即 $f = M_a / M_m$）。Zou（2007）给出了计算两端元混合作用形成的混合物中一对元素比值（分别用 $u/a$ 和 $v/b$ 表达；如 La/Sm 和 U/Th 等）变化的公式。对于混合端元 1 有 $y_1 = u_1/a_1$ 和 $x_1 = v_1/b_1$，对于混合端元 2 有 $y_2 = u_2/a_2$ 和 $x_2 = v_2/b_2$。端元 1 和端元 2 混合时，$u/a - v/b$ 的变化曲线可由式（5.16）和式（5.17）计算获得。

$$A x_m + B x_m y_m + C y_m + D = 0$$

其中

$$
\begin{aligned}
A &= a_2 b_1 y_2 - a_1 b_2 y_1 \\
B &= a_1 b_2 - a_2 b_1 \\
C &= a_2 b_1 x_1 - a_1 b_2 x_2 \\
D &= a_1 b_2 x_2 y_1 - a_2 b_1 x_1 y_2
\end{aligned}
\tag{5.17}
$$

两端元混合作用表现在比值 $u/a$ 对比值 $v/b$ 的变化图上通常为一双曲线（图5.4），仅当 $r = \dfrac{a_1 b_2}{a_2 b_1} = 1$ 时为一直线，曲线的形态取决于 $r$ 值的大小。

如果岩浆上升缓慢，甚至在地幔或地壳一定深度的岩浆房中发生了停留，则该岩浆不仅会因捕获、熔融岩浆通道上的围岩而发生混染作用，且岩浆自身会随着温度、压力降低发生分离结晶作用，即同化混染-分离结晶作用（assimilation- fractional crystallization，AFC）。Depaolo（1981）建立了对微量元素和同位素都适用的同化混染-分离结晶作用定量模型［式（5.18）~式（5.20）］。该模型相对比较简单，仅考虑了围岩混染速率、结晶速率和元素分配系数，没有考虑岩浆和围岩初始温度及岩浆结晶和围岩混染过程中能量变化对同化混染-分离结晶作用程度的约束。

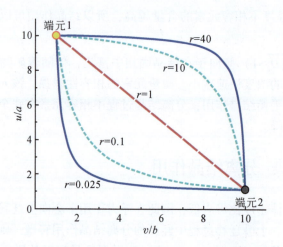

图 5.4 两端元混合时元素比值 $u/a$-$v/b$ 的变化关系

元素含量变化的 AFC 定量模型计算公式:

$$C_m / C_m^o = F^{-z} + \left(\frac{r}{r-1}\right) \frac{C_a}{zC_m^o}(1 - F^{-z}) \qquad (z \neq 0, r \neq 1)$$

$$C_m / C_m^o = 1 + \left(\frac{r}{r-1}\right) \frac{C_a}{C_m^o} \ln F \qquad (z = 0, r \neq 1)$$

(5.18)

$$C_m / C_m^o = 1 + \frac{M_a}{M_m} \frac{C_a}{C_m^o} \qquad (r = 1, D \ll 1)$$

$$C_m \approx C_a / D \qquad (r = 1, D \gg 1)$$

式中, $C_m^o$、$C_m$ 和 $C_a$ 分别为初始岩浆、残余岩浆和混染物中任意元素的含量; $r$ 为同化混染速率 ($M_a$) 和分离结晶速率 ($M_c$) 的比值 (即 $r = M_a/M_c$); $D$ 为总分配系数; $z = \frac{r+D-1}{r-1}$; $F$ 为剩余岩浆和初始岩浆质量的比值 (即 $F = M_m/M_m^o$)。

放射成因同位素比值的 AFC 定量模型计算公式:

$$\varepsilon_m = \frac{\frac{r}{r-1} \frac{C_a}{z}(1 - F^{-z}) \varepsilon_a + C_m^o F^{-z} \varepsilon_m^o}{\frac{r}{r-1} \frac{C_a}{z}(1 - F^{-z}) + C_m^o F^{-z}} \qquad (r \neq 1)$$

(5.19)

$$\varepsilon_m = \frac{\frac{C_a}{D}\left[1 - \exp\left(-\frac{DM_a}{M_m}\right)\right] \varepsilon_a + C_m^o \exp\left(-\frac{DM_a}{M_m}\right) \varepsilon_m^o}{\frac{C_a}{D}\left[1 - \exp\left(-\frac{DM_a}{M_m}\right)\right] + C_m^o \exp\left(-\frac{DM_a}{M_m}\right)} \qquad (r = 1)$$

式中, $\varepsilon_m^o$、$\varepsilon_m$ 和 $\varepsilon_a$ 分别为初始岩浆、残余岩浆和混染物中的同位素比值 (如 [87]Sr/[86]Sr) 或者描述同位素比值的标准化参数 (如 $\varepsilon_{Sr}$)。

稳定轻同位素的 AFC 定量模型计算公式:

$$\delta_{\mathrm{m}} - \delta_{\mathrm{m}}^{\mathrm{o}} =$$

$$\left(\frac{r}{r-1}\right)\frac{C_{\mathrm{a}}}{zC_{\mathrm{m}}}\left[\delta_{\mathrm{a}} - \delta_{\mathrm{m}}^{\mathrm{o}} - \frac{D\Delta}{z(r-1)}\right] \times (1 - F^{-z}) - \frac{D\Delta}{r-1}\ln F\left[1 - \left(\frac{r}{r-1}\right)\frac{C_{\mathrm{a}}}{zC_{\mathrm{m}}}\right] \quad (r \neq 1)$$

$$\delta_{\mathrm{m}} - \delta_{\mathrm{m}}^{\mathrm{o}} = \frac{C_{\mathrm{a}}}{DC_{\mathrm{m}}}(\delta_{\mathrm{a}} - \delta_{\mathrm{m}}^{\mathrm{o}} - \Delta) \times \left[1 - \exp\left(-\frac{DM_{\mathrm{a}}}{M_{\mathrm{m}}}\right)\right] - \frac{M_{\mathrm{a}}}{M_{\mathrm{m}}}D\Delta\left(1 - \frac{C_{\mathrm{a}}}{DC_{\mathrm{m}}}\right) \quad (r = 1)$$

$$(5.20)$$

式中，$\delta_{\mathrm{m}}^{\mathrm{o}}$、$\delta_{\mathrm{m}}$ 和 $\delta_{\mathrm{a}}$ 分别为初始岩浆、残余岩浆和混染物中稳定同位素的 $\delta$ 值（如$\delta^{18}\mathrm{O}$）。

Bohrson 和 Spera（2001，2003）以及 Spera 和 Bohrson（2001）进一步完善了同化混染-分离结晶作用定量计算模型，建立了受能量约束的 AFC 模型（包括岩浆房中无岩浆补充的 EC-AFC 模型和岩浆房中有岩浆补充的 EC-RAFC 模型），并提供了基于 Microsoft Excel 表格的计算程序（https://earthref.org/EC-RAFC/[2023-12-10]）。该定量模型不仅考虑了元素在结晶固相和熔体间的分配系数、混染物和结晶矿物的质量比例，而且考虑了岩浆和围岩初始温度以及结晶固相热化学性质对同化混染-分离结晶作用程度的影响。该模型比 Depaolo（1981）的模型要复杂得多，也更接近于自然作用过程，详细的计算公式和方法可参考相关文献。

## 5.1.4　岩浆不混溶作用

不混溶作用指成分均一的岩浆，由于温度、压力等变化而分为两种或者两种以上成分不同但稳定共存的熔体，一般表现为不混溶或有限混溶，是岩浆演化的重要方式之一。岩浆演化过程中的不混溶作用包括：①硅酸盐熔体-硅酸盐熔体之间（如富铁玄武质岩浆-富硅流纹质岩浆）的不混溶［图 5.5（a）］（Charlier et al.，2013；Philpotts，1982）。②硅酸盐熔体-碳酸盐熔体之间的不混溶［图 5.5（b）］。这种不混溶作用被认为是形成火成碳酸岩的重要机制之一（Kamenetsky and Yaxley，2015；Lee and Wyllie，1997）。③硅酸盐熔体-磷酸盐熔体之间的不混溶［图 5.6（a）］（Prowatke and Klemme，2006）。④硅酸盐熔体-硫化物熔体之间的不混溶［图 5.5（c）］。这种不混溶作用常表现为硫化物呈球滴状存在于岩浆中，可能是形成 Cu-Ni（Co）硫化物矿床的重要机制（Grove and Donnelly-Nolan，1986；Wei et al.，2013）。⑤金属相-硅酸盐熔体之间的不混溶，尤其是富铁的金属相与硅酸盐熔体相的分离［图 5.5（d）］。这种不混溶作用对地球及其他类地行星的形成演化具有重要的启示意义（Corgne et al.，2008）。此外，在火山作用中，也存在着岩浆-气体（$H_2$、$N_2$、He、Ar、$CH_4$、$H_2O$ 等）之间的不混溶作用。在变质作用（尤其是深变质作用）中，不混溶现象主要发生在 $H_2O$-$CO_2$ 之间。

岩浆在不混溶作用中，各种元素会在新生的共轭熔体间发生差异分配。如在富 Fe 硅酸盐熔体-富 Si 硅酸盐熔体共存的不混溶体系中，富 Fe 熔体中富集过渡金属元素、碱土金属元素、稀土元素和高场强元素，而富 Si 熔体中相对富集 Si、Al 以及碱金属元素（Bogaerts and Schmidt，2006；Veksler et al.，2006）。Prowatke 和 Klemme（2006）关于磷酸盐熔体-硅酸盐熔体不混溶的实验研究发现，体系中磷的存在会改变熔体的结构，从而显著影响微量元素在熔体之间的分配系数。Rb、Cs 会优先进入硅酸盐熔体中，而 Sr、Ba、

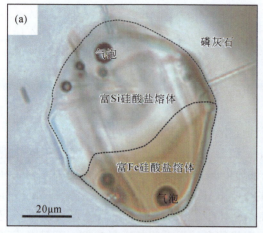 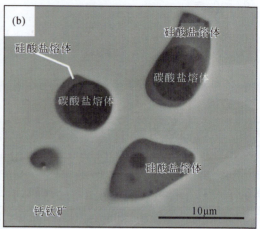

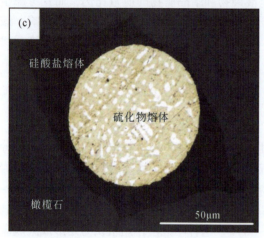 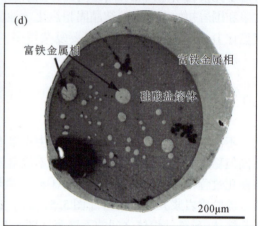

图 5.5　不同相之间的不混溶现象

（a）硅酸盐熔体–硅酸盐熔体不混溶现象，修改自 Charlier 等（2011）；（b）硅酸盐熔体–碳酸盐熔体不混溶现象，修改自 Guzmics 等（2012）；（c）硅酸盐熔体–硫化物熔体不混溶现象，修改自 Zelenski 等（2018）；（d）金属相–硅酸盐熔体不混溶现象。修改自 Veksler 等（2007）

REE 和 U 则优先分配到磷酸盐熔体中，四价和五价元素在这二者之间的分配不具有倾向性。尽管通常认为硅酸盐熔体–磷酸盐熔体之间不存在稀土元素分异（Ellison and Hess，1989），但是 Prowatke 和 Klemme（2006）的实验研究表明稀土元素之间会有轻微的分馏，轻稀土元素在磷酸盐熔体中比重稀土元素更相容，进一步证实了磷酸盐熔体–硅酸盐熔体不混溶对元素分配行为的影响（图 5.6）。

　　液态不混溶作用中微量元素分配也遵循能斯特分配定律。分配系数的大小和不混溶域的大小以及临界温度之间存在密切的关系（Hudon and Baker，2002；Schmidt et al.，2006；Veksler et al.，2006）。微量元素的分配受到岩浆总体成分、氧逸度、温度等因素的控制，因此微量元素在两相熔体中的分配系数并不是固定的，而是随着外界条件的变化而改变（Biggar，1983）。比如，在 $KAlSi_3O_8-FeO-Fe_2O_3-SiO_2$（$\pm CaO$、$\pm Al_2O_3$）体系中（分配系

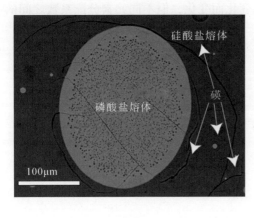 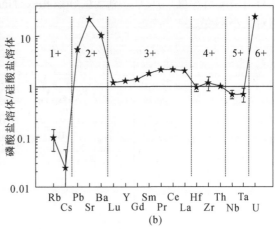

(a)　　　　　　　　　　　　(b)

图 5.6　熔体不混溶现象及元素分配行为

（a）硅酸盐熔体-磷酸盐熔体不混溶现象；（b）不同价态微量元素在磷酸盐熔体/硅酸盐熔体体系中的
分配系数变化。引自 Prowatke 和 Klemme（2006）

数 $D_i = C_i^{L_{Fe}} / C_i^{L_{Si}}$，其中 $C_i$ 为元素 $i$ 的浓度，$L_{Fe}$ 为富铁相，$L_{Si}$ 为富硅相），随着体系中 $Al_2O_3$ 含量增加，Al 在富 Fe 熔体与富 Si 熔体之间的分配系数增加，而 Ca 在富 Fe 熔体之间的分配系数降低（Naslund，1983）。在氧化条件下，Ca、Mg、P、Ti、Mn 在富 Fe 熔体与富 Si 熔体之间的分配系数由高到低为：Ti>Mn>P>Mg>Ca（Naslund，1983）；但在还原条件下，顺序为：P>Ti>Mn>Ca>Mg（Watson，1976）。

　　根据对熔体聚合程度（degree of polymerization）的影响，阳离子可以分为两大类：网格形成子或成网离子[①]（network former）和网格修饰子或变网离子[②]（network modifier）（Kohara et al.，2004）。网格形成子一般离子半径小而价态较高，因此在熔体结构中，配位数一般都不大于 4。例如，四次配位的 $Si^{4+}$ 是岩浆中最常见的网格形成子。网格修饰子一般离子半径更大，配位数一般不小于 5，包括碱金属、碱土金属（但不包括 $Li^+$、$Be^{2+}$、$Mg^{2+}$）、稀土元素、$Th^{4+}$ 和 $U^{4+}$ 等。配位数是 4、5、6 的双性行为离子（既可以成为网格形成子，也可以成为网格修饰子），在岩浆中主要是 $Al^{3+}$，其他还包括 $Li^+$、$Be^{2+}$、$Mg^{2+}$、$Mn^{2+}$、$Zn^{2+}$、$Sc^{3+}$、$Ga^{3+}$、$Ti^{4+}$、$Zr^{4+}$、$Hf^{4+}$、$Nb^5$、$Ta^{5+}$ 等。此外，还有一类阳离子具有变化的晶体稳定能量，如 $Fe^{2+}$、$Ni^{2+}$、$V^{3+}$、$Cr^{3+}$。硅酸盐熔体中发生液态不混溶作用的根本原因是网格修饰子之间具有库仑排斥力（Thompson et al.，2007）。但对于双性行为离子，当其为四次配位时，库仑排斥力则表现不明显，不会发生液态不混溶作用。在不混溶的富 Fe 和富 Si 熔体之间的元素离子势和分配系数关系图解上（图 5.7），只有微量元素 Cs、Rb 和 Sb 以及主量元素 K、Al 和 Si 的分配系数小于 1，即倾向于进入富硅相中，其他元素都倾向于进入富铁相（侯增谦，1988）。其中 Cs 和 Rb 离子势最低，属于网格修饰子，Sb 属于网格形成子。分配系数最大的包括稀土元素和三价过渡元素 Cr 和 V。虽然分配系数的

----

① 成网离子：在硅酸盐熔体中倾向于形成网状结构的离子。

② 变网离子：在硅酸盐熔体中破坏或改变网状结构的离子。

绝对值会随着温度、压力、氧逸度和液相成分的变化而变化，但不同元素分配系数之间的相对大小不变。

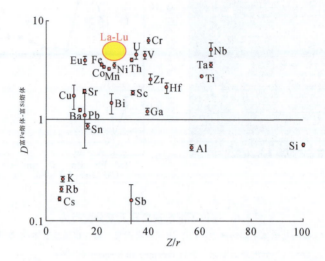

图 5.7　不混溶富 Fe 和富 Si 熔体之间的离子势（$Z/r$）和元素分配系数的关系
引自侯通（2017）

在成矿作用过程中，通过液态不混溶作用从硅酸盐熔体中分离出来的硫化物富集 Fe、Cu、Pb、Zn、S、Co、Ni、Pd、Ag 等元素，分离出来的碳酸盐熔体富集 REE 和 W，分离出来的碱性熔体富集 Fe、Nb、Ta、Zr、Hf、Th、REE 等。而且，从富硅熔体中可分离出富 Sn、B、W、Mo 的氧化物熔体，从而可以解释与基性、超基性岩有关的 Cu-Ni 硫化物矿床、磷灰石矿床、碳酸盐型 Nb-REE-P 矿床，以及与中酸性岩有关的磁铁矿矿床、与酸性岩有关的稀有金属矿床、黑钨矿等的成因（干国樑，1993）。

## 5.1.5　岩浆脱气作用

对岩浆脱气特别是火山喷发脱气过程中微量元素行为的研究，对于我们认识岩浆系统演化、经济矿床形成、圈层间物质循环以及生态环境效应等诸多方面具有重要意义（Edmonds et al.，2022；Stewart et al.，2021）。在岩浆上升演化直至火山喷发过程中，随着温度、压力、氧逸度等条件的变化，会不断释放出挥发性组分，其成分除了大量的 $H_2O$ 和 $CO_2$ 以外，卤族元素（如 Cl、Br、F）和部分亲铜元素（如 S、Te、Re、Cd、Tl 等）也是其中的重要成分。在火山作用中，一些亲铜元素具有较强的挥发性（图 5.8）。不同构造背景下的火山系统，岩浆化学成分及释放的气体组成具有很大的差异。板内或大陆裂谷火山释放富 $CO_2$ 的气体，富水的火山弧气体通常富含 Cl，虽然火山气体的 S/Cl 比值分布范围较大，但岛弧火山气体（S/Cl 均值=1.7）与来自其他构造环境的火山气体（S/Cl 均值=3.5）之间仍存在一定差异（Webster et al.，2018）。大洋中脊、热点和岛弧玄武岩火山释放的气体具有不同的金属元素组合（Gauthier et al.，2016）。Edmonds 等（2018）发现全球弧岩浆化学成分虽然差异很大，但是与板内热点地区火山相比，其释放的气体具有明显的成分"指纹"，特别富含 W、As、Tl、Sb 和 Pb 等金属元素。火山金属元素的释放受到岩浆水含量和氧化还原条件的控制。岛弧火山由于具有相对氧化的特征，分离结晶程度低，岩浆中的水和 Cl 浓度高，这些因素共同抑制硫化物饱和，促使亲铜元素直接分配到流体中并富集，而诸如夏威夷和冰岛等热点火山气体中的金属元素则可能由晚期硫化物的浅层脱气所提供。总之，卤族元素和亲铜元素的挥发性以及在岩浆喷发过程中表现出的脱气行为，受压力、温度、熔体成分等多种因素的影响，在不同构造地区之间也存在一定的差异。我们可以用释放系数（$\varepsilon^i$）定量描述火山脱气过程中金属元素 $i$ 的释放能力（Edmonds et al.，2018），定义如下：

$$\varepsilon^i = (C_o^i - C_f^i)/C_o^i \tag{5.21}$$

式中，$C_o^i$ 为元素 $i$ 在岩浆中的初始含量；$C_f^i$ 为元素 $i$ 在喷发后形成的熔岩中的最终含量。

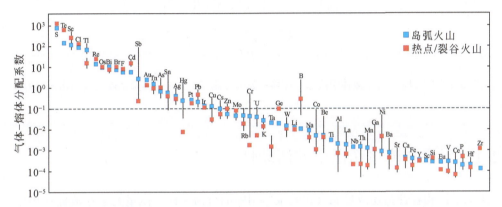

图 5.8　火山系统中微量元素在气体和熔体间分配系数反映的元素挥发性差异

修改自 Edmonds 等（2022）

火山喷发向大气圈释放大量 S 及其他挥发性亲铜金属元素，会对全球气候系统产生干扰，对人的身体健康及农业生产也会产生严重影响（Longo et al.，2010；Tam et al.，2016；Whitty et al.，2020）。随着冷却作用进行，火山气体中的微量金属元素可以附着在气溶胶和火山灰颗粒上，这些气溶胶和火山灰颗粒会在区域内沉降或在大气中长距离传播（Ayris and Delmelle，2012；Hinkley，1991；Mueller et al.，2017），从而对生态环境和生命健康产生影响。

## 5.2　流体作用中的微量元素地球化学行为

地质学中对流体的定义与物理学中流体的定义稍有不同。本节中涉及的地质流体主要指在各种地质作用过程中形成的以 $H_2O$ 为主体、含各种挥发分（如 $CO_2$、$H_2S$ 等）和/或少量熔体的液体相物质，主要包括超临界流体（supercritical fluids）和水流体（aqueous fluids）（图5.9）。根据这些流体的产状和成因，我们可以将流体分为以下几类。①地幔流体：与地幔过程有关的流体；②岩浆热液流体：在岩浆上升过程中脱气或者晚期结晶过程中形成的富挥发分的流体；③变质流体：在变质作用过程中因含水矿物分解和岩石（或沉积物）脱水作用而形成的流体；④沉积盆地流体：沉积盆地中由于含水黏土矿物脱水以及有机质热解反应形成的流体；⑤地表流体：参与到地表岩石化学风化作用中的流体。根据作用过程的温度条件，可以将这些流体作用简单地分为两大类：高温流体作用和低温流体作用。高温流体作用指与岩浆作用、变质作用和交代作用等相关的流体活动作用；低温流体作用则指地表和近地表条件下的流体活动作用，如岩石化学风化作用中的流体活动。

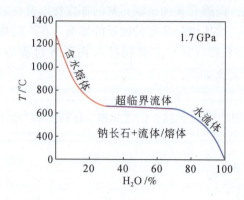

图 5.9    1.7GPa 条件下流体组成从水流体—超临界流体—含水熔体随温度连续演化的相图
修改自 Ni 等（2017）

## 5.2.1    元素在流体作用中的活动性

类似于用相容性描述微量元素在岩浆作用中的行为一样，微量元素在流体作用中的地球化学行为通常用活动性（mobility）予以定性描述。根据元素在流体中迁移活动的难易程度，把微量元素可分为易活动元素和难活动元素。Kogiso 等（1997）通过实验研究俯冲带脱水作用中微量元素被水流体迁移的能力时，将活动性（$M$）定义如下：

$$M = \frac{C_{SM}^i - C_P^i}{C_{SM}^i} \times 100\% \tag{5.22}$$

式中，$C_{SM}^i$ 为初始物质中微量元素 $i$ 的浓度；$C_P^i$ 为脱水反应产物中微量元素 $i$ 的浓度。

## 5.2.2    高温流体作用

高温流体作用中微量元素活动性以对俯冲带脱水流体研究最为广泛。实验研究表明俯冲带流体的来源除了蚀变玄武岩和大洋沉积物中的自由水（主要在俯冲带浅部），角闪石、绿泥石、多硅白云母等各种含水矿物在俯冲带不同深度发生脱水反应为俯冲带流体活动提供了大量的物质来源（图 5.10）。这些脱水作用在俯冲带中产生的流体会向上迁移并引发板片之上地幔楔的熔融，因此发育于俯冲带的钙碱性岩浆中微量元素的含量能够在一定程度上反映微量元素在流体作用中的活动性强弱。不同微量元素在俯冲带流体作用中的活动性差异是形成岛弧火山岩特征的微量元素分配模式的主要原因（Tatsumi and Kogiso，1997）。俯冲带条件下蛇纹岩和角闪岩的脱水实验均表明大离子亲石元素和轻稀土元素能够被水流体有效迁移，其中 Pb 的活动性最高；相反，高场强元素和重稀土元素在水流体

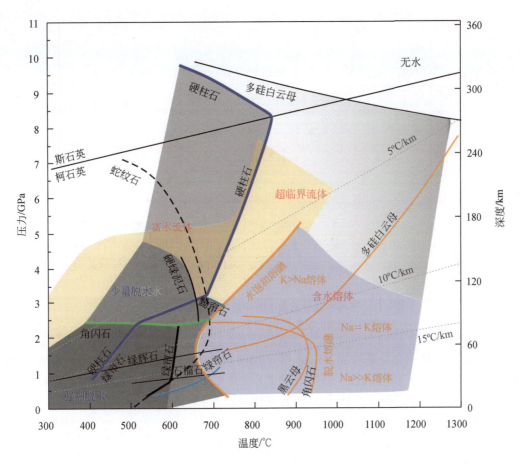

图 5.10　俯冲带中蚀变玄武岩及沉积物深俯冲过程中的脱水模式和流体性质
修改自 Schmidt 和 Poli（2014）、李万财和倪怀玮（2020）

中的活动性很低（图 5.11）。因此，在俯冲洋壳脱水过程中，Pb、Nd 和 Rb 分别比 U、Th、Sm 和 Sr 更容易被角闪石脱水形成的流体所迁移，而导致俯冲洋壳脱水后的残余体中 U/Pb、Th/Pb 和 Sm/Nd 比值显著升高，Rb/Sr 比值降低。这种放射成因同位素母体-子体元素比值的变化对形成一些特殊地幔端元（如 HIMU 型玄武岩的源区）有重要意义（Kogiso et al., 1997）。

前人的研究表明微量元素在流体作用中的活动性与流体成分、温度-压力条件及流体-岩石反应作用等因素有着密切的关系。例如，Tsay 等（2017）在榴辉岩脱水反应实验中发现，随着温度升高，元素的活动性也随之增强；当流体成分从水流体向含水熔体转变时，一些元素如 LREE 的活动性会随之降低［图 5.12（a）］。尽管 Ti、Nb、Zr 等高场强元素在简单的水流体作用中表现出不活动特征，然而随着流体成分、温度-压力条件的变化，它们的活动性也会随之发生变化。在超临界流体条件下，微量元素在流体和固相之间的分配系数会明显增加，因此其活动性会显著增强（Kessel et al., 2005a）。例如，在不出现金红石的条件下，Nb 和 Ta 在 1200℃的超临界流体中的活动性甚至与大离子亲石元素及轻稀土元素相当。流体中卤素的存在会显著影响微量元素的活动性，如稀土元素和高场强元素的

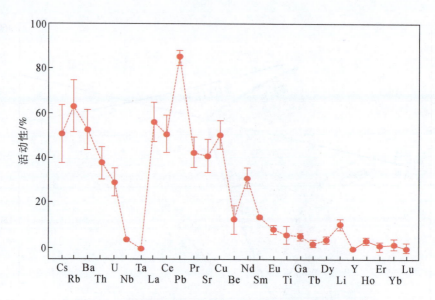

图 5.11　不相容微量元素在俯冲板片脱水流体中的活动性

元素活动性计算方法见式（5.22）。修改自 Kogiso 等（1997）

溶解性在富 F 流体中会显著增加。Rapp 等（2010）通过实验研究了含 Cl 或 F 流体中金红石（化学式为 $TiO_2$）的溶解性，结果表明含 F 流体中 Ti 的活动性要高于含 Cl 流体中 Ti 的活动性，并远远高于单纯水流体中 Ti 的活动性 [图 5.12（b）]。

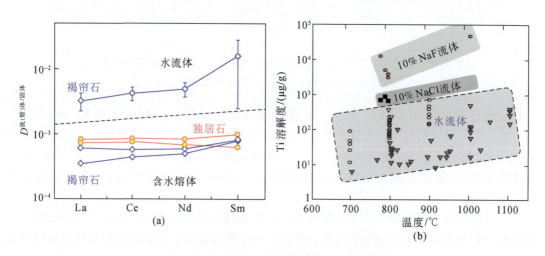

图 5.12　微量元素在不同流体及熔体中的活动性

（a）轻稀土元素在水流体和含水熔体中的分配系数，修改自 Tsay 等（2017）；（b）金红石在含不同
组分流体中的溶解度变化，修改自 Rapp 等（2010）

对地幔橄榄岩中流体包裹体的研究发现在上地幔环境下，地幔流体并非是简单的富水流体，而是富 $CO_2$ 流体（Andersen and Neumann，2001）。早期的实验研究表明纯的 $CO_2$ 流体即使在高温高压条件下也无法溶解大量的微量元素。然而，Berkesi 等（2012）对匈牙

利潘诺尼亚盆地中部橄榄岩包体的研究发现富 $CO_2$ 流体包裹体及其赋存矿物之间存在以下反应：$MgSiO_3$（orthopyroxene = enstatite）+ $CO_2$（fluid）=== $MgCO_3$（magnesite）+ $SiO_2$（quartz）。对富 $CO_2$ 流体包裹体中的微量元素测试发现，流体包裹体中的大离子亲石元素（如 K、Rb、Ba、Sr 等）和高场强元素（如 Ti、Nb、Zr）的含量较高，其中子矿物中碳酸盐矿物和石英的存在能够解释 Rb、Ba、Sr、Ti 等的高含量，却不能解释 Nb、Zr 等元素的高含量。结合前人研究，Young 和 Lee（2009）认为富 $CO_2$ 流体溶解了部分硅酸盐矿物导致包裹体中高场强元素含量升高，同时这一过程能够解释地幔中微量元素在流体中的迁移以及橄榄岩的隐性交代作用。

Keppler（2017）通过对微量元素在流体与矿物和岩石之间的分配系数汇总发现（表 5.1），Nb、Ta、Zr、Hf、Ti 在流体中是不溶的，更容易进入固体相；U、W、Mo 等变价元素的分配系数与所处环境的氧化还原条件有很大关系，如 U 在氧化条件下更容易进入流体相；Cs、Rb、Ba、Sr、Pb 等大离子亲石元素一直被认为是流体活动性元素，实验研究结果也证明了这一点；稀土元素在流体中的分配系数随着离子半径减小而减小，当流体中存在 Cl 元素时，轻稀土元素的分配系数会增加，表明其活动性也随之增强。总之，在高温流体作用中，大离子亲石元素整体表现出流体活动性特征，而稀土元素整体活动性低于大离子亲石元素，一些轻稀土元素（如 La、Ce）表现出一定的活动性，而重稀土元素则类似于高场强元素，表现出不活动性。在超临界流体中，大离子亲石元素、稀土元素以及高场强元素的活动性都明显增强（Kessel et al.，2005a）。这三类元素在熔体和流体中的不同性质使得利用它们的比值（如 Ba/Nb、La/Sm、Th/Nd 等）能够很好地约束一些幔源岩浆源区的熔体或流体交代历史（Pearce et al.，2005）。

表 5.1　微量元素在流体和矿物之间的分配系数

| 矿物 | 单斜辉石 | | 单斜辉石 | 石榴子石 | 单斜辉石 | 石榴子石 |
|---|---|---|---|---|---|---|
| 流体 | $H_2O$ | 5mol/L 的（Na，K）Cl 溶液 | $H_2O$ | $H_2O$ | $H_2O$ | $H_2O$ |
| 压力/GPa | 0.3 | 0.3 | 2 | 2 | 3 ~ 5.7 | 3 ~ 5.7 |
| 温度/℃ | 1040 | 1040 | 900 | 900 | 900 ~ 1200 | 900 ~ 1200 |
| 氧逸度 | | | | | | |
| 文献 | Keppler（1996） | | Brenan 等（1995） | | Stalder 等（1998） | |
| Nb | <0.5 | <0.6 | 1.7 ~ 200 | 11 ~ 42 | 4.6 ~ 12 | 1.6 ~ 14.2 |
| Ta | | <0.6 | | | 2.4 ~ 6.6 | 0.6 ~ 7.3 |
| Zr | | <0.04 | | | 1.1 ~ 6.2 | 0.14 ~ 3.7 |
| Hf | | | | | 0.7 ~ 5.4 | 0.15 ~ 3.2 |
| Ti | | <0.01 | | | 0.58 ~ 3.2 | 0.34 ~ 4.2 |
| Rb | 160 | 1300 | | | | |
| Cs | | | | | | |
| Sr | 0.12 | 2.1 | 0.20 ~ 0.77 | 256 ~ 2380 | 0.7 ~ 6.5 | 9 ~ 19 |
| Ba | 46 | 460 | 1136 ~ 2272 | 30300 ~ 31250 | 7 ~ 42 | 6 ~ 27 |

续表

| 矿物 | 单斜辉石 | | 单斜辉石 | 石榴子石 | 单斜辉石 | 石榴子石 |
|---|---|---|---|---|---|---|
| Pb | 1.2 | 58 | 19~37 | 625~833 | 2~27 | 1.9~27 |
| La | <0.4 | 1 | | | 0.7~5.6 | 1.0~4.9 |
| Ce | | | | | 0.5~3.4 | 0.7~4.9 |
| Gd | | 0.14 | | | | |
| Yb | | | | | 0.14~2.3 | 0.0024~0.116 |
| Lu | | 0.11 | | | | |
| U | <0.3 | 36 | 1.6~100 | 1.1 | | |
| Th | 7.7 | 4 | 0.12~1 | 12 | | |
| Mo | | | | | | |
| W | | | | | | |

| 矿物 | 榴辉岩（石榴子石+单斜辉石） | | 金红石 | 单斜辉石 | | |
|---|---|---|---|---|---|---|
| 流体 | $H_2O$ | 富硅超临界流体 | $H_2O$ | $H_2O$ | $H_2O$ | 15% NaCl 溶液 |
| 压力/GPa | 4 | 6 | 1~2 | 2.6 | 2.6 | 2.6 |
| 温度/°C | 700 | 900 | 900~1100 | 800~1000 | 800~1000 | 800~1000 |
| 氧逸度 | | | | Co-CoO | $Re-ReO_2$ | $Re-ReO_2$ |
| 文献 | Kessel 等 (2005b) | | Brenan 等 (1994) | Bali 等 (2010, 2012) | | |
| Nb | 0.056 | 2.87 | 0.002~0.025 | | | |
| Ta | 0.018 | 1.87 | 0.0004~0.024 | | | |
| Zr | 0.024 | 0.42 | 0.005 | | | |
| Hf | 0.021 | 0.56 | 0.01 | | | |
| Ti | 0.025 | 0.394 | | | | |
| Rb | 91 | 310 | | | | |
| Cs | 190 | 157 | | | | |
| Sr | 0.34 | 32 | | | | |
| Ba | 6.1 | 65 | | | | |
| Pb | 3.2 | 25.5 | | | | |
| La | 0.28 | 17.6 | | | | |
| Ce | 0.121 | 11.8 | | | | |
| Gd | 0.012 | 0.35 | | | | |
| Yb | 0.005 | 0.02 | | | | |
| Lu | 0.004 | 0.017 | | | | |
| U | 0.143 | 4.2 | | 0.61 | 1.8 | 83.0 |
| Th | 0.119 | 24.5 | | 0.44 | 0.84 | 1.20 |
| Mo | | | | 35 | 1076 | 7510 |
| W | | | | 3395 | 6870 | — |

## 5.2.3　低温流体作用

低温流体作用中影响微量元素行为的主要因素是 pH、氧化还原条件、有机质成分以及物源环境和岩性差异等，这些环境条件对微量元素的溶解、迁移和再分配起着决定性的作用。微量元素在地表溶液和固体中的时空分布取决于化学风化和水–岩石/矿物相互作用的程度（Welch et al.，2009）。

微量元素在低温流体，尤其是水体中，主要以络合物的形式存在和迁移。络合物由阳离子和配体（阴离子或者中性分子）组成，配体可以是无机或有机的。在河水中，无机配体基本上是 $H_2O$、$OH^-$、$HCO_3^-$、$CO_3^{2-}$ 以及少部分的 $Cl^-$、$SO_4^{2-}$、$F^-$ 和 $NO_3^-$。有机配体是弱有机酸，如草酸、醋酸和低分子量腐殖酸。微量元素在低温流体中的存在形式并不是一成不变的，而是取决于无机和有机配体的数量（Langmuir and Herman，1980）。根据络合物中阳离子的电荷与离子半径的关系，可以分为三类元素：在溶液中形成氧阴离子的元素（如 C、As、B、N 等），形成羟基–阳离子和羟基–阴离子的元素（如 Th、Al、Fe、Ti、Pb），形成游离阳离子或水合阳离子的元素（如 Na、K、Ag）（Gaillardet et al.，2003）。

pH 与氧化还原条件对低温流体作用中的元素地球化学行为影响显著。在地表水的溶解淋滤作用下，REE 含量在风化剖面中会呈现出规律性垂向变化，形成中间高、上下低的不对称抛物线分布（图 5.13）。这种垂向变化表明 REE 在地表低温流体作用中具有一定的活动性，即 REE 在风化壳剖面上部经历淋滤溶解作用，在中部发生沉淀富集作用，而且轻重稀土元素在迁移沉淀过程中发生了分异。不同价态稀土元素在地表流体中的活动性不同，其溶解和迁移能力与流体的 pH 密切相关。在低 pH 条件下，$REE^{3+}$ 更易于溶解和迁

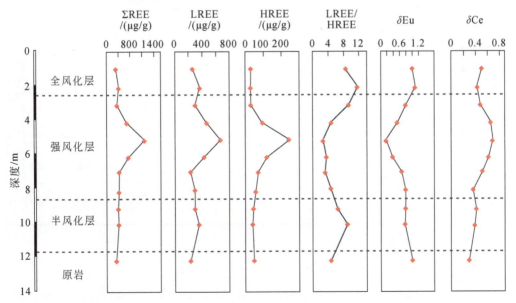

图 5.13　广西大容山 S 型花岗岩风化剖面的稀土元素垂向变化

修改自 Fu 等（2019）

移；在高 pH 条件下，REE³⁺则可能由于溶解性降低而沉淀。在低温流体中，pH 变化是控制不同稀土元素之间发生分馏的关键因素（Yang et al., 2019）。在特定的 pH 条件下，即使是离子电价相同、离子半径相近的元素（如 Y 和 Ho，在岩浆作用过程中这两个元素几乎不发生分异）也会在低温流体活动中显著分异（Bau, 1999）。另外，Ce 在地表强氧化条件下易于被氧化为+4 价，而 Ce⁴⁺在地表流体中的溶解性要低得多。因此，在地表流体作用中 Ce 会和其他稀土元素由于活动性差异而分离，从而在风化沉积物的稀土元素分配曲线上往往出现 Ce 的正异常特征（Patino et al., 2003）。

　　微量元素在低温流体作用中的活动性，还可以通过在地下水或河流中的相对含量反映。Gaillardet 等（2003）认为微量元素在河水中的活动性大体可分为四组［图 5.14（a）］：第一组是高活动性元素，活动性接近或大于 Na，包括 Cl、C、S、Re、Cd、B、Se、As、Sb、Mo、Ca、Mg 和 Sr；第二组是中等活动性元素，包括 U、Os、Si、Li、W、K、Mn、Ba、Cu、Ra、Rb、Co 和 Ni，它们的活动性是 Na 的 1/10；第三组是非活动性元素，包括 REE、Zn、Cr、Y、V、Ge、Th、Pb、Cs、Be、Ga、Fe 和 Hf，它们的活动性是 Na 的 1/100～1/10；第四组是最不活动的元素，包括 Nb、Ti、Zr、Al 和 Ta，它们的活动性小于 Na 的 1/100。需要注意的是，上述分组可能会由于风化、土壤和河流条件以及 pH 等的变化而有所不同。如 Parisi 等（2011）根据对意大利南部武尔图雷（Vulture）火山区含水层研究建立的微量元素相对活动性，与 Gaillardet 等（2003）建立的活动性顺序有较大差别［图 5.14（b）］，他们发现碱土金属元素（Ca、Mg、Sr、Ba）的活动性要低于碱金属元素（Na、Li、K、Rb）的活动性，过渡族金属元素（Sc、V、Mn、Fe、Co、Ni、Zn）总体上显示中等的活动性，REE、Ti、Y、Th、Nb、Zr 等由于在流体中极低的溶解度而表现出弱的活动性。Koh 等（2016）调查了韩国济州岛玄武岩含水层中地下水的主微量元素含量，

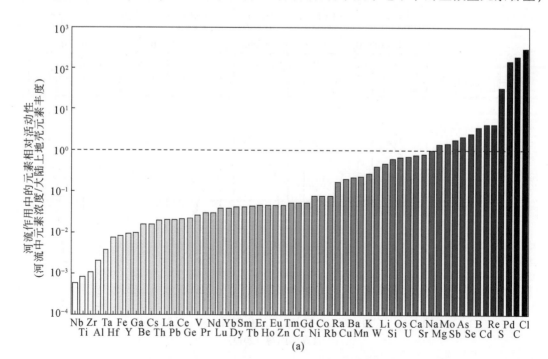

(a)

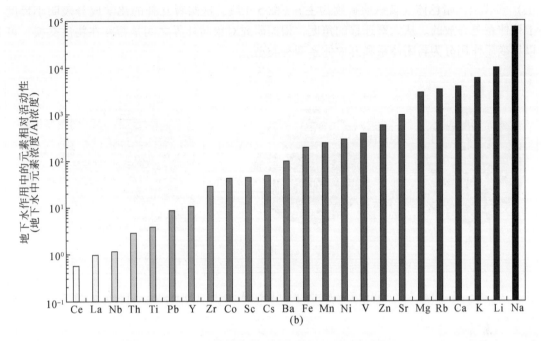

图 5.14 微量元素在河流及地下水中的活动性

（a）微量元素在河流作用中的相对活动性，元素活动性采用元素在河流中的含量与这些元素在大陆上地壳的丰度值经 Na 归一化后的比值来表示（Gaillardet et al., 2003）；（b）武尔图雷火山区地下水中微量元素相对 Al 元素变化的活动性，修改自 Parisi 等（2011）

发现地下水中元素的相对活动性存在以下规律：B>Rb>Na>K>Mg>Ca>Mo>V>Si>Sr>Sc>P>U>Zn>Pb>Cr>Cu>Ba>Ni>Ti>（Mn、Al、Fe、Co、Th），并且揭示出氧根元素（oxyanion-forming elements）和碱金属元素具有最强的活动性。其中，V、Fe、Mn 等元素的活动性和意大利南部武尔图雷火山区地下水的显著差异可能与后者具有较低的 pH 和更还原的条件有关。

## 5.3 变质作用中的微量元素地球化学行为

变质作用是指岩石处于固体状态下，因温度、压力条件变化或流体改造而引起的矿物成分、岩石结构与构造变化的地质作用。在此过程中，元素尤其是微量元素通常会发生重新分配。依据变质温度、压力条件的差异可以将变质作用分为不同的级别，如榴辉岩相变质作用、麻粒岩相变质作用、角闪岩相变质作用和绿片岩相变质作用等。以往通常认为变质作用可能是一个等化学的过程，即变质作用前后除了可能存在部分挥发性元素的丢失外，其他元素的含量基本保持恒定。然而，越来越多的研究表明，在熔/流体参与的变质作用中，岩石中可以生成或消耗含水矿物（如角闪石或云母），由此导致体系中某些元素的组成发生明显变化，即很多变质作用是非等化学过程。判别变质作用是等化学过程还是非等化学过程在很大程度上取决于研究体系的尺度大小。例如，混合岩在宏观大尺度上保持着原始的成分特征，可视作封闭体系。但是在局部区域会分异为浅色体（长英质矿物为主）和残余的暗色体（镁铁质矿物为主）（图5.15），这两者互补的化学成分表明小尺度上该体系是开放的。从元素迁移的角度，根据研究对象与外界之间是否存在物质交换，可以把变质作用分为封闭体系和开放体系两种类型。

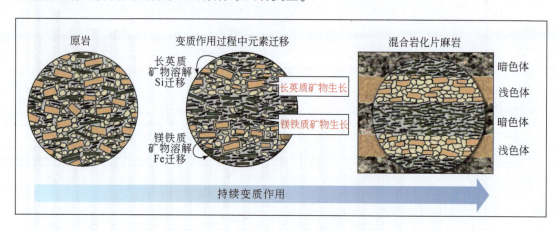

图5.15　混合岩化过程中矿物及元素的变化过程示意图（Marshak and Rauber, 2017）

## 5.3.1　封闭体系变质作用

封闭体系变质作用中的微量元素行为相对简单，主要指微量元素在不同矿物相之间重新分配的过程，包括矿物相变引起元素的重新分配和温度–压力条件改变（矿物相不变）引起的元素重新分配。此过程与岩浆结晶分异过程中微量元素的行为比较相似。存在矿物相变的变质作用的实质就是原岩矿物的分解、重结晶，最后形成新矿物，相应的元素也随矿物的相变发生再分配。例如，干（无水）体系下辉长岩（假定矿物组合为单斜辉石+斜长石+钛磁铁矿）经历超高压作用变质为榴辉岩（假定矿物组合为石榴子石+绿辉石+金红石）过程中 Sr 的重新分配。Sr 在石榴子石和金红石中均属于强不相容元素，但在绿辉石中属于弱不相容元素。因此，斜长石相变分解所释放出的 Sr 在榴辉岩体系中很大程度上会转移到绿辉石中。此外，Luvizotto 等（2009）对中级变质沉积岩中高场强元素的分布研究发现，Nb 和 Ti 在原岩中主要富集在钛铁矿中，随着变质程度的增强，Ti 和 Nb 会逐渐转移到新形成的金红石中（图5.16）。另外，即使在矿物相没有发生改变的情况下，温度–压力条件变化也可以引起微量元素在不同矿物之间的重新分配。例如，宗克清等（2006）的研究发现榴辉岩在俯冲板片折返过程中经历的增温作用会促使磷灰石释放轻稀土元素和中稀土元素，石榴子石则释放重稀土元素，由此引起的稀土元素在体系中各矿物相之间重新分配，导致了榴辉岩中主要矿物表现出各自不同的稀土元素成分环带（图5.17）。

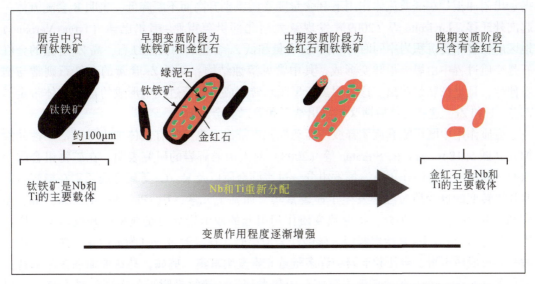

图 5.16　Nb 和 Ti 在泥质岩进变质作用中因钛铁矿向金红石逐渐转变而重新分配示意图
修改自 Luvizotto 等（2009）

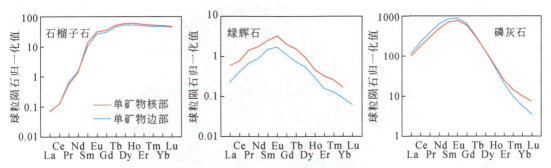

图 5.17　增温变质作用导致榴辉岩中主要矿物 REE 发生重新分配而形成各自独特的稀土元素成分环带
修改自宗克清等（2006）

## 5.3.2　开放体系变质作用

开放体系变质作用主要指有流体参与的变质过程，该过程中微量元素的行为相对复杂。如地壳加厚过程中角闪岩相向麻粒岩相的变质作用会导致含水矿物脱水，出现流体的迁出；相反，在麻粒岩或榴辉岩向角闪岩转变的退变质作用中则会引入流体。因此，开放体系变质作用中，除了由于温度-压力条件改变以及矿物相转变而引起的微量元素重新分配，还需要考虑流体引入或者流体迁出引起的微量元素组成变化。这一过程中微量元素的活动性主要取决于变质程度和流体的性质。比如在洋壳俯冲过程中，俯冲板片上的大洋沉积物和蚀变大洋玄武岩由于温度-压力不断升高，会依次经历绿片岩相、角闪岩相和榴辉岩相的变质作用，该过程实质上就是俯冲带变质流体的形成和释放过程。Moran 等（1992）对这些不同变质级别的变沉积岩和玄武岩及其原岩中的 B 含量进行了系统研究，揭示出俯冲板片在变质流体作用下 B 含量随变质级别升高而不断降低，表明 B 会随流体一起向外迁移。Luvizotto 等（2009）发现意大利北部伊芙雷亚–韦尔巴诺（Ivrea-Verbano）地区麻粒岩相变沉积岩中同时存在高 Zr 含量和低 Zr 含量的两类金红石，高 Zr 含量的金红石是变质过程中由黑云母转变形成，其中常见溶蚀结构；而低 Zr 含量的金红石则常与锆石伴生，且呈细脉状产出。这表明黑云母脱水转变成金红石过程中形成的富 F 流体带走了部分 Nb 和 Zr，这些流体后期又结晶出锆石和第二类金红石。

变质作用中既可能有流体释放使活动性元素带出，也可能有流体加入导致活动性元素加入（图 5.18）。van der Straaten 等（2008）对天山榴辉岩的研究表明，在矿物组合改变以及流体加入的协同作用下，挥发组分、过渡族金属以及 K、Cs 等碱金属元素在榴辉岩向蓝片岩转变的退变质过程中发生了显著富集，而稀土元素、U、Pb、Sr、P、Ca、Na、Al 和 Si 等则明显亏损。另外，接触热变质作用引起的矽卡岩化也是典型的开放体系变质作用。中–酸性或者中–基性岩浆侵入碳酸盐岩地层时，在接触带或其附近由含水热液交代碳酸盐岩形成矽卡岩，会使矽卡岩中许多微量元素发生富集。例如，马达加斯加东南部特拉努马鲁（Tranomaro）地区广泛发育辉石岩和大理岩，接触带附近的大理岩具有与辉石岩相似的 REE 组成，而远离接触带大理岩中的 La 含量逐渐降低（Boulvais et al.，2000）。

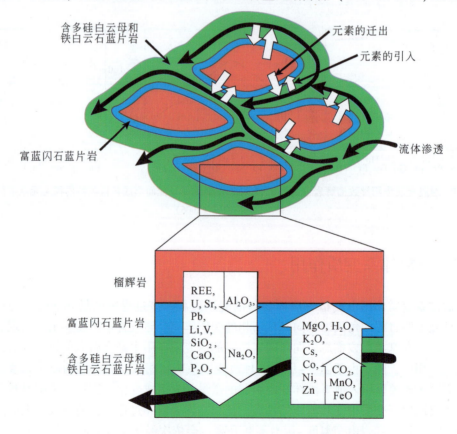

图 5.18　西天山流体渗透作用诱发榴辉岩向蓝片岩转化过程中元素的迁移示意图
修改自 van der Straaten 等（2008）

## 5.4　表生作用中的微量元素地球化学行为

表生环境是在太阳能和重力能驱动下，以内生过程所提供的岩石、矿物为原料，固相、液相、气相共存，物理、化学、生物一起作用的一个巨大的多组分动力学体系。在地球表层，包括岩石圈、土壤圈、水圈、大气圈和生物圈，时刻进行着外生、低温和有水参与的地球化学过程。其中，各圈层界面是表生地球化学反应最强烈的区域，主要包括：水–岩界面、气–水界面、水–沉积物界面、生物–岩石界面和水–海底喷发岩界面等。相较于内生地球化学过程，表生地球化学过程看似十分短暂，然而"短暂"的表生地球化学过程也是多阶段的。例如，岩石中的微量元素经过风化作用，迁移到土壤中；又经过一系列的物理、化学或生物作用，迁移到水体中；水体中的微量元素，还有可能经过光化学反应，进一步迁移到大气中，并随大气迁移到更远的地方（如极地、高山）。与高温高压的内生环境不同，表生环境具有如下特征（韩吟文和马振东，2003）。

（1）低压、低且快速变化的温度：地表压力范围为 $1 \times 10^5 \sim 200 \times 10^5 \, Pa$。世界地表温度差一般小于 160℃，变化幅度为 -75～85℃，有昼夜变化和季节变化。某些近地表环境，如成岩作用带，温度可达 100～200℃，故表生环境总的温差约为 300℃。

（2）富氧和充足的二氧化碳环境：地表富氧（$f_{O_2} = 0.213 \times 10^5 \, Pa$）、富 $CO_2$（$f_{CO_2} = 3.04 \times 10 \, Pa$），在与大气接触的界面上有无限供给的氧化剂和碳酸。

（3）开放的过量水体系：水是表生反应的介质及良好的溶剂与搬运剂，水–岩反应在表生地球化学作用中具有典型意义。

（4）生物和有机体广泛参与：生物地球化学作用在表生带非常发育。

（5）胶体体系发育：在水的作用下，广泛发育表生环境所特有的胶体体系，而物质呈胶体状态对于元素的迁移活动有重要意义。

表生地球化学作用的类型主要包括：岩石和矿物的化学风化作用、矿物低温水解作用、铁锰氧化物的氧化–还原反应、化学沉积成岩作用。其中风化和沉积是互相关联的表生作用的不同发展阶段。风化作用中元素以原地淋滤集中或者短距离集散为主，沉积作用是元素经过长途搬运到异地聚集的过程。

## 5.4.1　风化作用

风化作用是指地表岩石和矿物受温度变化、大气、水溶液和生物的影响所发生的一切物理状态和化学成分的变化。它揭开了外动力地质作用的序幕，为其他外动力地质作用的进行创造了有利条件，导致了岩石、矿物的崩裂和分解，促进了土壤的形成，改变了地下水、地表水和岩石的化学形式和元素组成，是元素发生再分配和存在形态改变的主要地球化学作用。根据风化作用的因素和性质可将其分为三大类型：物理风化作用、化学风化作用、生物风化作用。在不同的表生环境条件下，自然景观因素和气候条件的不同，以及物理和化学条件不同，造成岩石的风化机制存在很大的差异，如我国南方地区以化学风化为主，北方地区以物理风化为主。母岩成分相似的岩石在不同表生环境下其风化产物存在明显差异，进而导致其形成的土壤和水系沉积物中的元素含量显著不同。

元素在硅酸盐岩风化过程中会发生不同程度的迁移，并依各自的相对活动性在风化壳中再分配。以碱金属–碱土金属为代表的活动性元素，在风化作用初期容易从原生矿物中释放（Nesbitt，1979）；以稀土元素为代表的中等活动性元素在风化作用初期几乎不发生迁移，随着风化作用加强，这些元素表现出一定的活动性，并可能在风化剖面上发生轻重稀土元素的富集与分异（Babechuk et al.，2014；Ling et al.，2015；Nesbitt，1979）；以 Fe、Th 为代表的难迁移元素在风化作用的初–中期几乎不迁移，这些元素倾向于原位残余在次生矿物中（Nesbitt and Wilson，1992；Nestbitt et al.，1980）。在高温多雨的条件下，尤其是在有机质的参与下，那些被认为很难迁移的元素活动性也会显著增加，并有部分元素发生垂向和纵向迁移（Ma et al.，2007）。

Babechuk 等（2014）对印度德干高原玄武岩风化壳剖面的研究发现，在玄武岩风化早期，活动性微量元素（如 Li、Be、Sr 等）与化学风化因子（chemical index of alteration，CIA）呈负相关，并在该阶段释放。除 Li 和 Na 以外，一价元素（如 K、Rb、Cs、Tl）与成壤性黏土矿物有关。以上这些一价元素中离子半径最相近元素的风化行为密切相关。在玄武岩风化过程中，稀土元素会发生明显分异（图 5.19），风化壳中稀土元素相对母岩富集的顺序为：LREE>MREE>HREE。Sm/Nd 比值的变化表明玄武岩风化产物可能并不总是保持其母岩比值。另外，根据母岩值进行归一化计算的 $Eu/Eu^*$ 与 CIA 和 Rb/Sr 比值呈负相关关系，说明 Eu 的活化迁移与 Sr、Ca 和 Na 的损失有关，即与斜长石在早期至中期风化阶段的溶解有关。

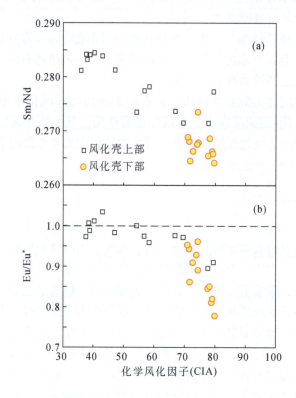

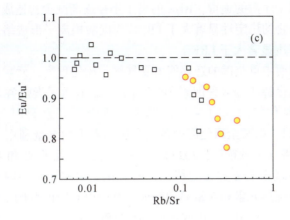

图 5.19　微量元素在风化作用中的行为

（a）（b）印度德干玄武岩风化壳 Sm/Nd-CIA、Eu/Eu*-CIA 变化图；（c）Eu/Eu*-Rb/Sr 变化图。Eu/Eu* 根据母岩值进行归一化计算，因此 Eu/Eu* 为 1（虚线）表示相对于母岩 Eu 与相邻稀土元素没有发生分异。修改自 Babechuk 等（2014）

　　马英军和刘丛强（1999）对江西龙南黑云母花岗岩风化壳的研究发现，微量元素 Sc、Th、REE 和 Y 在风化过程中相对稳定，尤其是 REE 和 Y 在风化过程中明显相对富集；铁族元素 Ti、Cr、Ni 行为与 Fe 相似，受氧化物控制而保持稳定；高场强元素 Zr、Hf、Nb、Ta 因主要存在于难风化重矿物中而得以保留；大离子亲石元素 Rb 和 Ba 的含量受原生矿物的分解释放和次生黏土矿物的吸附滞留两个相互竞争的过程共同控制；而 V 和 U 属于变价元素，在风化环境中易氧化而迁移；Sr 与 Ca 行为相似，易随斜长石风化而淋失；Pb 存在一定程度的富集趋势，可能有大气沉降 Pb 加入的部分原因。在花岗岩风化过程中，Zr/Hf、Nb/Ta、Th/Sc、Zr/Nb 和 Sm/Nd 比值保持很好的稳定性，可以有效地从母岩传递到风化产物，而其他微量元素比值都发生了一定程度的变化。Borst 等（2020）对稀土元素在风化剖面中的吸附行为进行了系统研究，发现稀土元素主要以易浸出的 8 至 9 配位水合外球复合体的形式吸附在高岭石上。

　　碳酸盐岩主要由易风化的碳酸盐矿物和抗风化的硅酸盐矿物组成，其风化和成土规律显著区别于其他岩石类型。例如，通常认为在表生环境下具有极强惰性的元素（如 Sc、Ti、Y、Zr、Nb、Hf、Ta、Th 等），在碳酸盐风化成土过程中，尤其是在碳酸盐岩溶蚀形成残积土阶段，出现了明显的分馏效应；这些元素的地球化学惰性由强到弱的顺序依次为：Zr>Hf>Nb>Sc>Th>Ta>Ti>Y；由基岩至风化壳剖面，元素对 Nb-Ta、Zr-Hf 显示出较好的协变性，没有明显分馏（冯志刚等，2018）。因此，对碳酸盐岩风化剖面进行质量平衡计算时，Zr 是理想的参照元素；Nb-Ta、Zr-Hf 可对岩溶区风化壳的物源进行示踪，且宜采用碳酸盐岩的酸不溶物作为参照对象。虎贵朋（2017）对粤北石灰岩化学风化过程的研究发现，原岩中方解石首先发生溶解，释放大量碱土金属元素（如 Ca、Sr），而由于黏土矿物的吸附作用，其他碱金属-碱土金属元素以及过渡族金属元素则发生不同程度的富集；REE 也发生了显著的富集与分异：在近中性的介质中，碳酸根、碳酸氢根离子与 REE 形成稳定络合物，显著提高了 REE 的迁移能力，并迁移到碱性较强的层位后发生富集和再分配。然而，随着原子序数的递增，REE 的离子半径逐渐减少，造成 HREE 与碳酸根、碳酸氢根离子形成络合物的稳定性显著大于 LREE 与碳酸根离子形成络合物的稳定性，最终导致 HREE 的富集程度显著大于 LREE。

碳酸盐岩风化剖面中重金属的迁移能力受气候、风化程度、元素地球化学性质、重金属在碳酸盐岩中的赋存特征等多种因素影响。图 5.20 显示了贵州省都匀市寒武纪地层出露的五个碳酸盐岩风化剖面（T1 ~ T5）基岩的重金属元素利用上地壳平均化学组成（UCC）归一化的结果，以及全风化层中各重金属元素平均含量利用中国土壤元素背景值（A 层）归一化的结果（王秋艳等，2022）。相对于 UCC，除了 Ni 和 As 以外，碳酸盐岩中的多种重金属元素表现出明显贫化的特征，而风化土壤相对于中国土壤元素背景值（A 层）则表现出多种重金属元素相对富集的特征，其中以 Cd 和 Pb 的富集程度最为显著。碳酸盐矿物在风化和成土过程中易于被快速淋溶和分解，特别是在酸性的黄壤中碳酸盐矿物被溶蚀殆尽。因此，碳酸盐岩风化过程中巨大的质量损失是重金属相对富集的主要原因。

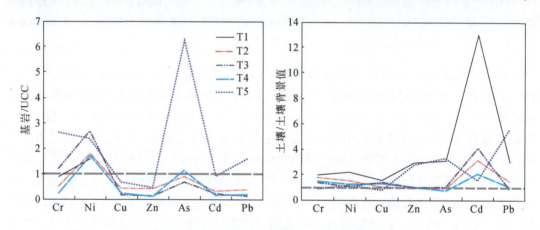

图 5.20　贵州省都匀市寒武纪地层出露的碳酸盐岩风化剖面的基岩及风化土壤中
重金属富集系数（UCC 和中国土壤背景值归一化值）
修改自王秋艳等（2022）

## 5.4.2　沉积作用

沉积作用是外生地质作用的重要组成部分，在地球形成和发展的历史过程中占有重要地位。在水、空气和其他地质营力的作用下，遭到风化作用破坏的地壳物质，经过迁移、搬运、沉积，形成沉积层，并可能最终固结成岩。在风化、搬运、沉积的过程中，始终贯穿着不同化学成分和元素的地球化学活动，包括集中和分散、分解和再组合，而后形成不同化学组分特点的沉积物。元素在这一过程中的行为，不仅服从于地球化学的一般规律，而且也有沉积作用独有的规律性（陈岳龙和杨忠芳，2017）。沉积物质的来源主要有陆源物质（母岩的风化产物）、生物源物质（生物残骸和有机物质）、深源物质（火山碎屑物质和深部卤水）。这三类原始物质来源中，陆源物质是主要的，其次为生物源物质，深源物质主要在深海环境。这些物质在水、大气、冰川以及生物等介质作用下发生搬运和沉积，主要的方式有机械的、化学的和生物的作用。

　　水流搬运的物质，一般可分为碎屑物质、胶体物质和溶解物质三大类。碎屑物质包括砾石、砂、粉砂和黏土，由各种岩石碎块、碎屑和各种矿物组成。碎屑物质在水流中的搬运和沉积，主要与水的流动状态和碎屑物质的特点密切相关。大部分微量元素随碎屑物质搬运沉积时都受到沉积环境水动力分选作用的影响，表现出"元素的粒度控制规律"（赵一阳，1983），即元素含量随沉积物的粒度变化而有规律地变化（图 5.21）。元素随沉积物粒度变化的规律基本存在三种模式：①绝大多数元素的含量随沉积物粒度变细而升高，如东海的 Fe、Mn、Ti、P、Cu、Ni、Zn、B，黄海的 Fe、Ti、P、Cu、Co、Ni、Zn、Cr、Li、V，南海的 Fe、Mn、Ti、Al、N；②个别元素的含量随沉积物粒度变细而降低，如东海、黄海及台湾浅滩的 Si；③个别元素的含量随沉积物粒度变细先升后降，在粉砂中出现极大值，如东海的 Zr。沉积物在元素组成上所表现出的粒度控制规律反映了沉积过程对矿物的分选作用。

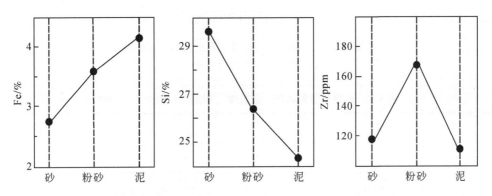

图 5.21　沉积物粒度对元素含量变化的控制（以东海为例）
引自赵一阳（1983）

　　胶体物质包括无机胶体（如 Fe、Mn、Al 等的氢氧化物胶体）和有机胶体（如腐殖酸胶体等）。胶体质点带正电荷者为正胶体，如 Fe、Al 等的含水氧化物胶体；带负电荷者为负胶体，如 Si、Mn 等的含水氧化物胶体（表 5.2）。天然胶体通过吸附作用影响微量元素的迁移。例如，带负电荷的黏土质胶体对 Rb、Cs、Pt、Au、Ag、Hg、V 等具有很强的选择吸附能力；$SiO_2$ 水溶胶能够有效地吸附放射性元素；Fe 的水溶胶能够吸附 As、V 等；Mn 的胶体可以强烈吸附 Ni、Cu、Co、Zn、Hg、Ba、K、W、Ag 等。体系的酸碱度（pH）对胶体吸附微量元素的能力具有显著影响（图 2.14 和图 5.22）。例如，蒙脱石胶体对 $Cd^{2+}$、$Cr^{3+}$、$Cu^{2+}$、$Pb^{2+}$、$Zn^{2+}$ 等五种重金属离子的吸附能力随 pH 的减小而降低（刘廷志等，2005）。

　　在胶体搬运过程中，由于物理化学条件改变使胶体溶液失去稳定时，胶体质点就会发生凝聚作用–胶凝作用（絮凝作用），从而在重力作用下于合适的环境中逐渐沉积下来。影响胶体物质凝聚与沉积的因素有：①当两种带有不同性质电荷的胶体相遇时，会由于电荷的中和而发生凝聚与沉积；②在胶体溶液中加入电解质后能使胶体发生凝聚沉淀；③当胶体溶液的浓度增大时，可以促使胶体凝聚；④溶液的酸碱度变化对胶体的搬运与沉积产生很大的影响。

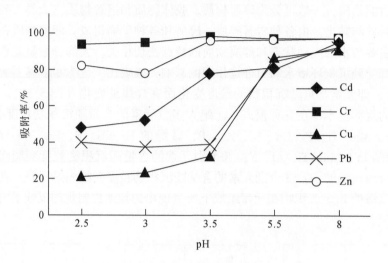

图 5.22　不同 pH 条件下 Na-蒙脱石对金属元素的吸附率

修改自刘廷志等（2005）

表 5.2　自然界常见的正、负胶体（陈岳龙和杨忠芳，2017）

| 正胶体 | 负胶体 |
| --- | --- |
| Al (OH)$_3$、Fe (OH)$_3$ | PbS、CuS、CdS、As$_2$S$_3$、Sb$_2$S 等硫化物 |
| Cr (OH)$_3$、Ti (OH)$_3$ | S、Au、Ag、Pt |
| Ce (OH)$_4$、Cd (OH)$_2$ | SiO$_2$、SnO$_2$ |
| CuCO$_3$、MgCO$_3$ | MnO$_2$、V$_2$O$_3$ |
| CaF$_2$ | 黏土质胶体、腐殖质胶体 |

　　溶解物质是指处于真溶液状态的物质，如各种金属和非金属离子以及络离子等。真溶液物质的搬运及沉积作用的根本控制因素是溶解度，即溶解度越大，越易搬运；反之，溶解度越小，则越易沉积，越难搬运。

　　此外，生物可以通过生物化学作用和生物遗体的沉积作用参与元素的搬运和沉积作用。生物能产生大量的 $CO_2$、$H_2S$、$NH_3$、$CH_4$ 及 $H_2$ 等气体，影响沉积介质的氧化还原条件，从而显著影响沉积物质的搬运与沉积。例如，生物活动引起的 $CO_2$ 含量的变化可能影响碳酸盐的沉淀或溶解搬运；生物消耗氧气或生物遗体的堆积和分解所产生的大量 $H_2S$、$CH_4$ 等还原性气体，使沉积介质中的 Eh 和 pH 发生改变，从而促进金属元素的富集，甚至形成矿床。

　　微量元素在沉积物中的分配受母岩性质、源区风化强度、搬运距离和路径、成岩作用以及沉积环境综合影响。REE、Sc、Y、Th、Nb、Ta、Hf、Zr 等元素在岩石风化过程中不活泼，往往被碎屑颗粒吸附或结合其中，能够随碎屑颗粒进行长距离搬运和沉积，通常被视为判断源岩类型及物源区构造背景的有效工具。例如，Eu 在斜长石中非常富集，基性侵入岩（如辉长岩）常呈现 Eu 正异常，酸性岩由于斜长石的析出而呈现 Eu 负异常，因此 Eu 异常常用于区分基性岩和酸性岩源岩。此外，LREE 在风化过程中较 HREE 不易发生迁移，沉积物 LREE/HREE 比值可以指示陆源碎屑物质输入的变化情况。另外，Fu 等（2019）对中国南方风化花岗岩中 REE 的研究发现，S 型花岗岩较于其他类型的花岗岩本身富 REE，其风化产物也是富 REE 的。因此，在根据沉积物矿物和微量元素特征研究源区特征时应充分考虑到源岩的类型和化学风化作用的程度。

## 思 考 题

1. 在对基性火山岩进行成因研究时，如果我们想了解部分熔融作用，应重点关注哪些（类）微量元素？为什么？如果我们想了解该火山岩在成岩过程中是否经历了橄榄石或辉石的分离结晶作用，应该重点关注哪些（类）微量元素？为什么？

2. 对某套火山岩地层样品进行微量元素分析研究时，发现火山岩中 Ni 和 Sr 含量随 $SiO_2$ 含量变化具有下图所示特征。试利用岩浆分离结晶作用分析 $Ni$-$SiO_2$ 和 $Sr$-$SiO_2$ 变化的原因。

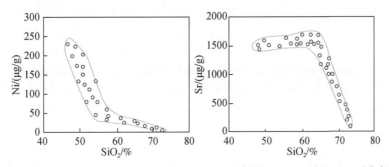

3. 模拟计算橄榄辉长岩（矿物组合为 45% 斜长石 +50% 单斜辉石 +5% 橄榄石）平衡部分熔融过程中 Rb 和 Sr 的元素行为。已知 Rb 在斜长石、单斜辉石和橄榄石中的分配系数分别为 0.07、0.03 和 0.01，Sr 在斜长石、单斜辉石和橄榄石中的分配系数分别为 1.8、0.65 和 0.014。

4. 与高温高压的内生环境不同，表生环境的主要特征是什么？

5. 稀土元素在不同类型岩石风化过程中的迁移特征有何差别？

6. 举例说明沉积作用中微量元素的行为特征，并说明哪些元素可用于判别沉积物源区？

## 参 考 文 献

陈岳龙，杨忠芳，2017. 环境地球化学. 北京：地质出版社.

冯志刚，刘炫志，韩世礼，等，2018. 碳酸盐岩风化过程中高场强元素的地球化学行为研究——来自碳酸盐岩淋溶实验的证据. 中国岩溶，37（3）：315-329.

干国樑，1993. 不混溶熔体体系的元素分配系数及其影响因素和岩石学，矿床学意义. 地球学报（1）：115-131.

韩吟文，马振东，2003. 地球化学. 北京：地质出版社：370.

侯通，2017. 硅酸盐岩浆液态不混溶作用的理论基础概述. 矿物岩石地球化学通报，36（1）：14-25.

侯增谦，1988. 微量元素在河北阳原球状黑云辉石正长岩的球体和基体间分配的意义. 岩石学报，1：84-93.

虎贵朋，2017. 粤北石灰岩化学风化过程中的元素和 Sr-Nd 同位素体系：变化特征及其控制机制. 北京：中国科学院大学.

李万财, 倪怀玮, 2020. 俯冲带脱水作用与板片流体地球化学. 中国科学: 地球科学, 50 (12): 1770-1784.

刘廷志, 田胜艳, 商平, 等, 2005. 蒙脱石吸附 $Cr^{3+}$、$Cd^{2+}$、$Cu^{2+}$、$Pb^{2+}$、$Zn^{2+}$ 的研究: pH 值和有机酸的影响. 生态环境, 14 (3): 353-356.

马英军, 刘丛强, 1999. 化学风化作用中的微量元素地球化学——以江西龙南黑云母花岗岩风化壳为例. 科学通报, 22: 2433-2437.

王秋艳, 文雪峰, 魏晓, 等, 2022. 碳酸盐岩风化和成土过程的重金属迁移富集机理初探及环境风险评价. 地球与环境, 50 (1): 119-130.

赵一阳, 1983. 中国海大陆架沉积物地球化学的若干模式. 地质科学, 4: 307-314.

宗克清, 刘勇胜, 柳小明, 等, 2006. CCSD 榴辉岩折返过程中短时增温作用的微量元素记录. 科学通报, 51 (22): 2673-2684.

Andersen T, Neumann E-R, 2001. Fluid inclusions in mantle xenoliths. Lithos, 55 (1-4): 301-320.

Ayris P M, Delmelle P, 2012. The immediate environmental effects of tephra emission. Bulletin of Volcanology, 74 (9): 1905-1936.

Babechuk M G, Widdowson M, Kamber B S, 2014. Quantifying chemical weathering intensity and trace element release from two contrasting basalt profiles, Deccan Traps, India. Chemical Geology, 363: 56-75.

Bali E, Audétat A, Keppler H, 2010. The mobility of U and Th in subduction zone fluids: an indicator of oxygen fugacity and fluid salinity. Contributions to Mineralogy and Petrology, 161 (4): 597-613.

Bali E, Keppler H, Audetat A, 2012. The mobility of W and Mo in subduction zone fluids and the Mo-W-Th-U systematics of island arc magmas. Earth and Planetary Science Letters, 351-352: 195-207.

Bau M, 1999. Scavenging of dissolved yttrium and rare earths by precipitating iron oxyhydroxide: experimental evidence for Ce oxidation, Y-Ho fractionation, and lanthanide tetrad effect. Geochimica et Cosmochimica Acta, 63 (1): 67-77.

Berkesi M, Guzmics T, Szabó C, et al., 2012. The role of $CO_2$-rich fluids in trace element transport and metasomatism in the lithospheric mantle beneath the Central Pannonian Basin, Hungary, based on fluid inclusions in mantle xenoliths. Earth and Planetary Science Letters, 331-332: 8-20.

Biggar G, 1983. A re-assessment of phase equilibria involving two liquids in the system $K_2O$-$Al_2O_3$-FeO-$SiO_2$. Contributions to Mineralogy and Petrology, 82 (2-3): 274-283.

Bogaerts M, Schmidt M, 2006. Experiments on silicate melt immiscibility in the system $Fe_2SiO_4$-$KAlSi_3O_8$-$SiO_2$-CaO-MgO-$TiO_2$-$P_2O_5$ and implications for natural magmas. Contributions to Mineralogy and Petrology, 152 (3): 257-274.

Bohrson W A, Spera F J, 2001. Energy-constrained open-system magmatic processes II: application of energy-constrained assimilation-fractional crystallization (EC-AFC) model to magmatic systems. Journal of Petrology, 42 (5): 1019-1041.

Bohrson W A, Spera F J, 2003. Energy-constrained open-system magmatic processes IV: geochemical, thermal and mass energy constrained recharge, assimilation crystallization (EC-RAFC). Geochemistry, Geophysics, Geosystems, 4 (2): 8002.

Borst A M, Smith M P, Finch A A, et al., 2020. Adsorption of rare earth elements in regolith-hosted clay deposits. Nature Communications, 11 (1): 4386.

Boulvais P, Fourcade S, Moine B, et al., 2000. Rare-earth elements distribution in granulite-facies marbles: a witness of fluid-rock interaction. Lithos, 53: 117-126.

Brenan J M, Shaw H F, Phinney D L, et al., 1994. Rutile-aqueous fluid partitioning of Nb, Ta, Hf, Zr, U and Th: implications for high field strength element depletions in island-arc basalts. Earth and Planetary Science Letters, 128 (3-4): 327-339.

Brenan J M, Shaw H F, Ryerson F J, et al., 1995. Mineral-aqueous fluid partitioning of trace elements at 900 ℃ and 2.0 GPa: constraints on the trace element chemistry of mantle and deep crustal fluids. Geochimica et Cosmochimica Acta, 59: 3331-3350.

Charlier B, Namur O, Toplis M J, et al., 2011. Large-scale silicate liquid immiscibility during differentiation of tholeiitic basalt to granite and the origin of the Daly gap. Geology, 39 (10): 907-910.

Charlier B, Namur O, Grove T L, 2013. Compositional and kinetic controls on liquid immiscibility in ferrobasalt-rhyolite volcanic and plutonic series. Geochimica et Cosmochimica Acta, 113: 79-93.

Corgne A, Keshav S, Wood B J, et al., 2008. Metal-silicate partitioning and constraints on core composition and oxygen fugacity during Earth accretion. Geochimica et Cosmochimica Acta, 72 (2): 574-589.

Depaolo D J, 1981. Trace element and isotopic effects of combined wallrock assimilation and fractional crystallization. Earth and Planetary Science Letters, 53: 189-202.

Edmonds M, Mather T A, Liu E J, 2018. A distinct metal fingerprint in arc volcanic emissions. Nature Geoscience, 11 (10): 790-794.

Edmonds M, Mason E, Hogg O, 2022. Volcanic outgassing of volatile trace metals. Annual Review of Earth and Planetary Sciences, 50 (1): 79-98.

Ellison A J, Hess P C, 1989. Solution properties of rare earth elements in silicate melts: inferences from immiscible liquids. Geochimica et Cosmochimica Acta, 53 (8): 1965-1974.

Fu W, Li X T, Feng Y Y, et al., 2019. Chemical weathering of S-type granite and formation of Rare Earth Element (REE) -rich regolith in South China: critical control of lithology. Chemical Geology, 520: 33-51.

Gaillardet J, Viers J, Dupre B, 2003. Trace elements in river waters. Treatise on Geochemistry, 5: 225-272.

Gauthier P J, Sigmarsson O, Gouhier M, et al., 2016. Elevated gas flux and trace metal degassing from the 2014-2015 fissure eruption at the Bárðarbunga volcanic system, Iceland. Journal of Geophysical Research: Solid Earth, 121 (3): 1610-1630.

Greenland L P, 1970. An equation for trace element distribution during magmatic crystallization. American Mineralogist, 55 (3-4): 455-465.

Grove T, Donnelly-Nolan J, 1986. The evolution of young silicic lavas at Medicine Lake Volcano, California: implications for the origin of compositional gaps in calc-alkaline series lavas. Contributions to Mineralogy and Petrology, 92 (3): 281-302.

Guzmics T, Mitchell R H, Szabó C, et al., 2012. Liquid immiscibility between silicate, carbonate and sulfide melts in melt inclusions hosted in co-precipitated minerals from Kerimasi volcano (Tanzania): evolution of carbonated nephelinitic magma. Contributions to Mineralogy and Petrology, 164 (1): 101-122.

Hinkley T K, 1991. Distribution of metals between particulate and gaseous forms in a volcanic plume. Bulletin of Volcanology, 53 (5): 395-400.

Hudon P, Baker D R, 2002. The nature of phase separation in binary oxide melts and glasses. I. Silicate systems. Journal of Non-Crystalline Solids, 303 (3): 299-345.

Kamenetsky V S, Yaxley G M, 2015. Carbonate-silicate liquid immiscibility in the mantle propels kimberlite magma ascent. Geochimica et Cosmochimica Acta, 158: 48-56.

Keppler H, 1996. Constraints from partitioning experiments on the composition of subduction-zone fluids. Nature, 380: 237-240.

Keppler H, 2017. Fluids and trace element transport in subduction zones. American Mineralogist, 102 (1):

5-20.

Kessel R, Schmidt M W, Ulmer P, et al., 2005a. Trace element signature of subduction-zone fluids, melts and supercritical liquids at 120-180 km depth. Nature, 437: 724-727.

Kessel R, Ulmer P, Pettke T, et al., 2005b. The water-basalt system at 4 to 6 GPa: phase relations and second critical endpoint in a K-free eclogite at 700 to 1400℃. Earth and Planetary Science Letters, 237 (3-4): 873-892.

Kogiso T, Tatsumi Y, Nakano S, 1997. Trace element transport during dehydration processes in the subducted oceanic crust: 1. Experiments and implications for the origin of ocean island basalts. Earth and Planetary Science Letters, 148: 193-205.

Koh D C, Chae G T, Ryu J S, et al., 2016. Occurrence and mobility of major and trace elements in groundwater from pristine volcanic aquifers in Jeju Island, Korea. Applied Geochemistry, 65: 87-102.

Kohara S, Suzuya K, Takeuchi K, et al., 2004. Glass formation at the limit of insufficient network formers. Science, 303 (5664): 1649-1652.

Langmuir D, Herman J S, 1980. The mobility of thorium in natural waters at low temperatures. Geochimica et Cosmochimica Acta, 44 (11): 1753-1766.

Lee W J, Wyllie P J, 1997. Liquid immiscibility between nephelinite and carbonatite from 1.0 to 2.5 GPa compared with mantle melt compositions. Contributions to Mineralogy and Petrology, 127 (1-2): 1-16.

Ling S, Wu X, Ren Y, et al., 2015. Geochemistry of trace and rare earth elements during weathering of black shale profiles in Northeast Chongqing, Southwestern China: their mobilization, redistribution, and fractionation. Geochemistry, 75 (3): 403-417.

Longo B M, Yang W, Green J B, et al., 2010. Acute health effects associated with exposure to volcanic air pollution (vog) from increased activity at Kilauea Volcano in 2008. J Toxicol Environ Health A, 73 (20): 1370-1381.

Luvizotto G, Zack T, Triebold S, et al., 2009. Rutile occurrence and trace element behavior in medium-grade metasedimentary rocks: example from the Erzgebirge, Germany. Mineralogy and Petrology, 97 (3): 233-249.

Ma J L, Wei G J, Xu Y G, et al., 2007. Mobilization and re-distribution of major and trace elements during extreme weathering of basalt in Hainan Island, South China. Geochimica et Cosmochimica Acta, 71 (13): 3223-3237.

Marshak S, Rauber R, 2017. Earth Science: the Earth, the Atmosphere, and Space. New York: W. W. Norton & Company: 994.

Moran A E, Sisson V B, Leeman W P, 1992. Boron depletion during progressive metamorphism: implications for subduction processes. Earth and Planetary Science Letters, 111 (2-4): 331-349.

Mueller S B, Ayris P M, Wadsworth F B, et al., 2017. Ash aggregation enhanced by deposition and redistribution of salt on the surface of volcanic ash in eruption plumes. Scientific Reports, 7 (1): 45762.

Naslund H, 1983. The effect of oxygen fugacity on liquid immiscibility in iron-bearing silicate melts. American Journal of Science, 283 (10): 1034-1059.

Nesbitt H, 1979. Mobility and fractionation of rare-earth elements during weathering of a granodiorite. Nature, 279: 206-210.

Nesbitt H W, Wilson R E, 1992. Recent chemical weathering of basalts. American Journal of Science, 292: 740-777.

Nestbitt H W, Markovics G, Price R C, 1980. Chemical processes affecting alkalis and alkaline earths during continental weathering. Geochimica Et Cosmochimica Acta, 44: 1659-1666.

Ni H, Zhang L, Xiong X, et al., 2017. Supercritical fluids at subduction zones: evidence, formation condition, and physicochemical properties. Earth-Science Reviews, 167: 62-71.

Parisi S, Paternoster M, Perri F, et al., 2011. Source and mobility of minor and trace elements in a volcanic aquifer system: Mt. Vulture (southern Italy). Journal of Geochemical Exploration, 110 (3): 233-244.

Patino L C, Velbel M A, Price J R, et al., 2003. Trace element mobility during spheroidal weathering of basalts and andesites in Hawaii and Guatemala. Chemical Geology, 202 (3-4): 343-364.

Pearce J A, Stern R J, Bloomer S H, et al., 2005. Geochemical mapping of the Mariana arc-basin system: implications for the nature and distribution of subduction components. Geochemistry, Geophysics, Geosystems, 6 (7): 1-27.

Philpotts A, 1982. Compositions of immiscible liquids in volcanic rocks. Contributions to Mineralogy and Petrology, 80 (3): 201-218.

Prowatke S, Klemme S, 2006. Trace element partitioning between apatite and silicate melts. Geochimica et Cosmochimica Acta, 70 (17): 4513-4527.

Rapp J F, Klemme S, Butler I B, et al., 2010. Extremely high solubility of rutile in chloride and fluoride-bearing metamorphic fluids: an experimental investigation. Geology, 38 (4): 323-326.

Rayleigh L J W S, 1902. On the distillation of binary mixtures. Philosophical Magazine, Series 6, IV: 521-537.

Schmidt M W, Poli S, 2014. 4. 19-Devolatilization during subduction // Holland H D, Turekian K K. Treatise on Geochemistry. 2nd ed. Oxford: Elsevier: 669-701.

Schmidt M W, Connolly J, Günther D, et al., 2006. Element partitioning: the role of melt structure and composition. Science, 312 (5780): 1646-1650.

Spera F J, Bohrson W A, 2001. Energy-constrained open-system magmatic processes I: general model and energy-constrained assimilation and fractional crystallization (EC-AFC) formulation. Journal of Petrology, 42 (5): 999-1018.

Stalder R, Foley S F, Brey G P, et al., 1998. Mineral-aqueous fluid partitioning of trace elements at 900-1200℃ and 3.0-5.7 GPa: new experimental data for garnet, clinopyroxene, and rutile, and implications for mantle metasomatism. Geochimica et Cosmochimica Acta, 62 (10): 1781-1801.

Stewart C, Damby D E, Horwell C J, et al., 2021. Volcanic air pollution and human health: recent advances and future directions. Bulletin of Volcanology, 84 (1): 11.

Tam E, Miike R, Labrenz S, et al., 2016. Volcanic air pollution over the Island of Hawai'i: emissions, dispersal, and composition. Association with respiratory symptoms and lung function in Hawai'i Island school children. Environment International, 92-93: 543-552.

Tatsumi Y, Kogiso T, 1997. Trace element transport during dehydration processes in the subducted oceanic crust: 2. Origin of chemical and physical characteristics in arc magmatism. Earth and Planetary Science Letters, 148: 207-221.

Thompson A B, Aerts M, Hack A C, 2007. Liquid immiscibility in silicate melts and related systems. Reviews in Mineralogy and Geochemistry, 65 (1): 99-127.

Tsay A, Zajacz Z, Ulmer P, et al., 2017. Mobility of major and trace elements in the eclogite-fluid system and element fluxes upon slab dehydration. Geochimica et Cosmochimica Acta, 198: 70-91.

van der Straaten F, Schenk V, John T, et al., 2008. Blueschist-facies rehydration of eclogites (Tian Shan, NW-China): implications for fluid-rock interaction in the subduction channel. Chemical Geology, 255 (1-2): 195-219.

Veksler I V, Dorfman A M, Danyushevsky L V, et al., 2006. Immiscible silicate liquid partition coefficients: implications for crystal-melt element partitioning and basalt petrogenesis. Contributions to Mineralogy and Petrology, 152 (6): 685-702.

Veksler I V, Dorfman A M, Borisov A A, et al., 2007. Liquid immiscibility and the evolution of basaltic magma. Journal of Petrology, 48 (11): 2187-2210.

Watson E B, 1976. Two-liquid partition coefficients: experimental data and geochemical implications. Contributions to Mineralogy and Petrology, 56 (1): 119-134.

Webster J D, Baker D R, Aiuppa A, 2018. Halogens in mafic and intermediate-silica content magmas // Harlov D E, Aranovich L. The Role of Halogens in Terrestrial and Extraterrestrial Geochemical Processes: Surface, Crust, and Mantle. Cham: Springer International Publishing: 307-430.

Wei B, Wang C Y, Li C, et al., 2013. Origin of PGE-depleted Ni-Cu sulfide mineralization in the Triassic Hongqiling No. 7 orthopyroxenite intrusion, Central Asian orogenic belt, northeastern China. Economic Geology, 108 (8): 1813-1831.

Welch S A, Christy A G, Isaacson L, et al., 2009. Mineralogical control of rare earth elements in acid sulfate soils. Geochimica et Cosmochimica Acta, 73 (1): 44-64.

Whitty R C W, Ilyinskaya E, Mason E, et al., 2020. Spatial and temporal variations in $SO_2$ and PM2. 5 levels around kīlauea volcano, Hawai'i during 2007-2018. Frontiers in Earth Science, 8.

Yang M, Liang X, Ma L, et al., 2019. Adsorption of REEs on kaolinite and halloysite: a link to the REE distribution on clays in the weathering crust of granite. Chemical Geology, 525: 210-217.

Young H P, Lee C T A, 2009. Fluid-metasomatized mantle beneath the Ouachita belt of southern Laurentia: fate of lithospheric mantle in a continental orogenic belt. Lithosphere, 1 (6): 370-383.

Zelenski M, Kamenetsky V S, Mavrogenes J A, et al., 2018. Silicate-sulfide liquid immiscibility in modern arc basalt (Tolbachik volcano, Kamchatka): Part I. Occurrence and compositions of sulfide melts. Chemical Geology, 478: 102-111.

Zou H, 2007. Quantitative geochemistry. London: Imperial College Press.

# 第6章 微量元素地质温度、压力、氧逸度和速率计

微量元素在矿物间分配的热动力学理论表明，微量元素往往比主量元素对岩石化学组成和温度、压力变化更敏感（Kretz, 1961）。过去缺乏能够准确、精密地分析矿物中微量元素的原位分析技术，因此不能广泛地使用微量元素地质温度计和地质压力计。随着分析技术（尤其是微区原位分析技术）的发展及其在地球科学研究中的成熟应用，人们利用微量元素分配系数与体系温度、压力及氧逸度之间的关系，建立了一系列微量元素地质温度计、地质压力计、氧逸度计和地质速率计等。

## 6.1 微量元素地质温度计

### 6.1.1 橄榄岩单斜辉石-斜方辉石、橄榄石-石榴子石过渡族元素温度计

基于石榴子石橄榄岩、尖晶石橄榄岩和石榴子石二辉岩中 Sc、V、Cr、Mn 和 Co 在单斜辉石（clinopyroxene，缩写为 Cpx）和斜方辉石（orthopyroxene，缩写为 Opx）之间分配系数与温度的关系，Seitz 等（1999）给出了 760～1370℃ 范围内斜方辉石和单斜辉石过渡族元素分配的温度计经验公式：

$$T_{Sc} = \frac{17.64P+5663}{3.25-\ln D_{Sc}} \tag{6.1}$$

$$T_{V} = \frac{18.06P+3975}{2.27-\ln D_{V}} \tag{6.2}$$

$$T_{Cr} = \frac{11.00P+2829}{1.56-\ln D_{Cr}} \tag{6.3}$$

$$T_{Mn} = \frac{-0.20P-2229}{-1.37-\ln D_{Mn}} \tag{6.4}$$

$$T_{Co} = \frac{-4.31P-2358}{-0.98-\ln D_{Co}} \tag{6.5}$$

式中，$D_i$ 为元素 $i$ 在 Opx 和 Cpx 之间的分配系数（$D_i = \frac{C_i^{Opx}}{C_i^{Cpx}}$；$C_i$ 为单位分子中元素 $i$ 的阳离子个数）；$P$ 为压力，kbar；$T$ 为温度，K。利用上述微量元素温度计估算的温度和传统的二辉石主量元素温度计估算的温度相差在 50℃ 以内。

Ni、Mn 在共生的橄榄石（olivine，缩写为 Ol）和石榴子石（garnet，缩写为 Grt）之间强烈分异，它们在二者之间的分配受温度控制。Canil（1999）对石榴子石中 Ni 含量温

度计重新进行了实验标定，给出了基于橄榄石-石榴子石间 Ni 分配系数的温度计：

$$T_{Ni} = \frac{8772}{2.53 - \ln D_{Ni}^{Grt/Ol}} \tag{6.6}$$

式中，$D_{Ni}^{Grt/Ol}$ 为 Ni 在石榴子石和橄榄石之间的分配系数；$T$ 为温度，K。

## 6.1.2 橄榄岩中橄榄石 Cr、Al、Ca 含量和石榴子石 Mn 含量温度计

橄榄岩中 Cr、Al、Ca 主要存在于尖晶石、石榴子石和单斜辉石中，它们在主要寄主矿物和橄榄石之间的分配系数与温度有关。因此，基于这些元素在橄榄石中的含量受温度控制的关系，De Hoog 等（2010）建立了适用于尖晶石-石榴子石橄榄岩的橄榄石中 Cr、Al、Ca 含量地质温度计：

若未测定 Cr 含量，可简化为

$$T_{Al-Ol} = \frac{9423 + 51.4P + 1860Cr_{\#}^{Ol}}{(13.409 - \ln Al^{Ol})}$$
$$T_{Al-Ol} = \frac{11959 + 55.6P}{(14.530 - \ln Al^{Ol})} \tag{6.7}$$

$$T_{Cr-Ol} = \frac{13444 + 48.5P - 4678 Cr_{\#}^{Ol}}{(14.53 - \ln Cr^{Ol})} \tag{6.8}$$

若采用 $D_{Ca}^{Ol/Cpx}$，可变为

$$T_{Ca-Ol} = \frac{10539 + 79.8}{(15.45 - \ln Ca^{Ol})}$$
$$T_{Al-Ol} = \frac{7335 + 66.9P}{(1.60 - \ln D_{Ca}^{Ol/Cpx})} \tag{6.9}$$

式中，$T$ 为温度，K；$P$ 为压力，kbar；$Al^{Ol}$、$Cr^{Ol}$ 和 $Ca^{Ol}$ 分别为橄榄石中的 Al、Cr 和 Ca 的含量，$\mu g/g$；$Cr_{\#}^{Ol}$ 为橄榄石的 $Cr_{\#}$ 值（即 $\frac{Cr}{Cr+Al}$；原子数之比）；$D_{Ca}^{Ol/Cpx}$ 为基于橄榄石和单斜辉石中氧原子数分别为 4 和 6 时的 Ca 离子数之比。橄榄石中 Al 含量温度计对温度估计的平均偏差是 15～20℃；在压力小于 2.9kbar 时，橄榄石中 Cr 含量温度计对温度估计的平均偏差在 15℃ 以内；橄榄石中 Ca 含量温度计对温度估计的平均偏差是 30～34℃。需要注意的是，在应用于方辉橄榄岩时，这些温度计的计算偏差会增大。

基于石榴子石橄榄岩中 Mn 在橄榄石和石榴子石之间的分配受温度控制，通过对金伯利岩中大量橄榄岩包体数据的统计研究，Creighton（2009）给出了石榴子石单晶 Mn 含量温度计的半经验公式：

$$T(℃) = -1635.48 - 184.8 \times [\ln(a_{Spess}^{Grt}) - \ln(a_{Pyr}^{Grt})]$$
$$\ln(a_{Spess}^{Grt}) = 401.6 \times \left(\frac{Mn}{Mg+Fe+Ca+Mn}\right) - 31.5 \times \left(\frac{Cr}{Cr+Al}\right) - 17.85 \tag{6.10}$$
$$a_{Pyr}^{Grt} = 1.163 \times \left(\frac{Mg}{Mg+Fe+Ca+Mn}\right) - 0.248 \times \left(\frac{Cr}{Cr+Al}\right) - 0.46$$

该温度计的准确度虽然为±150℃，但是可以弥补在没有分析微量元素 Ni 含量的情况下而无法计算温度的不足。

## 6.1.3　橄榄石–熔体 Sc/Y 温度计

Mallmann 和 O'Neill（2013）在研究 Sc、V 和 Y 在橄榄石和平衡熔体中的分配时，发现 Sc 和 Y 在两相之间的交换对温度变化十分敏感，据此他们建立了橄榄石–熔体 Sc/Y 温度计的经验公式：

$$T(\mathrm{K})=\frac{-3230-100P-1402\mathrm{Mg}_{\#}^{\mathrm{Ol}}+1933X_{\mathrm{CaO}}^{\mathrm{melt}}+2612(X_{\mathrm{NaO}_{0.5}}^{\mathrm{melt}}+X_{\mathrm{KO}_{0.5}}^{\mathrm{melt}})-569X_{\mathrm{SiO}_2}^{\mathrm{melt}}}{(-1.471-\lg K_{D\,\mathrm{Sc/Y}}^{\mathrm{Ol/melt}})} \tag{6.11}$$

式中，$\mathrm{Mg}_{\#}^{\mathrm{Ol}}$ 为橄榄石的 Fo 值（即 $\frac{\mathrm{Mg}}{\mathrm{Mg}+\mathrm{Fe}}$；原子数之比）；$X_{\mathrm{CaO}}^{\mathrm{melt}}$、$X_{\mathrm{NaO}_{0.5}}^{\mathrm{melt}}$、$X_{\mathrm{KO}_{0.5}}^{\mathrm{melt}}$、$X_{\mathrm{SiO}_2}^{\mathrm{melt}}$ 为基于 1 个阳离子计算得到的熔体摩尔分数；$K_{D\,\mathrm{Sc/Y}}^{\mathrm{Ol/melt}}=D_{\mathrm{Sc}}^{\mathrm{Ol/melt}}/D_{\mathrm{Y}}^{\mathrm{Ol/melt}}$；$P$ 为压力，GPa；$T$ 为温度，K。

该温度计对氧逸度变化不敏感，适用于基性–超基性熔体成分，适用温度范围为 1200～1530℃，适用压力范围为 1atm（标准大气压，1atm=1.01325×10⁵Pa）～2GPa。该温度计固有误差为±15℃（1σ），但实际误差主要取决于橄榄石和平衡熔体 Sc 和 Y 的测试误差。

## 6.1.4　金红石中 Zr 含量温度计和锆石中 Ti 含量温度计

锆石（zircon，缩写为 Zrn）中 Ti 含量温度计和金红石（rutile，缩写为 Rt）中 Zr 含量温度计同时发展。金红石中 Zr 含量温度计最早由 Degeling（2003）提出，Zack 等（2004）给出了基于天然样品结果的金红石中 Zr 含量温度计的经验公式。此后，Watson 等（2006）给出了基于实验研究结果的金红石中 Zr 含量和锆石中 Ti 含量温度计公式。Ferry 和 Watson（2007）认为除了受温度影响外，金红石中的 Zr 含量和锆石中的 Ti 含量还受体系 $\mathrm{SiO}_2$ 活度（$\alpha_{\mathrm{SiO}_2}$）和 $\mathrm{TiO}_2$ 活度（$\alpha_{\mathrm{TiO}_2}$）的影响，因此对 Watson 等（2006）的温度计进行了修正（Zr 和 Ti 含量单位为 μg/g）。

$$\lg(C_{\mathrm{Zr}}^{\mathrm{Rt}})=(7.420\pm0.105)-\frac{4530\pm111}{T(K)}-\lg\alpha_{\mathrm{SiO}_2}$$
$$\lg(C_{\mathrm{Ti}}^{\mathrm{Zrn}})=(5.711\pm0.072)-\frac{4800\pm86}{T(K)}-\lg\alpha_{\mathrm{SiO}_2}+\lg\alpha_{\mathrm{TiO}_2} \tag{6.12}$$

此后，Tomkins 等（2007）进一步考虑了压力对金红石中 Zr 含量的影响，提出了基于温度和压力两个变量的更为合理的金红石 Zr 含量温度计公式：

$$T=\frac{83.9+0.410P}{0.1428-R\ln C_{\mathrm{Zr}}^{\mathrm{Rt}}}（适用于 \alpha 石英条件下）$$

$$T=\frac{85.7+0.473P}{0.1453-R\ln C_{\mathrm{Zr}}^{\mathrm{Rt}}}（适用于 \beta 石英条件下） \tag{6.13}$$

$$T=\frac{88.1+0.206P}{0.1412-R\ln C_{\mathrm{Zr}}^{\mathrm{Rt}}}（适用于柯石英条件下）$$

式中，$C_{Zr}^{Rt}$ 为金红石中 Zr 的含量，$\mu g/g$；$P$ 为压力，kbar；$T$ 为温度，K；$R$ 为气体常数。高晓英和郑永飞（2011）对这两个温度计的研究、应用及其解释进行了详细的综述。

## 6.1.5　石英中 Ti 含量温度计

石英（quartz，缩写为 Qtz）中 $Ti^{4+}$ 可与 $Si^{4+}$ 发生等价类质同象替换，类质同象替换程度与温度有关。Wark 和 Watson（2006）利用石英中 Ti 含量和温度之间的关系，建立了基于实验研究结果的石英中 Ti 含量温度计：

$$T=\frac{-3765}{\lg(C_{Ti}^{Qtz})-5.69} \tag{6.14}$$

此温度计适用于 $TiO_2$ 饱和体系（$\alpha_{TiO_2}=1$）。如果体系中 $TiO_2$ 没有饱和（即没有出现金红石相），则需要进行 $TiO_2$ 活度校正：

$$T=\frac{-3765}{\lg\left(\dfrac{C_{Ti}^{Qtz}}{\alpha_{TiO_2}}\right)-5.69} \tag{6.15}$$

式中，$C_{Ti}^{Qtz}$ 为石英中 Ti 的含量，$\mu g/g$；$T$ 为温度，K。

在石英中，Ti 替换 Si 时会有约 38% 的体积差异，因而压力可能会影响石英中 Ti 含量温度计。Thomas 等（2010）利用高温高压实验研究了压力对石英中 Ti 含量温度计的影响，发现随着压力升高，石英中 Ti 的含量会系统性地降低。因此，他们运用最小二乘法，获得了包含压力校正项的石英中 Ti 含量温度计公式：

$$RT\ln X_{TiO_2}^{Qtz}=-60952+1.52\times T-1741\times P+RT\ln\alpha_{TiO_2} \tag{6.16}$$

式中，$X_{TiO_2}^{Qtz}$ 为石英中 $TiO_2$ 的摩尔分数；$P$ 为压力，kbar；$T$ 为温度，K。

为了避免 $TiO_2$ 活度（$\alpha_{TiO_2}$）估算不准确对温度计算的影响，Zhang 等（2020）利用 Ti 在石英和熔体间的分配系数推导出了一个新的温度计公式：

$$\lg\left(\frac{C_{Ti}^{Qtz}}{C_{Ti}^{Liq}}\right)=-1.1963+(1058.1-520.4\times P^{0.2})/T-0.1155\times FM \tag{6.17}$$

式中，$P$ 为压力，kbar；$T$ 为温度，K；$C_{Ti}^{Qtz}$、$C_{Ti}^{Liq}$ 分别为石英和熔体中 Ti 含量，$\mu g/g$；FM＝（Na+K+2Ca+2Mg+2Fe）/（Si×Al），这里每个元素代表每个离子的摩尔分数。此温度计的适用温度范围为 700～900℃，适用压力范围为 0.5～4kbar。

石英中 Ti 含量温度计使用简单，只需要分析石英的 Ti 含量即可，温度估值精度好（通常优于±5℃），可用于利用单个石英颗粒确定热演化历史的研究。

## 6.1.6　石榴子石-磷钇矿-独居石中 Y 和 REE 分配温度计

磷钇矿（$YPO_4$）在变泥质岩中的出现缓冲了 Y 在石榴子石生长过程中的活动性，致使与磷钇矿平衡条件下形成的石榴子石中的 Y 和 HREE 含量变化受温度控制。利用石榴子石中的 Y 含量与温度之间的负相关关系，Pyle 和 Spear（2000）建立了如下温度计方程的经验公式：

$$\ln(C_Y^{Grt}) = \frac{16031(\pm862)}{T} - 13.25(\pm1.12) \tag{6.18}$$

式中，$C_Y^{Grt}$为石榴子石中 Y 的含量，$\mu g/g$；$T$为温度，K。该温度计在石榴子石和十字石带范围内（$450 \sim 500\,^{\circ}\mathrm{C}$）最敏感，但这个温度计的准确度要用其他温度计校正，准确度限于 $30\,^{\circ}\mathrm{C}$。

变质岩中共生的独居石（monazite，缩写为 Mnz）（富含 LREE 的单斜晶系磷酸盐）和磷钇矿（xenotime，缩写为 Xtm）（富含 HREE 和 Y 的六方晶系磷酸盐）的成分变化与全岩 REE、Y 组成以及温度、压力有关。REE 和 Y 的分配系数（$D_{REE}^* = C_{REE}^{Mnz}/C_{REE}^{Xtm}$）是离子半径和温度的函数，随着它们的变化而强烈变化。基于此，Gratz 和 Heinrich（1997）根据实验结果建立了独居石中 Y 含量温度计公式：

$$X_Y^{Mnz} = \frac{(1.459 + 0.0852P)\,e^{0.002274T}}{100} \tag{6.19}$$

式中，$T$为温度，$^{\circ}\mathrm{C}$；$P$为压力，kbar；$X_Y^{Mnz}$为独居石中 Y 的摩尔分数。

Gratz 和 Heinrich（1998）利用 Gd 在独居石和磷钇矿间的分配系数，建立了 Gd 分配系数温度计：

$$D_{Gd}^{Mnz/Xtm} = -0.5886 + 1.591 \times 10^{-3} \times T \tag{6.20}$$

式中，$D_{Gd}^{Mnz/Xtm}$为 Gd 在独居石和磷钇矿间的分配系数；$T$为温度，$^{\circ}\mathrm{C}$。此温度计的精度为 $50\,^{\circ}\mathrm{C}$。独居石和磷钇矿可以在很宽的变质温度范围内出现，利用独居石、磷钇矿 U-Pb 和 Sm-Nd 定年和温度测量可以在变质温度和年龄之间建立直接联系。

## 6.1.7　石榴子石-单斜辉石 REE 分配温压计

基于 REE 在石榴子石和单斜辉石之间的分配，Sun 和 Liang（2015）提出了石榴子石-单斜辉石 REE 温压计，可同时计算基性变质岩（如榴辉岩和麻粒岩）与超基性岩的温度和压力。该温压计得到的温度接近岩石冷却时的封闭温度；但对于来自存在热扰动构造环境的样品，其温度可能代表了早期过程中的平衡温度。Sun 和 Liang（2015）提供了 Excel 表格供读者进行相关计算。该温度计具体关系式如下：

$$B_j = T(\ln D_j - A_j) + f(P) \tag{6.21}$$

其中

$$A = 5.13 - 1.04 X_{Ca}^{Grt} - 4.37 X_{Al}^{T,Cpx} - 1.98 X_{Mg}^{M2,Cpx}$$

$$B = 2.21 \times 10^3 + 909.85 G(r_{REE})$$

$$f(P) = -11.19P^2 + 422.66P$$

$$G(r_{REE}) = E^{Cpx}\left[\frac{r_0^{Cpx}}{2}(r_0^{Cpx} - r_{REE})^2 - \frac{1}{3}(r_0^{Cpx} - r_{REE})^3\right] - E^{Grt}\left[\frac{r_0^{Grt}}{2}(r_0^{Grt} - r_{REE})^2 - \frac{1}{3}(r_0^{Grt} - r_{REE})^3\right]$$

$$r_0^{Cpx}(\text{Å}) = 1.066(\pm0.007) - 0.104(\pm0.035) X_{Al}^{M1,Cpx} - 0.212(\pm0.033) X_{Mg}^{M2,Cpx}$$

$$E^{Cpx}(\text{GPa}) = [2.27(\pm0.44)r_0 - 2.00(\pm0.44)] \times 10^3$$

$$r_0^{Grt}(\text{Å}) = 0.785(\pm0.031) + 0.153(\pm0.029) X_{Ca}^{Grt}$$

$$E^{Grt}(\text{GPa}) = [-1.67(\pm0.45) + 2.35(\pm0.51)r_0] \times 10^3$$

式中，$j$ 为某个稀土元素；$D$ 为分配系数；$P$ 为压力，GPa；$T$ 为温度，K；$E$ 为表观杨氏模量；$r_0$ 为无应变晶格位置的半径；$r_{REE}$ 为 REE 的离子半径；系数 $A$ 强烈受控于石榴子石和单斜辉石的成分；系数 $B$ 为关于矿物主量元素成分和 REE 离子半径的函数；$X_{Al}^{T,Cpx}$ 为单斜辉石每个化学式单元中 Al 在四面体位的个数；$X_{Al}^{M1,Cpx}$ 和 $X_{Mg}^{M2,Cpx}$ 分别为 Al 在 M1 和 Mg 在 M2 位的个数，化学式计算时假定 Fe-Mg 在 M1 和 M2 位随机分布，括号中的不确定度为 $2\sigma$，单斜辉石中所有 Fe 都假定为二价；$X_{Ca}^{Grt}$ 为石榴子石化学式中 Ca 的个数。

　　具体计算步骤如下：①获得矿物主量元素成分，计算系数 $A$ 和 $B$；②在蛛网图中检查石榴子石和单斜辉石的 REE 含量以排除异常值，同时在（$\ln D - A$）对 $B$ 的二元图中检查 REE 是否构成一条直线；③利用线性回归分析确定通过（$\ln D - A$）对 $B$ 的二元图中数据点的斜率和与纵轴的交点值。温度可以由斜率计算而来，压力可以通过 $f(P)$ 与压力的关系式计算而来。温度和压力的误差可由线性拟合结果的不确定度估计。

## 6.1.8　斜长石−单斜辉石 REE 交换温度计

　　含斜长石（plagioclase，缩写为 Pl）岩浆岩的结晶温度可以通过斜长石−单斜辉石 REE 交换温度计来确定。REE 在共同结晶的斜长石和单斜辉石中的交换主要受到温度和岩浆成分的影响，Sun 和 Liang（2017）使用矿物晶格应变模型与实验测定的矿物/熔体分配系数确定了该温度计的基本关系式，并提供了 Excel 表格供读者进行相关计算。该温度计具体关系式如下：

$$B_j = T(\ln D_j - A_j) + f(P) \tag{6.22}$$

其中

$$A = 23.19 - 5.17 (X_{Ca}^{Pl})^2 - 4.37 X_{Al}^{T,Cpx} - 1.98 X_{Mg}^{M2,Cpx} + 0.91 X_{H_2O}^{melt}$$

$$B_j = -32.04 \times 10^3 - 1.41 \times 10^3 P^2 + 909.85 G(r_j)$$

$$G(r_j) = -E^{Pl} \left[ \frac{r_0^{Pl}}{2} (r_0^{Pl} - r_j)^2 - \frac{1}{3} (r_0^{Pl} - r_j)^3 \right] + E^{Cpx} \left[ \frac{r_0^{Cpx}}{2} (r_0^{Cpx} - r_j)^2 - \frac{1}{3} (r_0^{Cpx} - r_j)^3 \right]$$

$$r_0^{Cpx}(\text{Å}) = 1.066(\pm 0.007) - 0.104(\pm 0.035) X_{Al}^{M1,Cpx} - 0.212(\pm 0.033) X_{Mg}^{M2,Cpx}$$

$$E^{Cpx}(\text{GPa}) = [2.27(\pm 0.44) r_0^{Cpx} - 2.00(\pm 0.44)] \times 10^3$$

$$r_0^{Pl}(\text{Å}) = 1.179(\pm 0.027)$$

$$E^{Pl}(\text{GPa}) = 196(\pm 51)$$

式中，$j$ 为某个稀土元素；$D$ 为分配系数；$P$ 为压力，GPa；$T$ 为温度，K；$E$ 为表观杨氏模量；$r_0$ 为无应变晶格位置的半径；$r_j$ 为某个稀土元素的离子半径；$G$ 为单个元素晶格应变变化的校正参数；系数 $A$ 强烈依赖于斜长石和单斜辉石的主量元素组成；系数 $B$ 为关于单斜辉石主量元素组成、REE 离子半径和压力的函数；$X_{H_2O}^{melt}$ 为通过 Wood 和 Blundy（2002）方法计算的熔体中 $H_2O$ 的摩尔分数，该参数在多数情况下可以忽略，除非斜长石和单斜辉石与含水岩浆共存（如火山岩中具有含水熔体包裹体的斑晶）；$X_{Al}^{T,Cpx}$ 为单斜辉石每个化学式单元中 Al 在四面体位的个数；$X_{Al}^{M1,Cpx}$ 和 $X_{Mg}^{M2,Cpx}$ 分别为 Al 在 M1 和 Mg 在 M2 位的个数；化学式计算时假定 Fe-Mg 在 M1 和 M2 位随机分布；括号中的不确定温度为 $2\sigma$；单斜辉石中所有 Fe 都假定为二价；$X_{Ca}^{pl}$ 为斜长石化学式中 Ca 的个数。

该温度计的计算步骤和其他基于 REE 的双矿物温度计类似：①获得矿物主量元素成分，估计压力值，计算系数 A 和 B；②在归一化后的稀土元素配分图中检查斜长石和单斜辉石的 REE+Y 含量，排除明显的异常值；③作（ln D–A）对 B 的二元图，利用线性回归分析确定通过原点的直线的斜率，即温度。温度的误差可以由线性拟合结果的不确定度来估计。该温度计的可靠程度受到以下几个因素的影响：斜长石中 REE 含量测试精度，压力和水含量的不确定性，斜长石和单斜辉石是否同时结晶。对于高度演化的岩浆岩，矿物结晶顺序对温度结果的可靠性影响最大。

## 6.1.9　微量元素比值古海水温度计

海洋表面温度（sea surface temperature，SST）是研究大洋环流，再造古水团、古洋流分布等的重要依据，是古海洋学研究中一项至关重要的基础资料。除了同位素组成外，元素比值也是一种有效可靠的古海水温度计。其中，比较典型的有珊瑚 Sr/Ca 比值和有孔虫 Mg/Ca 比值温度计等。

有孔虫等生物壳体在生长过程中，从海水中吸收 Ca 元素形成碳酸盐壳体，在此过程中 $Mg^{2+}$ 可置换 $Ca^{2+}$。海水中的 Mg/Ca 比值基本上是一个常量，因此有孔虫壳体 Mg/Ca 比值的变化是受到周围环境参数的影响而产生的。因为 Mg 置换碳酸盐中的 Ca 是吸热过程，所以温度升高会导致壳体中 Mg 含量的增加，而实验结果也表明，有孔虫壳体 Mg/Ca 比值会随着海水温度升高而增高。因此，可以利用有孔虫壳体 Mg/Ca 比值来反演海水温度的变化。大量的实验结果均表明有孔虫壳体 Mg/Ca 比值与海水温度不是线性关系，而是一种指数函数关系：

$$Mg/Ca(mmol/mol) = be^{mT} \tag{6.23}$$

式中，T 为温度,℃；e 为自然对数的底数；b、m 为常数。不同海洋不同属种有孔虫 m 和 b 的值不一样，常数 m 的变化范围为 0.085 ~ 0.11，常数 b 在 0.3 ~ 0.52 之间变化（李小艳等，2008）。

珊瑚在生长过程中，碳酸钙直接从海水中以文石的形式沉淀下来，组成珊瑚的骨骼。在此过程中，Sr、U、Li、Mg、B 等微量元素可直接从海水进入珊瑚骨骼。这些微量元素的含量是由海水中元素的浓度及元素在文石和海水之间的分配系数 K（P,T）决定的。在珊瑚所反映古温度变化的事件尺度内，海水的微量元素含量变化可以忽略，海水表面的大气压基本上也是恒定的。所以，大洋中珊瑚骨骼的微量元素变化与海水温度的变化存在着相关性，可以建立相应的微量元素温度计。

Sr/Ca 比值是一个广泛使用且可靠的 SST 温度计。珊瑚 Sr/Ca 比值与 SST 之间大体存在一种线性关系，但从理论上是无法推导出来的，所以没有确定的关系式可用。在实际应用时，首先必须对所研究海域特定的珊瑚种 Sr/Ca 比值与表层古海水温度的关系进行标定，然后用这个关系式重建该海域的古海水温度记录（韦刚健和李献华，1996）。韦刚健等（2004）通过分析雷州半岛南部珊瑚全新世高分辨率 Sr/Ca 比值，建立了 Sr/Ca-SST 关系式：

$$Sr/Ca(mmol/mol) = -0.0424(\pm0.0031)\times T + 9.836(\pm0.082) \tag{6.24}$$

珊瑚中 U/Ca 比值对温度变化也相当灵敏，U/Ca 比值相对 SST 的温度变化率 6 倍于 Sr/Ca 的灵敏度。较高的温度灵敏度还可降低珊瑚的生物特性对 U/Ca 温度计的影响。Rong Min 等（1995）通过对新喀里多尼亚和塔希提岛样品的研究获得了如下 U/Ca 比值温度计公式：

$$T = 45.0 - 18.4\times10^6\times(^{238}U/^{40}Ca)_{molar} \tag{6.25}$$

韦刚健和孙敏（1998）利用南海北部 28 个样品建立了南海北部近岸海域的珊瑚 U/Ca 比值温度计公式：

$$T = [(75.4\pm3.0)-(41.4\pm1.37)]\times10^6\times U/Ca(mmol/mol) \tag{6.26}$$

Montagna 等（2014）通过对不同海洋环境条件下珊瑚的研究，建立了珊瑚 Li/Mg 比值温度计公式，此温度计适用的温度范围为 0.8 ~ 28℃：

$$Li/Mg(mmol/mol) = 5.41\times\exp[(-0.049\pm0.002)\times T] \tag{6.27}$$

# 6.2　微量元素地质压力计

## 6.2.1　石榴子石 REE 压力计

这个压力计是基于随着压力增加，石榴子石不断吸纳 REE$^{3+}$（Nd、Sm、Gd 和 Tb）而建立的。其中的替换关系为：$3R^{2+} = 2REE^{3+} + \square$（空位），这种替换降低了石榴子石中单位晶胞的尺寸。石榴子石对重稀土元素的吸纳对压力变化很敏感，但由于 Eu$^{2+}$ 不参加置换，因此高压石榴子石会形成负 Eu 异常。通过对照 GASP 压力计[①]的经验校正，Bea 等（1997）提出了如下压力计公式：

$$P(kbar) = 3.6 + 5.6\times\frac{C_{Gd}^{Grt}}{C_{Dy}^{Grt}} \tag{6.28}$$

式中，$C_{Gd}^{Grt}$ 和 $C_{Dy}^{Grt}$ 分别为石榴子石中元素 Gd 和 Dy 的含量。对于石榴子石和独居石共生的岩石以及单位晶胞尺寸小于 11.46Å 的石榴子石，当压力范围在 4 ~ 9kbar 时，该压力计能给出可靠的压力估算值。

## 6.2.2　单斜辉石 Cr 压力计

单斜辉石 Cr 压力计是由 Nimis 和 Taylor（2000）开发的适用于石榴子石橄榄岩体系的单矿物微量元素压力计，其原理是基于单斜辉石和石榴子石间的 Cr 交换反应[$CaMgSi_2O_6 + CaCrAlSiO_6 \longleftrightarrow \frac{1}{2}(Ca_2Mg)Cr_2Si_3O_{12} + \frac{1}{2}(Ca_2Mg)Al_2Si_3O_{12}$]。该压力计计算公式如下：

---

① GASP 为石榴子石（garnet）-铝硅酸盐（Al-silicate）-斜长石（plagioclase）矿物组合的英文简称。Holdaway（2001）对 GASP 地质压力计进行了重新校正。

$$P = -\frac{T}{126.9} \times \ln\left(a_{CaCrTs}^{Cpx}\right) + 15.483 \times \ln\left(\frac{Cr_{\#}^{Cpx}}{T}\right) + \frac{T}{71.38} + 107.8 \qquad (6.29)$$

式中，$a_{CaCrTs}^{Cpx} = Cr - 0.81 \times Cr^{\#} \times (Na+K)$，$Cr^{\#} = Cr/(Cr+Al)$；$Cr_{\#}^{Cpx}$ 为单斜辉石的 $Cr^{\#}$ 值；$T$ 为温度，K；$P$ 为压力，kbar。

　　Ziberna 等（2016）对该压力计的适用范围和条件以及误差来源进行了系统评估。他们认为适当的分析条件优化可以将该压力计的适用范围扩展到90%以上的含单斜辉石的石榴子石橄榄岩和辉石岩，以及金刚石中约70%的铬质透辉石包裹体。在所有情况下，不建议使用$Cr/(Cr+Al)_{mol} < 0.1$ 的单斜辉石，发现估算的压力值在$>4.5GPa$ 时有逐渐低估的趋势。

## 6.3　微量元素地质氧逸度计

　　氧逸度（$f_{O_2}$）是在特定环境下（大气、岩石等）氧的校正分压。它是体现氧化还原强度的度量，决定了体系中有多少氧可以参与反应。和温度、压力一样，氧逸度是地质过程的一个关键控制参数。一些特定的微量元素为变价元素（如Fe、Cr、V、Eu 和Ce 等），存在着不同的价态，如Eu（$Eu^{2+}$、$Eu^{3+}$）、Ce（$Ce^{4+}$、$Ce^{3+}$）、V（$V^{5+}$、$V^{3+}$）等。这些变价元素的行为与环境的氧逸度有关（高氧逸度条件下呈高价，低氧逸度条件下呈低价）。所以变价元素不同价态形式的比值（如斜长石 $Eu^{2+}/Eu^{3+}$ 比值）或者变价元素和非变价元素的比值（如玄武岩的 V/Sc 比值）可以用来定量确定体系的氧逸度。而且，不同变价元素占主导的环境氧逸度范围不同（图6.1）。

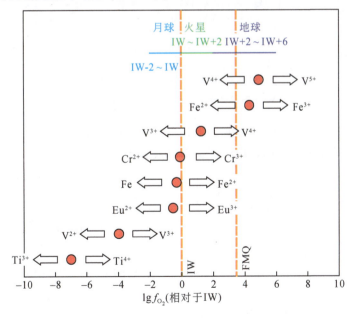

图 6.1　玄武岩体系中一些变价元素不同价态阳离子共存的 $f_{O_2}$ 范围

实心圆点表示两种阳离子等比例共存的 $f_{O_2}$ 条件；IW 为自然铁–方铁矿反应组合。修改自 Papike 等（2005）

### 6.3.1　橄榄石–硅酸盐熔体 V 分配系数氧逸度计

V 是对氧化还原条件敏感的亲石元素，有四种价态：$V^{2+}$、$V^{3+}$、$V^{4+}$ 和 $V^{5+}$。在地球系统氧逸度条件下 V 主要以 $V^{3+}$、$V^{4+}$ 和 $V^{5+}$ 存在，$V^{4+}$ 和 $V^{5+}$ 的丰度低，高丰度 $V^{3+}$ 的比例随氧逸度增加而降低。Canil 等系统地研究了 V 在矿物–熔体间的分配系数随氧逸度变化的定量关系（Canil，1997；Canil and Fedortchouk，2001）。橄榄石是基性–超基性岩浆中最先结晶的硅酸盐矿物，因此橄榄石斑晶和熔体间的 V 分配系数（$D_V^{Ol/melt}$）所记录的氧逸度可以避免后期岩浆结晶、脱气、混染等的影响，从而保留岩浆原始的氧逸度信息。Canil（2002）系统总结了相关实验结果，给出了 $D_V^{Ol/melt}$ 与氧逸度的直接判定图（图 6.2）。此图解相对简洁可靠，运用较广。

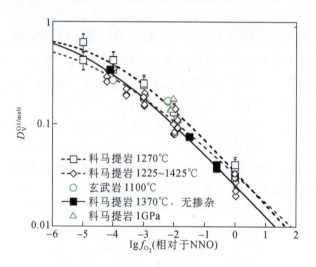

图 6.2　橄榄石–熔体 V 分配系数与氧逸度的关系

NNO 为镍–氧化镍反应组合。引自 Canil（2002）

Mallmann 和 O'Neill（2013）考虑了成分、温度、压力对分配系数的影响，利用高温高压实验更精确地标定了氧逸度和 $D_V^{Ol/melt}$ 之间的关系：

$$\lg f_{O_2}(\Delta FMQ)=-7.7-\left(\frac{\lg D_V^{Ol/melt}}{0.2639}\right)-\frac{\left[\begin{array}{c}822-3328\,(1-Mg_\#^{Ol})^2+5326X_{KO_{0.5}}^{melt}\\+746\,(X_{CaO}^{melt}+X_{NaO_{0.5}}^{melt})-3254\,(X_{SiO_2}^{melt}+X_{AlO_{1.5}}^{melt})\end{array}\right]}{0.2639T}$$

$$(6.30)$$

$$\lg f_{O_2}(\Delta NNO)=-7.0-\left(\frac{\lg D_V^{Ol/melt}}{0.2635}\right)-\frac{\left[\begin{array}{c}1372-3389\,(1-Mg_\#^{Ol})^2+5318X_{KO_{0.5}}^{melt}\\+747\,(X_{CaO}^{melt}+X_{NaO_{0.5}}^{melt})-3259\,(X_{SiO_2}^{melt}+X_{AlO_{1.5}}^{melt})\end{array}\right]}{0.2635T}$$

$$(6.31)$$

式中，$T$ 为温度，K；$X$ 为各组分在熔体中的摩尔分数；$\Delta NNO$ 为对 NNO 缓冲剂的对数差值；$\Delta FMQ$ 为对 FMQ 缓冲剂的对数差值。此关系式适用的氧逸度范围为 $FMQ-4$ 到 $FMQ+4$。

## 6.3.2　磁铁矿–硅酸盐熔体间 V 分配系数氧逸度计

Arató 和 Audétat（2017）通过对 V 在磁铁矿（magnetite，缩写为 Mag）和流纹岩质硅酸盐熔体之间的分配系数（$D_V^{Mag/melt}$）与氧逸度、温度和压力、铝饱和指数以及磁铁矿成分之间的关系，建立了如下磁铁矿–硅酸盐熔体间 V 分配系数氧逸度计：

$$\lg D_V^{Mag/melt} = 0.3726 \times \frac{10000}{T} + 2.0465 \times ASI - 0.4773 \times \Delta FMQ - 2.1214 \qquad (6.32)$$

式中，$T$ 为温度，K；ASI 为铝饱和指数 [即 $Al_2O_3/(CaO+Na_2O+K_2O)$，摩尔数比]。与经典的磁铁矿–钛铁矿氧逸度计（Ghiorso and Evans，2008）相比，磁铁矿中 V 分配系数氧逸度计的优势是：①可以应用于不含钛铁矿的岩石；②适用于花岗岩等缓慢冷却的岩石。

## 6.3.3　锆石 $Ce^{4+}/Ce^{3+}$ 氧逸度计

锆石中稀土元素总体上是以三价形式存在。Ce 是一个比较特殊的元素，在较高氧逸度条件下它还可以 $Ce^{4+}$ 形式存在。$Ce^{4+}$ 相对 $Ce^{3+}$ 更易类质同象替换锆石中的 $Zr^{4+}$，故而在高氧逸度熔体（高 $Ce^{4+}/Ce^{3+}$ 比值）会结晶出高 Ce 含量锆石，从而造成 Ce 和其他稀土元素的分异，形成明显的正 Ce 异常。这种 Ce 异常可以很好地定量表征氧逸度，Trail 等（2011）通过高温高压实验建立了锆石 Ce 异常和氧逸度之间的关系式：

$$\ln\left(\frac{Ce}{Ce^*}\right)_D = (0.1156 \pm 0.0050) \times \ln(f_{O_2}) + \frac{13780 \pm 708}{T} - 6.125 \pm 0.484 \qquad (6.33)$$

其中，$\left(\dfrac{Ce}{Ce^*}\right)_D$ 可用下式计算：

$$\left(\frac{Ce}{Ce^*}\right)_D = \frac{D_{Ce}^{Zrn/melt}}{\sqrt{D_{La}^{Zrn/melt} \times D_{Pr}^{Zrn/melt}}}$$

需要注意的是，$\left(\dfrac{Ce}{Ce^*}\right)_D$ 还受到锆石中 La、Pr 含量测定结果的影响，而锆石中 La、Pr 含量往往很低，因此在使用该氧逸度计时须注意对稀土元素分析结果的准确度。

上述锆石 Ce 异常氧逸度计对温度非常敏感，不适合于温度没有很好限定的样品。而且，用于计算 Ce 异常的 La 和 Pr 的含量有时无法准确测定。因此，Loucks 等（2020）开发了一个仅利用 Ce、U 和 Ti 含量，而且独立于温度、压力的锆石氧逸度计。该氧逸度计计算公式如下：

$$\Delta FMQ = 2.284(\pm 0.101) + 3.998(\pm 0.124) \times \lg \frac{Ce}{\sqrt{U_i \times Ti}} \qquad (6.34)$$

式中，$U_i$ 为根据锆石年龄校正后的 U 含量。式（6.34）适用于金伯利岩到高硅流纹岩的体系。该方法从原理上避免了所有基于 $REE^{3+}$ 的氧逸度计中可能遇见的问题，有望获得可靠的氧逸度，但其有效性需要在实践中进一步检验。

### 6.3.4 斜长石 $Eu^{2+}/Eu^{3+}$ 氧逸度计

和 Ce 相似，Eu 也是一个变价元素，在硅酸盐熔体及结晶产物中 $Eu^{2+}/Eu^{3+}$ 比值明显与氧逸度相关。Eu 在斜长石以及共存熔体之间的分配行为受到氧逸度和温度的共同控制。Drake（1975）利用高温实验研究了 Eu 在斜长石和玄武质、安山质熔体间的分配行为。实验结果表明在 1187~1300℃ 范围内，$Eu^{2+}/Eu^{3+}$ 比值基本不受温度影响，而是和氧逸度直接相关：

$$\lg f_{O_2} = -4\lg \frac{Eu^{2+}}{Eu^{3+}} + A \tag{6.35}$$

式中，$A$ 为常数。通过回归分析，Drake（1975）给出了在斜长石以及熔体相中氧逸度和 $Eu^{2+}/Eu^{3+}$ 比值的关系式。

$$熔体相：\lg f_{O_2} = -4.55(\pm0.17)\lg \frac{Eu^{2+}}{Eu^{3+}} - 10.89(\pm0.19) \tag{6.36}$$

$$斜长石相：\lg f_{O_2} = -4.60(\pm0.18)\lg \frac{Eu^{2+}}{Eu^{3+}} - 3.86(\pm0.27) \tag{6.37}$$

### 6.3.5 单斜辉石和斜方辉石 $Eu^{3+}/Eu^{2+}$ 氧逸度计

Eu 在辉石-玄武岩体系中的分配行为被证明也是有效的氧逸度指标。Shearer 等（2006）分析研究了利用辉石中 Eu 的价态作为氧逸度计时受辉石成分、熔体成分和结晶动力学影响的情况。Fabbrizio 等（2021）利用高温高压实验研究了 $f_{O_2}$ 对 Eu 在单斜辉石、斜方辉石和玄武岩熔体之间分配行为的影响，并基于辉石-玄武岩体系中 Eu 的分配行为和氧逸度的关系建立了辉石 $Eu^{3+}/Eu^{2+}$ 氧逸度计，具体计算公式如下：

$$\lg f_{O_2} = -4\lg \frac{(D_{Eu^{3+}} - D_{Eu})}{K(D_{Eu} - D_{Eu^{2+}})} \tag{6.38}$$

式中，$D$ 为分配系数；$K(Cpx) = 29.8(\pm5.6) \times 10^{-4}$；$K(Opx) = 4.7(\pm1.7) \times 10^{-3}$；$D_{Eu^{2+}}$ 和 $D_{Eu^{3+}}$ 可以根据其他相关元素的分配行为通过下述公式进行估算获得。

对于单斜辉石：

$$D_{Eu^{2+}}^{Cpx-melt} = D_{Sr} \exp\left[\frac{-910.17E^{2+}(0.01255r_0^{2+} + 0.01575)}{T}\right] \tag{6.39}$$

$$D_{Eu^{3+}}^{Cpx-melt} = D_{Sm} \exp\left[\frac{-910.17E^{3+}(0.01394r_0^{3+} + 0.01495)}{T}\right] \tag{6.40}$$

其中

$$r_0^{2+} = 0.974 + 0.067X_{Ca(M2)} - 0.051X_{Al(M1)} + 0.06[Å]$$

$$r_0^{3+} = r_0^{2+} - 0.06[Å]$$

$$E^{2+} = \frac{2}{3}(318.6 + 6.9P - 0.036T)[GPa]$$

$$E^{3+} = 1.5E^{2+}[\text{GPa}]$$

式中，$X_{\text{Ca(M2)}}$ 和 $X_{\text{Al(M1)}}$ 为单斜辉石中 M2 和 M1 位置的 Ca、Al 原子分数；$P$ 为压力，GPa；$T$ 为温度，K。

对于斜方辉石：

$$D_{\text{Eu}^{2+}}^{\text{Opx-melt}} = D_{\text{Sr}} \exp\left[\frac{-910.17E^{2+}(0.01175r_0^{2+}+0.01381)}{T}\right] \tag{6.41}$$

$$D_{\text{Eu}^{3+}}^{\text{Opx-melt}} = D_{\text{Sm}} \exp\left[\frac{-910.17E^{3+}(0.01048r_0^{3+}+0.00998)}{T}\right] \tag{6.42}$$

其中

$$r_0^{2+} = 0.753+0.118\text{Al}^{\text{tot}}+0.144\text{Ca}+0.08[\text{Å}]$$

$$r_0^{3+} = r_0^{2+}-0.08[\text{Å}]$$

$$E^{2+} = 240[\text{GPa}]$$

$$E^{3+} = 360[\text{GPa}]$$

式中，$\text{Al}^{\text{tot}}$ 和 Ca 是斜方辉石分子式（6 个 O）中 Al、Ca 的原子数；$T$ 为温度，K。

该氧逸度计适用的氧逸度范围为 FMQ-5 到 FMQ+6，温度范围为 1275～1300℃。另外，Fabbrizio 等（2021）提出了以下估算 $f_{\text{O}_2}$ 的 5 个步骤：①测量辉石中主要元素的组成；②测定辉石–熔体（或基质）之间 Sr、Eu 和 Sm 的分配系数；③使用适当的辉石温度计和压力计估计 $T$ 和 $P$；④采用式（6.39）～式（6.42）估算 $D_{\text{Eu}^{2+}}$ 和 $D_{\text{Eu}^{3+}}$；⑤通过式（6.38）计算 $f_{\text{O}_2}$。利用该氧逸度计获得有意义结果的重要条件是仅应使用代表辉石和共存熔体之间真实平衡的成分和 $D$ 值。

## 6.3.6　玄武岩和橄榄岩 $\text{Zn/Fe}_{\text{T}}$ 和 V/Sc 氧逸度计

玄武岩从熔融到喷发过程会经历广泛的分离结晶和同化混染作用，在此过程中氧逸度会发生很大改变，所以玄武岩现存的氧逸度不能代表其原始熔融时的氧逸度。Lee 等（2010）利用 Zn/Fe 比值研究了玄武岩熔融时的氧逸度状态。在很大的氧逸度变化范围内 Fe 以 $\text{Fe}^{2+}$ 和 $\text{Fe}^{3+}$ 两种价态存在，而 Zn 只以 $\text{Zn}^{2+}$ 存在。在尖晶石相地幔橄榄岩熔融过程中 $\text{Fe}^{2+}$ 和 Zn 的行为相似，但 $\text{Fe}^{3+}$ 比 $\text{Fe}^{2+}$ 更不相容。橄榄岩中大部分 Zn 和 Fe 都赋存在橄榄石和斜方辉石中，而 $\text{Zn/Fe}^{2+}$ 在橄榄石、斜方辉石和玄武质熔体间分异不明显，同时单斜辉石和尖晶石对 $\text{Zn/Fe}^{2+}$ 的分异具有补偿性。因此，$\text{Zn}^{2+}$ 和 $\text{Fe}^{2+}$ 在橄榄岩熔融时的地球化学行为很相似，Zn 和 $\text{Fe}^{2+}$ 在橄榄岩和熔体间的分配系数比约等于 1，即 $K_{D\,\text{Zn/Fe}^{2+}}^{\text{peridotite/melt}} \approx 1$。

在低氧逸度条件下，Fe 大部分以 $\text{Fe}^{2+}$ 形式存在，$\text{Fe}^{3+}/\text{Fe}_{\text{T}}$ 比值很低，所以橄榄岩部分熔融以及橄榄石结晶分离均不造成 $\text{Zn/Fe}_{\text{T}}$ 比值变化。在高氧逸度条件下（$\text{Fe}^{3+}/\text{Fe}_{\text{T}}$ 比值高），由于 $\text{Fe}^{3+}$ 在橄榄石等硅酸盐矿物中是不相容的，在部分熔融过程或者分离结晶过程中 $\text{Zn/Fe}_{\text{T}}$ 将会分异。这样初始玄武岩熔体的 $\text{Fe}^{3+}/\text{Fe}_{\text{T}}$ 和 $\text{Zn/Fe}_{\text{T}}$ 之间可构建如下数字联系（Lee et al., 2010）：

$$(\text{Fe}^{3+}/\text{Fe}_{\text{T}})_{\text{melt}} \approx 1-\frac{(\text{Zn/Fe}_{\text{T}})_{\text{melt}}}{(\text{Zn/Fe}_{\text{T}})_{\text{peridotite}}} \tag{6.43}$$

地幔尖晶石相橄榄岩的 $Zn/Fe_T$ 比值为一常数，所以初始玄武岩熔体（无或者轻微橄榄石结晶分异）的 $Fe^{3+}/Fe_T$ 比值可用其中的 $Zn/Fe_T$ 比值标定。这样就可根据 $Fe^{3+}/Fe_T$ 比值计算出地幔熔融时的氧逸度（图 6.3）。需要注意的是，该氧逸度计只适用于尖晶石相橄榄岩的熔融体系。而且，由于橄榄石、辉石分离结晶会使 $Zn/Fe_T$ 比值发生变化，$Zn/Fe_T$ 氧逸度计对于经历了高程度结晶分异的玄武岩是不适用的。

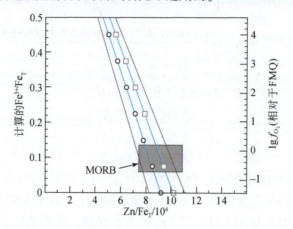

图 6.3　初始玄武岩熔体 $Fe^{3+}/Fe_T$ 和 $Zn/Fe_T$ 比值关系图

图中虚线是根据式 (6.43) 和不同初始参数 ($Zn/Fe_T$、$Zn/Fe^{2+}$ 分配系数、橄榄岩 $Fe^{3+}/Fe_T$ 比值)
计算的模拟线。修改自 Lee 等 (2010)

　　如前所述，V 是能灵敏反映氧逸度变化的变价元素。V 和 Sc 在地幔部分熔融过程中的地球化学行为相似，都是中等不相容元素，但 Sc 的分配系数和氧逸度无关。另外，岩浆早期结晶矿物主要是橄榄石，V 和 Sc 在橄榄石中都是高度不相容元素。因此，尽管岩浆早期分离结晶作用会改变熔体的 V、Sc 含量，但 V/Sc 比值几乎保持不变（也就是可以反映原始熔体的信息），因此可以采用 V/Sc 比值研究玄武岩源区的氧逸度。Lee 等 (2005) 系统研究了玄武岩和橄榄岩 V/Sc 比值与氧逸度的关系，给出了相应的判定图解（图 6.4）。

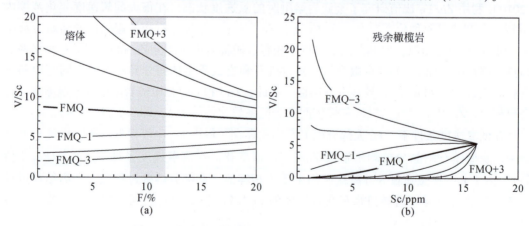

图 6.4　玄武岩和橄榄岩 V/Sc 比值与氧逸度判定图解

（a）尖晶石二辉橄榄岩熔融时熔体 V/Sc-F 变化与氧逸度的关系；（b）橄榄岩残余体 V/Sc-Sc
变化与氧逸度的关系。引自 Lee 等 (2005)

## 6.4　微量元素地质速率计

地质速率计（geospeedometry）是利用矿物内元素的扩散剖面来定量刻画变质岩或岩浆岩所经历热事件时间信息的一种方法。这一术语最早出现在 1983 年（Lasaga，1983）。初期的研究主要集中在橄榄石的 Fe-Mg 扩散。近年来，LA-ICP-MS 等原位分析技术的快速发展，使得地质学家可以精确刻画单矿物尺度内微量元素含量的变化，也促进了地质速率计的快速发展。

地质速率计是利用元素扩散理论建立的。根据菲克第一定律，扩散通量（$J$；在单位时间内通过垂直于扩散方向的单位截面积的扩散物质流量）与该截面处的浓度梯度成正比，也就是说，浓度梯度越大，扩散通量越大（1.3 节）。菲克第一定律只适用于稳态扩散（steady-state diffusion）。实际上，自然界大多数扩散过程都是非稳态扩散（nonsteady-state diffusion），即在扩散过程中，浓度（$C$）和 $J$ 都随时间（$t$）变化。对于非稳态扩散，可以用菲克第二定律描述，即 $\frac{\partial C}{\partial t} = D\frac{\partial^2 y}{\partial x^2}$。这样就将元素的浓度变化和时间（$t$）建立了联系，从而就可以确定该扩散过程的持续时间。菲克第二定律方程是一个超越方程，但是给定扩散初始及边界条件后，可以利用有限差分法对其求解：

$$C = C_0 + \frac{(C_1 - C_0)}{2}\left[\operatorname{erfc}\left(\frac{x}{2\sqrt{D_i t}}\right)\right]$$

Till 等（2015）利用黄石火山岩中透长石斑晶的微量元素扩散剖面限定了岩浆房活化与火山喷发之间的时间间隔。岩浆房活化会使原有矿物晶体（如透长石）生长出成分不同的生长边，形成核-边变化结构 [图 6.5（a）（b）]。在核-边结构刚形成而扩散未开始时，微量元素的剖面变化是截然的 [图 6.5（c），$T_0$ 时刻]。随着时间推移，元素会在

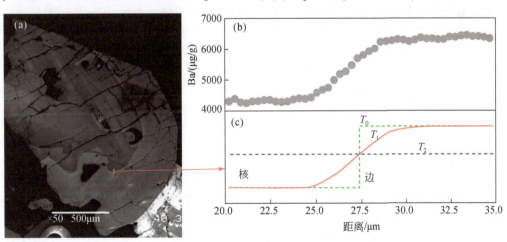

图 6.5　黄石火山岩中透长石斑晶的微量元素扩散剖面

（a）透长石斑晶及测定剖面位置；（b）微量元素 Ba 的扩散剖面；（c）微量元素扩散随时间变化示意图。$T_0$ 为扩散刚开始时刻的剖面形态，$T_1$ 为扩散经历过一定时间（$t$）后的剖面形态，$T_2$ 为最终扩散平衡后的剖面形态。修改自 Till 等（2015）

核–边间扩散，经过一定时间后会形成特定的微量元素剖面变化模式 ［图 6.5（c），$T_1$ 时刻］。因此，利用微区微量元素分析技术精确测定出微量元素含量的剖面变化便可根据扩散系数限定扩散时间（$T_1$）。具体做法是：从实测元素剖面图平台期元素含量得出扩散开始时（$T_0$）核和边的微量元素含量（$C_0$ 和 $C_1$）。利用阿伦尼乌斯公式 $D_i = D_0 e^{\left(\frac{E}{RT}\right)}$ 计算出温度校正后的元素扩散系数（$D_i$），然后根据公式 $C = C_0 + \dfrac{(C_1 - C_0)}{2}\left[\mathrm{erfc}\left(\dfrac{x}{2\sqrt{D_i t}}\right)\right]$ 限定出末次岩浆生长事件和火山喷发事件的时间间隔。

## 思 考 题

1. 微量元素地质温度计、压力计、氧逸度计涉及的热力学原理有哪些？
2. 如何利用微量元素的方法研究花岗质岩体的形成温度、压力及氧逸度？
3. 如何评估使用不同温度计和压力计所得到的不同结果？

## 参 考 文 献

高晓英，郑永飞，2011. 金红石 Zr 和锆石 Ti 含量地质温度计. 岩石学报，27（2）：417-432.

李小艳，石学法，程振波，等，2008. 表层海水古温度再造方法的研究进展. 海洋科学进展（4）：512-521.

韦刚健，李献华，1996. 高分辨率古海水温度记录——珊瑚 Sr/Ca 比值. 矿物岩石地球化学通报，15（1）：18-21.

韦刚健，孙敏，1998. 珊瑚中微量铀的 ID-ICP-MS 高精度测定及其在珊瑚 U/Ca 温度计研究中的应用. 地球化学，27（2）：125-131.

韦刚健，余克服，赵建新，2004. 雷州半岛中晚全新世造礁珊瑚 Sr/Ca 比值的表层海水温度记录. 科学通报，49（17）：1770-1775.

Arató R, Audétat A, 2017. Experimental calibration of a new oxybarometer for silicic magmas based on vanadium partitioning between magnetite and silicate melt. Geochimica et Cosmochimica Acta, 209：284-295.

Bea F, Montero P, Garuti G, et al., 1997. Pressure-dependence of rare earth element distribution in amphibolite- and granulite-grade garnets: a LA-ICP-MS study. Geostandards and Geoanalytical Research, 21（2）：253-270.

Canil D, 1997. Vanadium partitioning and the oxidation state of Archaean komatiite magmas. Nature, 389（6653）：842-845.

Canil D, 1999. The Ni-in-garnet geothermometer: calibration at natural abundances. Contributions to Mineralogy and Petrology, 136：240-246.

Canil D, 2002. Vanadium in peridotites, mantle redox and tectonic environments: archean to present. Earth and Planetary Science Letters, 195（1-2）：75-90.

Canil D, Fedortchouk Y J T C M, 2001. Olivine-liquid partitioning of vanadium and other trace elements, with applications to modern and ancient picrites. Canadian Mineralogist, 39（2）：319-330.

Creighton S, 2009. A semi-empirical manganese-in-garnet single crystal thermometer. Lithos, 112：177-182.

De Hoog J C M, Gall L, Cornell D H, 2010. Trace-element geochemistry of mantle olivine and application to mantle petrogenesis and geothermobarometry. Chemical Geology, 270（1-4）：196-215.

Degeling H, 2003. Zr equilibria in metamorphic rocks. Canberra: Australian National University.

Drake M J, 1975. The oxidation state of europium as an indicator of oxygen fugacity. Geochimica et Cosmochimica

Acta, 39 (1): 55-64.

Fabbrizio A, Schmidt M W, Petrelli M, 2021. Effect of $f_{O_2}$ on Eu partitioning between clinopyroxene, orthopyroxene and basaltic melt: development of a $Eu^{3+}/Eu^{2+}$ oxybarometer. Chemical Geology, 559: 119967.

Ferry J M, Watson E B, 2007. New thermodynamic models and revised calibrations for the Ti-in-zircon and Zr-in-rutile thermometers. Contributions to Mineralogy and Petrology, 154 (4): 429-437.

Ghiorso M S, Evans B W, 2008. Thermodynamics of rhombohedral oxide solid solutions and a revision of the Fe-Ti two-oxide geothermometer and oxygen-barometer. American Journal of Science, 308: 957-1039.

Gratz R, Heinrich W, 1997. Monazite-xenotime thermobarometry: experimental calibration of the miscibility gap in the binary system $CePO_4$-$YPO_4$. American Mineralogist, 82 (7-8): 772-780.

Gratz R, Heinrich W, 1998. Monazite-xenotime thermometry. III. Experimental calibration of the partitioning of gadolinium between monazite and xenotime. European Journal of Mineralogy, 10 (3): 579-588.

Holdaway M J, 2001. Recalibration of the GASP geobarometer in light of recent garnet and plagioclase activity models and versions of the garnet-biotite geothermometer. American Mineralogist, 86 (10): 1117-1129.

Kretz R, 1961. Some applications of thermodynamics to coexisting minerals of variable composition. Examples: orthopyroxene-clinopyroxene and orthopyroxene-garnet. Journal of Petrology, 69: 361-387.

Lasaga A C, 1983. Geospeedometry: an extension of geothermometry. Kinetics and Equilibrium in Mineral Reactions: 81-114.

Lee C T, Leeman W P, Canil D, et al., 2005. Similar V/Sc systematics in MORB and arc basalts: implications for the oxygen fugacities of their mantle source regions. Journal of Petrology, 46 (11): 2313-2336.

Lee C T, Luffi P, Le Roux V, et al., 2010. The redox state of arc mantle using Zn/Fe systematics. Nature, 468 (7324): 681-685.

Loucks R R, Fiorentini M L, Henríquez G J, 2020. New magmatic oxybarometer using trace elements in zircon. Journal of Petrology, 61 (3): egaa034.

Mallmann G, O'Neill H S C, 2013. Calibration of an empirical thermometer and oxybarometer based on the partitioning of Sc, Y and V between olivine and silicate melt. Journal of Petrology, 54 (5): 933-949.

Montagna P, McCulloch M, Douville E, et al., 2014. Li/Mg systematics in scleractinian corals: calibration of the thermometer. Geochimica et Cosmochimica Acta, 132: 288-310.

Nimis P, Taylor W R, 2000. Single clinopyroxene thermobarometry for garnet peridotite. Part I. Calibration and testing of a Cr-in-Cpx barometer and and enstatite-in-Cpx thermometer. Contributions to Mineralogy and Petrology, 139: 541-554.

Papike J J, Karner J M, Shearer C K, 2005. Comparative planetary mineralogy: valence state partitioning of Cr, Fe, Ti, and V among crystallographic sites in olivine, pyroxene, and spinel from planetary basalts. American Mineralogist, 90 (2-3): 277-290.

Pyle J M, Spear F S, 2000. An empirical garnet (YAG) -xenotime thermometer. Contributions to Mineralogy and Petrology, 138 (1): 51-58.

Rong Min G, Lawrence Edwards R, Taylor F W, et al., 1995. Annual cycles of in coral skeletons and thermometry. Geochimica et Cosmochimica Acta, 59 (10): 2025-2042.

Seitz H M, Altherr R, Ludwig T, 1999. Partitioning of transition elements between orthopyroxene and clinopyroxene in peridotitic and websteritic xenoliths: new empirical geothermometers. Geochimica et Cosmochimica Acta, 63 (23-24): 3967-3982.

Shearer C K, Papike J J, Karner J M, 2006. Pyroxene europium valence oxybarometer: effects of pyroxene composition, melt composition, and crystallization kinetics. American Mineralogist, 91 (10): 1565-1573.

Sun C, Liang Y, 2015. A REE-in-garnet-clinopyroxene thermobarometer for eclogites, granulites and garnet peridotites. Chemical Geology, 393: 79-92.

Sun C, Liang Y, 2017. A REE-in-plagioclase-clinopyroxene thermometer for crustal rocks. Contributions to Mineralogy and Petrology, 172 (4): 24.

Thomas J B, Bruce Watson E, Spear F S, et al., 2010. TitaniQ under pressure: the effect of pressure and temperature on the solubility of Ti in quartz. Contributions to Mineralogy and Petrology, 160 (5): 743-759.

Till C B, Vazquez J A, Boyce J W, 2015. Months between rejuvenation and volcanic eruption at Yellowstone caldera, Wyoming. Geology, 43 (8): 695-698.

Tomkins H S, Powell R, Ellis D J, 2007. The pressure dependence of the zirconium-in-rutile thermometer. Journal of Metamorphic Geology, 25 (6): 703-713.

Trail D, Watson E B, Tailby N D, 2011. The oxidation state of Hadean magmas and implications for early Earth's atmosphere. Nature, 480 (7375): 79-82.

Wark D A, Watson E B, 2006. TitaniQ: a titanium-in-quartz geothermometer. Contributions to Mineralogy and Petrology, 152 (6): 743-754.

Watson E B, Wark D A, Thomas J B, 2006. Crystallization thermometers for zircon and rutile. Contributions to Mineralogy and Petrology, 151 (4): 413-433.

Wood B J, Blundy J D, 2002. The effect of $H_2O$ on crystal-melt partitioning of trace elements. Geochimica et Cosmochimica Acta, 66 (20): 3647-3656.

Zack T, Moraes R, Kronz A, 2004. Temperature dependence of Zr in rutile: empirical calibration of a rutile thermometer. Contributions to Mineralogy and Petrology, 148 (4): 471-488.

Zhang C, Li X Y, Almeev R R, et al., 2020. Ti-in-quartz thermobarometry and $TiO_2$ solubility in rhyolitic melts: new experiments and parametrization. Earth and Planetary Science Letters, 538.

Ziberna L, Nimis P, Kuzmin D, et al., 2016. Error sources in single-clinopyroxene thermobarometry and a mantle geotherm for the Novinka kimberlite, Yakutia. American Mineralogist, 101 (10): 2222-2232.

# 第7章 微量元素地球化学示踪

微量元素是研究和示踪许多自然和人为过程的有效手段，是解决许多地球科学问题和社会发展问题的有效工具。微量元素地球化学示踪就是根据微量元素在各种研究对象和作用过程中的存在形式、组成特征和分配规律及其控制因素，通过对微量元素含量和形态的准确测试、分析对比和理论计算，刻画和揭示地球乃至行星形成和演化过程中的各种作用和规律（包括地质作用、环境作用、生物作用等），服务于解决人类社会可持续发展所必需的资源、能源、环境和生命健康等社会需求问题。

## 7.1 微量元素地球化学数据的表达

要有效地解释和利用微量元素数据，首先需要将有关数据采用合适的方式进行合理、有效的表达和展示。对微量元素数据最常采用的展示方法包括微量元素组成分布曲线图、微量元素双变量图解和微量元素比值等。

### 7.1.1 微量元素组成分布曲线图

利用微量元素组成分布曲线图可以有效地反映性质相似微量元素之间的分馏作用和程度。最常用的微量元素组成分布曲线图包括：①微量元素多元素分布图（也称微量元素蛛网图，spider diagram）；②稀土元素组成模式图（REE pattern）；③铂族元素组成模式图；④微量元素含量空间分布图。

#### 7.1.1.1 微量元素多元素分布图

微量元素多元素分布图指的是将微量元素按照不相容性大小排序，利用一种参照物质对样品数据归一化处理后作图（图4.12）。用来归一化的参照物质可以根据工作或研究需要选择原始地幔、球粒陨石、洋中脊玄武岩，或者其他地球化学储库（如大陆上地壳），或者特定的岩石或矿物样品。对于玄武岩，通常用原始地幔或者 MORB 的微量元素组成进行归一化，而对于沉积岩（物）则往往采用大陆上地壳微量元素平均值进行归一化。

采用不同的归一化值将产生不同形状的微量元素变化曲线。因此，在使用微量元素多元素分布图时，须明确标示出所采用的归一化值来源。另外，在对微量元素多元素分布图的描述和解释上主要考虑以下4个方面因素：

（1）在流体作用中活动性强的大离子亲石元素（如 Cs、Rb、K、Ba、Sr 等）和活动性弱的高场强元素（Ti、Nb、Ta、Zr、Hf）及稀土元素的地球化学行为差异。前者受流体作用影响大，后者则主要反映源区特征或者熔体作用的影响。

（2）某些特定矿物对一些元素出现相对富集或亏损特征的控制作用，如 Zr 主要受锆石控制，P 主要受磷灰石控制，Sr 主要受斜长石控制，Ti、Nb 和 Ta 主要受 Ti-Fe 氧化物（如金红石、榍石和钛铁矿等）控制，HREE 和 Y 主要受石榴子石控制等。

（3）特定地质作用或地质体特征的微量元素分布形式，如大陆地壳具有特征的 Nb、Ta 负异常和 Pb 正异常，因此可根据玄武岩微量元素多元素分布图解上 Nb、Ta 和 Pb 的特征初步了解玄武岩熔体迁移和喷发过程中受大陆地壳物质混染的程度。

（4）对于沉积物微量元素多元素分布图，主要可以从沉积物源区组成、沉积物中矿物类型（尤其是一些重矿物）以及风化剥蚀和搬运沉积过程中流体对微量元素迁移的影响等方面进行分析和解释。

### 7.1.1.2　稀土元素组成模式图

稀土元素组成模式图是以原子序数排序的元素名称为横坐标，以利用一种参照物质对样品中稀土元素含量进行归一化（即将样品中稀土元素的含量除以参照物质中各稀土元素的含量）后获得的数据为纵坐标作图（通常采用对数坐标），是一种特定的微量元素多元素分布图。用来归一化的参照物质可以根据工作或研究需要选择球粒陨石、某一种地球化学储库（表 7.1），或者特定的岩石或矿物样品。对于稀土元素组成模式图的做法以及影响稀土元素组成的主要因素，在 3.2.2 节已经进行了详细阐述，此处不再赘述。

表 7.1　绘制稀土元素组成模式图时用来归一化的常用储库值

| 稀土元素 | CI 球粒陨石 | | | 原始地幔 | | PAAS | 俯冲沉积物 | 大陆上地壳 |
|---|---|---|---|---|---|---|---|---|
| | TM85 | MS95 | PO14 | MS95 | PO14 | M89 | P14 | RG14 |
| La | 0.367 | 0.237 | 0.241 | 0.648 | 0.683 | 38.2 | 29.1 | 31 |
| Ce | 0.957 | 0.613 | 0.619 | 1.675 | 1.753 | 79.6 | 57.6 | 63 |
| Pr | 0.137 | 0.093 | 0.094 | 0.254 | 0.266 | 8.83 | 7.15 | 7.1 |
| Nd | 0.711 | 0.457 | 0.474 | 1.250 | 1.341 | 33.9 | 27.6 | 27 |
| Sm | 0.231 | 0.148 | 0.154 | 0.406 | 0.435 | 5.55 | 6.00 | 4.7 |
| Eu | 0.087 | 0.056 | 0.059 | 0.154 | 0.167 | 1.08 | 1.37 | 1.0 |
| Gd | 0.306 | 0.199 | 0.207 | 0.544 | 0.586 | 4.66 | 5.81 | 4.0 |
| Tb | 0.058 | 0.036 | 0.038 | 0.099 | 0.108 | 0.774 | 0.92 | 0.7 |
| Dy | 0.381 | 0.246 | 0.256 | 0.674 | 0.724 | 4.68 | 5.43 | 3.9 |
| Ho | 0.085 | 0.055 | 0.056 | 0.149 | 0.160 | 0.99 | 1.10 | 0.83 |
| Er | 0.249 | 0.160 | 0.166 | 0.438 | 0.468 | 2.85 | 3.09 | 2.3 |
| Tm | 0.036 | 0.025 | 0.026 | 0.068 | 0.074 | 0.41 | | 0.3 |
| Yb | 0.248 | 0.161 | 0.169 | 0.441 | 0.477 | 2.82 | 3.01 | 2.0 |
| Lu | 0.038 | 0.025 | 0.025 | 0.068 | 0.071 | 0.43 | 0.46 | 0.31 |

数据来源：TM85 引自 Taylor 和 McLennan（1985）；MS95 引自 McDonough 和 Sun（1995）；PO14 引自 Palme 和 O'Neill（2014）；M89 引自 McLennan（1989）；P14 引自 Plank（2014）；RG14 引自 Rudnick 和 Gao（2014）。PAAS 为后太古宙澳大利亚页岩。对于火成岩等通常采用球粒陨石或者原始地幔值进行归一化处理，对于沉积岩（物）通常采用大陆上地壳或者 PAAS 值进行归一化处理。

稀土元素组成模式图可以直观地展示稀土元素整体分布特征，反映轻、中、重稀土元素之间的分异程度以及是否出现 Ce 和 Eu 异常等。图 7.1 展示了一些不同类型代表性地质样品的稀土元素组成模式图。

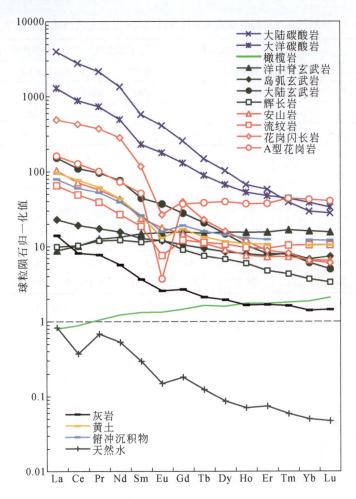

图 7.1　不同类型代表性地质样品中稀土元素组成模式图

球粒陨石值来自 Taylor 和 McLennan（1985）

### 7.1.1.3　铂族元素组成模式图

铂族元素（PGE）包括 Ru、Rh、Pd、Os、Ir、Pt 六个元素，是强亲铜和强亲铁元素（详见 3.3 节和 3.4 节）。基于其组合关系，铂族元素又可以分为 Ir 族元素（IPGE：Os、Ir、Ru）和 Pd 族元素（PPGE：Rh、Pt、Pd）两个亚类，二者的地球化学行为不同。Ir 族元素在地幔熔融过程中表现为相容性特征，而 Pd 族元素则表现为一定的不相容性特征。

铂族元素组成模式图与稀土元素组成模式图类似，一般采用球粒陨石或者原始地幔值进行归一化处理后作图。表 7.2 给出了绘制铂族元素组成模式图时用来进行归一化的常用地球化学储库参数。根据需要，与 PGE 分配系数不同的其他亲铜元素（如 Co、Ni、Cu、

Au、S等）也经常与PGE放在一起进行作图，用于理解亲铜元素的分异演化。铂族元素组成模式图的元素排列顺序一般按照PGE熔点降低的顺序排列或按照亲铜元素分配系数降低的顺序排列（图7.2）。

表7.2　绘制铂族元素组成模式图时用来进行归一化的常用地球化学储库参数

| 分类 | 熔点变化 | 元素 | 单位 | 球粒陨石 | | 原始地幔 | | 亏损地幔 | 大陆地壳 |
|---|---|---|---|---|---|---|---|---|---|
| | | | | AG89 | PO14 | MS95 | PO14 | SS04 | RG14 |
| | | Ni | μg/g | 11000 | 10910 | 1960 | 1860 | 1960 | 59 |
| | | Cu | μg/g | 126 | 133 | 30 | 20 | 30 | 27 |
| Ir族元素 | 熔点降低 | Os | ng/g | 486 | 495 | 3.4 | 3.9 | 2.99 | 0.041 |
| | | Ir | ng/g | 481 | 469 | 3.2 | 3.5 | 2.9 | 0.037 |
| | | Ru | ng/g | 712 | 690 | 5.0 | 7.4 | 5.7 | 0.6 |
| Pd族元素 | | Rh | ng/g | 134 | 132 | 0.9 | 1.2 | 1.0 | / |
| | | Pt | ng/g | 990 | 925 | 7.1 | 7.6 | 6.2 | 1.5 |
| | | Pd | ng/g | 560 | 560 | 3.9 | 7.1 | 5.2 | 1.5 |
| | | Au | ng/g | 140 | 148 | 1.0 | 1.7 | 1.0 | 1.3 |
| | | Re | ng/g | 36.5 | 40 | 0.28 | 0.35 | 0.157 | 0.188 |

数据来源：AG89引自Anders和Grevesse（1989）；PO14引自Palme和O'Neill（2014）；MS95引自McDonough和Sun（1995）；SS04引自Salters和Stracke（2004）；RG14引自Rudnick和Gao（2014）。

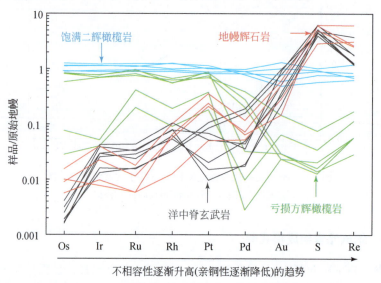

图7.2　地幔橄榄岩、辉石岩和洋中脊玄武岩的代表性亲铜元素地幔归一化图

饱满的二辉橄榄岩具有与原始地幔类似的亲铜元素特征。随着部分熔融进行，不相容的亲铜元素（如Pd、Au、S等）会进入岩浆，造成残余的方辉橄榄相对亏损这些元素；而IPGE得以保存。相反，幔源熔体及其演化产物（如辉石岩和洋中脊玄武岩）则极度亏损IPGE，而逐渐富集不相容亲铜元素。地幔橄榄岩和辉石岩数据引自Fischer-Gödde等（2011）、Wang和Becker（2015），洋中脊玄武岩数据引自Dale等（2008）、Jenner和O'Neill（2012）、Rehkämper等（1999）

Os、Ir、Ru（IPGE）等元素易形成难熔的合金，在地幔中相对稳定，表现出强相容性特征（Lorand and Luguet，2016），而 Pd、Au、Cu、S 等元素在高度熔融过程中会因为硫化物耗尽而进入岩浆。因此，在地幔部分熔融过程中，Pd、Au、Cu 等元素表现出弱不相容性，相对于强相容性的 IPGE 优先进入硅酸熔体中，而在地幔源区出现亏损（Fischer-Gödde et al.，2011）。地幔部分熔融过程不仅会导致地幔橄榄岩亲铜元素含量的亏损，还会导致它们之间比值的变化，如 Pd/Ir 比值降低。橄榄岩或幔源岩浆中铂族元素等亲铜元素组成模式图可以直观地反映不同元素含量及其比值的变化（图 7.2），从而有效识别地幔部分熔融作用、交代作用、岩浆硫化物饱和历史等重要的地质过程（Wang et al.，2013；Wang et al.，2019）。

#### 7.1.1.4　微量元素含量空间分布图

为了精细展示某个微量元素在所研究对象中的空间分布特征，可以绘制该元素的一维或者二维含量变化图。这类图主要有两种：

（1）微米–亚微米尺度的单矿物（以及生物壳体、植物等）微量元素含量空间分布图 [图 7.3（a）（b）]。LA-ICP-MS、EMPA、SIMS 等微区原位高精度微量元素分析技术的发展为该类微量元素组成空间分布图的广泛应用提供了可能。利用微区原位高精度微量元素分析技术对单矿物进行面扫描分析或者剖面分析，根据微量元素空间变化特征可以非常直观地识别矿物生长环带，揭示重要的地质事件或者复杂的地质作用过程（如岩浆混合作用等；Yu et al.，2018）。如宗克清等（2006）对中国大陆科学钻探工程主孔榴辉岩的研究发现主量元素均一的石榴子石和绿辉石具有明显的微量元素组成环带，这些微量元素环带记录了榴辉岩在折返过程中可能经历的快速增温作用。

（2）厘米–米尺度的地层等地质体的微量元素含量空间分布图 [图 7.3（c）] 和米–千米尺度的化探用微量元素空间分布异常图。这类图解不需要微区原位分析技术，仅需要对所研究的地质样品沿垂直地层方向系统采样或者对研究区按照一定间隔进行网格采样，通过电感耦合等离子体质谱（ICP-MS）或者其他全岩微量元素分析技术即可实现。

## 7.1.2　微量元素双变量图解

双变量图解是将两个微量元素含量或者比值对其中一个元素或其他元素作散点图。这种图解的使用非常普遍，可用来反映火成岩演化作用（包括部分熔融作用、结晶作用、混合和同化混染作用）、判别构造环境、揭示源区性质等。一般从以下三个角度考虑选择作图用的微量元素：

（1）在所研究的地质作用过程中两个微量元素的地球化学性质相近，如不相容性非常相似的 Nb 和 Ta。研究岩浆演化过程时，选择不相容性相近的两个强不相容微量元素作图可以用来揭示原始岩浆或者原岩的信息，或者反映控制火成岩微量元素变化的主要作用过程（如 La 和 Sm；详见 7.2.2 节）；研究成岩构造背景或者进行变质岩原岩恢复时，则要选择高度不活动元素以消除后期次生作用的影响（如 Cr、Ni、Ti、Zr、Nb 等；详见 7.2.3 节）（Condie，2005）。

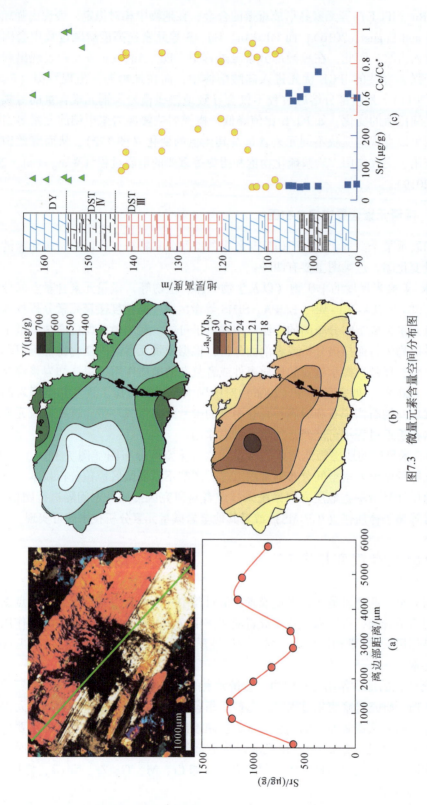

图7.3 微量元素含量空间分布图

(a)浙江桐庐二长岩中长石英二长岩斜长石Sr含量剖面变化图，修改自Yu等(2018)；(b)华北克拉通东南部下地壳包体榴辉石微量元素含量空间分布图，修改自Guo等(2014)；(c)秭归九龙湾剖面陡山沱组第四段和第三段地层Sr含量变化图；DY为灯影组，DST Ⅲ为陡山沱组第三段，DST Ⅳ为陡山沱组第四段，修改自Liu等(2021b)

（2）在所研究的地质作用过程中两个微量元素的地球化学行为或者主要控制因素截然不同。选择地球化学行为截然不同的两个微量元素作图可以有效区分不同的地质作用过程、不同的主控矿物或者不同性质的熔体（或流体）。该种图解的典型代表是中酸性火成岩 Sr/Y-Y 变化图。岩浆岩中 Sr 的行为主要受斜长石控制，而 Y 的行为则主要受控于是否出现石榴子石。因此，采用 Sr/Y-Y 变化图可以有效识别在石榴子石稳定域形成的埃达克岩（相对高压环境）和在斜长石稳定域形成的正常岛弧火山岩（相对低压环境）（图 7.4）。

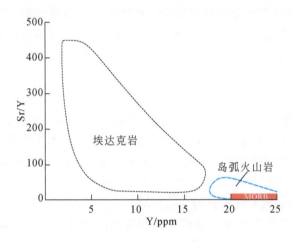

图 7.4　区分埃达克岩和典型岛弧火山岩的 Sr/Y-Y 图解
修改自 Defant 和 Drummond（1990）

（3）选择主要受某种造岩矿物（或者地质作用）控制的主量元素和与该元素性质相似的微量元素或对该矿物（或者地质作用）敏感的微量元素比值作图。选择在岩浆作用过程中地球化学行为相似（或者有类质同象替换关系）的主量和微量元素作图可以有效判别岩浆作用程度的影响（如分离结晶作用或者部分熔融作用）或者判别岩浆作用中出现的主要矿物，如选择 Ni-MgO 作图可以识别与橄榄石有关的分离结晶作用程度，选择 Sr-CaO 或者 $Eu^*$-CaO 作图可以识别与斜长石有关的分离结晶作用程度。

## 7.1.3　微量元素比值

诸多地质作用过程都会影响微量元素的绝对含量，因此单凭元素含量的高低有时难以提取出有效信息。利用两个地球化学性质相同或相异的微量元素作比值能够有效消除或者凸显某些作用过程的影响，反映更深层次的地质问题或者地质体的原始信息。从 20 世纪 80 年代开始，元素含量比值在地球化学研究各个领域得到了广泛应用，比如 La/Yb、Ce/Pb、Nb/Ta 等不相容元素比值在识别地幔岩浆源区与过程以及壳幔组成与演化作用等方面的应用（Hofmann et al.，1986；Jochum et al.，1991；Weaver，1991）。元素比值的主要做法包括：①利用两个元素的含量直接作比值；②将这两个元素的含量采用某一种地球化学储库值归一化处理后作比值；③将实测的元素含量和根据微量元素多元素分布图上相邻元素计算的理论值作比值（如常用的 Ce、Eu 异常等）。应用好微量元素比值的重要前提就是熟练掌握元素的地球化学性质，以及了解不同地质作用或过程如何影响这些元素比值。

地球化学工作者可以针对研究的地质过程或对象，根据不同微量元素的地球化学性质，灵活地选择或设计不同的微量元素比值。在利用微量元素比值时，可以从以下 4 个方面考虑选择元素。

（1）在岩浆作用过程中不相容性相近的元素。熔体中微量元素含量会随部分熔融程度（高度不相容元素）和结晶分异程度（高度相容元素）的轻微增加而发生显著变化（可达几个数量级），但是对于两个分配系数接近的高度不相容微量元素，它们在分离结晶过程中的比值则会基本保持稳定。因此，在揭示原始岩浆或其源区信息时可以选择那些不相容性接近的高度不相容微量元素（如 Nb/Ta、La/Sm、Y/Yb 等）。

（2）在特定作用过程中地球化学行为不同的高度不相容元素（如 LILE/HFSE、LREE/HFSE、LREE/HREE）。大离子亲石元素和高场强元素在玄武岩体系中都是高度不相容元素，但在地表富水流体中的行为不同。因此，Weaver（1991）采用 LILE/HFSE 比值来识别再循环蚀变洋壳和陆壳物质在洋岛玄武岩地幔源区中的贡献。

（3）岩浆作用中分别受不同矿物控制的元素（如 Cr/Ni、Ge/Si 等）。Cr 和 Ni 都是不相容元素，但二者在岩浆分离结晶过程中分别主要受辉石和橄榄石控制。因此，利用 Cr/Ni 比值可以识别辉石或者橄榄石的结晶作用。

（4）地球化学行为受物理化学条件影响程度不同的微量元素（如 Y/Yb、V/Sc）。由于压力对 Y 和 Yb 在石榴子石中分配系数的差异影响，利用玄武岩 Y/Yb 比值可以反映地幔熔融深度；V 和 Sc 在地幔部分熔融过程中的地球化学行为相似，但 V 是变价元素，其分配系数和价态（氧逸度）有关，因此利用玄武岩 V/Sc 比值可以研究地幔氧逸度。

# 7.2　微量元素地球化学示踪：原理与实例

微量元素在地球系统中不是孤立和固定的，它们参与各种地质、地球化学作用。作用过程中体系的物理化学条件改变、组成物质的质量迁移等，必然会在特定地质体的微量元素组成模式打上该作用的"烙印"。因此，通过对特定地质体的微量元素组成分析，可用来反演和解析该地质体的起源、演化以及所经历复杂地质作用的条件等。本节通过一系列研究实例介绍如何利用微量元素进行地球化学示踪研究。

## 7.2.1　地球形成与演化

### 7.2.1.1　地球晚期增生与水的起源

地球是太阳系中唯一充满生机的行星，其中水起着关键作用。地球上富含水，"地球上的水是什么时候出现的？又从何而来？"一直是地球宜居环境形成相关的重大前沿科学问题。地球晚期增生阶段发生了地月大碰撞，诱发了岩浆海，促成了地核的最终形成。地月大碰撞能量很高，可能不利于强挥发性水的保存，那么地球上的水是否主要起源于地月大碰撞之后呢？地月大碰撞之后（也就是地核形成后）加入地球的增生物质是否富含水？是否提供了地球上大部分的水？高度亲铁元素（highly siderophile elements，HSE）对回答这些问题发挥了重要作用。

硅酸盐地球（金属地核以外的部分）中亲铁元素的丰度是行星增生和核幔分异的结果，因此是解译地球增生和核幔分异的关键基础数据。在核幔分异过程中，亲铁元素按照金属-硅酸盐分配系数定量地在地核和硅酸盐地球中进行分配。不同亲铁元素具有不同的分配系数，因而会不同程度地进入地核，使这些元素在硅酸盐地球中表现出不同程度的亏损（Jones and Drake，1986；Righter et al.，2010；Siebert et al.，2011；Wood et al.，2014）。铂族元素（PGE）、Re 和 Au 等 8 个元素在金属和硅酸盐岩浆中的分配系数非常高（高达 10000 或更高），因此被称为高度亲铁元素（Jones and Drake，1986；Kimura et al.，1974；O'Neill et al.，1995）。大量数据表明，这些高度亲铁元素在硅酸盐地球中的丰度大部分非常低，只有几 ng/g。然而，它们的丰度只比建造地球的球粒陨石亏损 200 倍左右，并不是由分配系数预测的亏损 10000 倍，而且绝大多数 HSE 比值和 Os 同位素与球粒陨石相当（Becker et al.，2006；Meisel et al.，2001）。尽管更多的高温高压实验数据表明，随着核幔分异压力升高，高度亲铁元素的分配系数会显著降低，但是这仍然无法解释硅酸盐地球的 HSE 丰度（Brenan and McDonough，2009；Mann et al.，2012）。此外，在核幔分异过程中，8 个 HSE 之间的分配系数存在显著差异，因此核幔分异也难以解释硅酸盐地球中类似球粒陨石的 HSE 比值（Mann et al.，2012；Walker，2009）。

后期薄层增生模型（late veneer）由此被提出来用于解释 HSE 在硅酸盐地球的丰度及其比值特征（Chou，1978；Walker，2009；Wänke，1981）。即在约 4.5Ga 前，地月大碰撞和核幔分异完成后，地球质量 99.5% 的物质已经形成，随后地球质量 0.5%±0.2% 类似球粒陨石的增生物质加入硅酸盐地球，不再进入地核，这被称为后期薄层增生过程。这个过程能够有效解释 HSE 在硅酸盐地球的丰度及其比值（图 7.5），目前得到大多数科学家的认可（Mann et al.，2012；Walker，2009）。

与 HSE 类似，硒（Se）和碲（Te）在地球成核过程中也具有高度亲铁的性质（Rose-Weston et al.，2009）。也就是说，硅酸盐地球中的 Se、Te 与 HSE 一样，主要来自地球地核形成后的薄层增生物质。但是，在太阳星云冷凝过程中，HSE 是难熔性元素，而 S、Se、Te 的冷凝温度较低，属于中度挥发性元素。因此，S、Se、Te 在硅酸盐地球中的丰度和比值也主要反映地核形成后增生物质的成分，特别是其挥发性组分（图 7.5），从而有助于认识地球水的起源。基于全球的地幔橄榄岩，Wang 和 Becker（2013）估算了硅酸盐地球中的 S、Se、Te 的丰度，发现其比值与碳质球粒陨石一致，而显著不同于其他类型的陨石（图 7.6）。而且由于 S、Se、Te 在核幔分异过程中的分配系数存在差异（Rose-Weston et al.，2009），它们在硅酸盐地球中与碳质球粒陨石类似的比值不能由核幔分异解释，进一步说明 Se 和 Te 主要是后期薄层增生物质带来的。与 HSE 一样，Se 和 Te 均来自后期薄层加入地幔的物质，但是它们的挥发性程度不同。因此，根据 Se/Ir 和 Te/Ir 比值（即挥发性与难熔性高度亲铁元素比值），就可以判断后期薄层增生物质的挥发性元素亏损程度（图 7.6）。结果表明，后期薄层增生物质的挥发性元素比 CI 碳质球粒陨石略微亏损，接近于 CM 类型的碳质球粒陨石（Wang and Becker，2013）。CM 碳质球粒陨石与 CI

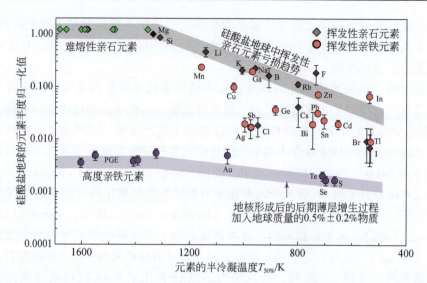

图 7.5　硅酸盐地球的元素丰度 CI 碳质球粒陨石和 Mg 含量归一化值随冷凝温度（$T_{50\%}$）变化图

难熔性高度亲铁元素（以 PGE 为代表）在硅酸盐地球中的丰度值比难熔性亲石元素亏损约 200 倍，而且其比值与球粒陨石相当，不能由平衡的核幔分异解释。HSE、S、Se 和 Te 等元素主要反映了后期薄层增生过程（紫色），其加入的物质主要为挥发性元素弱亏损的碳质球粒陨石。其他亲铁元素（如挥发性亲铁元素）分配系数低于 HSE，主要反映地球主体增生阶段的过程。修改自 Wang 等（2016）

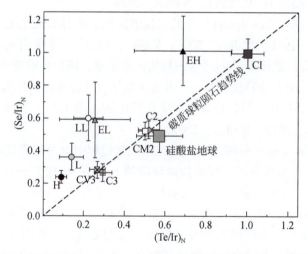

图 7.6　硅酸盐地球和各类球粒陨石的 Se/Ir 和 Te/Ir 比值归一化图（归一化到 CI 碳质球粒陨石）

硅酸盐地球的比值与类型 2 碳质球粒陨石类似（C2，CM2），高于类型 3 的碳质球粒陨石（CV3、C3）。但是该比值显著不同于普通球粒陨石（H、L 和 LL）和顽火辉石球粒陨石（EH 和 EL）。Se 和 Te 代表中度挥发性元素，Ir 代表难熔性高度亲铁元素，其比值能够反映后期薄层增生物质中挥发性成分的亏损程度。修改自 Wang 和 Becker（2013）

陨石同样富含水（高达 10%）等挥发分（Alexander et al., 2012）。因此，S、Se、Te 在硅酸盐地球中的丰度和比值表明，地核形成之后最晚期增生的物质（即后期薄层增生物质）可能类似于挥发性元素弱亏损的碳质球粒陨石，该物质能够提供地球上大部分的水（Wang and Becker，2013）。该认识与氢和氮同位素指示地球的水可能来自碳质球粒陨石的研究结果一致（Saal et al.，2013）。这一研究有效约束了地球上水起源的可能时间和过程，丰富了人们对地球晚期增生演化的认识。

从以上内容可以看出，通过高度亲铁元素的丰度及其比值，我们就能够识别出地月大碰撞之后最晚期增生的过程及其挥发性成分。其实，大多数亲铁元素在核幔分异过程中的分配系数远低于高度亲铁元素，它们在硅酸盐地球中的亏损程度主要受控于地球更早阶段的增生过程。而且元素的亲铁性会随着温度、压力、氧逸度和岩浆成分等多种因素变化。因此，通过具有不同亲铁性的元素，结合高温高压实验，我们可以有效认识地球不同增生阶段的过程及其相关的物质组成（Corgne et al.，2008；Dauphas，2017；Siebert et al.，2011；Wang et al.，2016；Wood，2008；Wood et al.，2006）。

### 7.2.1.2　地幔部分熔融作用与交代作用

地幔部分熔融作用与交代作用是影响地幔地球化学组成和演化最重要的两种作用，尤其是对于不相容微量元素组成的影响尤为显著。地幔部分熔融作用是核幔分异之后地球内部分异演化最重要的作用过程。通过地幔部分熔融作用形成各种幔源岩浆活动，使地幔亏损不相容元素；与部分熔融作用相反，地幔交代作用则会使地幔中不相容元素出现选择性富集。地幔部分熔融作用和交代作用的叠加形成了具有特定地球化学特征的各种地幔端元（详见4.3节）。

稀土元素组成受后期次生作用影响弱，常常被用来研究地幔部分熔融程度和交代作用。尖晶石相地幔部分熔融过程中，稀土元素整体是不相容的，而且不相容性随着原子序数增加而降低，随着部分熔融程度增加，稀土元素亏损程度增大，轻重稀土元素分异程度增强［稀土元素总含量和（La/Yb）$_N$、（La/Sm）$_N$值都降低］。相反，地幔交代作用则会引起轻稀土元素相对富集，但对重稀土元素往往影响很小。因此，不同程度地幔交代作用与地幔熔融作用的叠加就可能导致橄榄岩稀土元素组成模式图呈现"V"形特征（图7.7）。由于重稀土元素和 Y 受地幔交代作用叠加改造的影响比较小，可以利用重稀土元素和 Y 的变化估算地幔部分熔融程度（Norman，1998）。

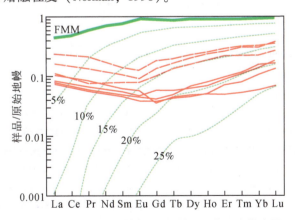

图 7.7　橄榄岩原始地幔归一化稀土元素组成模式图

FMM 为富集洋中脊型地幔（fertile MOR mantle）。绿色点虚线为 FMM 发生不同程度部分熔融后的残余地幔（数字为部分熔融程度）。红色线条是受到交代作用改造的两类橄榄岩样品（虚线：二辉橄榄岩；实线：方辉橄榄岩）。修改自 Uysal 等（2014）

除了一些由交代作用形成的矿物（如角闪石、磷灰石等），单斜辉石和石榴子石是地幔岩石中不相容微量元素的主要载体矿物，因此是利用微量元素组成特征揭示地幔熔融作用与交代作用的主要研究对象。交代作用在地幔橄榄岩中很常见，引起交代作用的介质可以是富水流体、硅酸盐熔体和碳酸盐熔体。在不同构造环境，交代介质的差异可以导致受交代后的地幔橄榄岩表现出不同的微量元素组成特征。对于尖晶石相橄榄岩而言，其中的单斜辉石是不相容微量元素的主要载体（Yamamoto et al., 2009）。而且，单斜辉石与不同性质熔体平衡共存时的微量元素分配特征有很大差异（图2.10），有些元素对（如Zr-Hf、Ti-Eu）在单斜辉石–硅酸盐熔体体系中具有非常相似的不相容性，但在单斜辉石–碳酸盐熔体体系中则表现出显著差异；有些元素（如Nb、La）在单斜辉石–硅酸盐熔体体系中的行为表现出较大差异，但在单斜辉石–碳酸盐熔体体系中则具有相似的不相容性。同时，与硅酸盐熔体相比，典型幔源碳酸岩往往具有更显著的轻稀土元素富集特征［表现为高$(La/Yb)_N$值］。因此，可以利用Ti/Eu、Zr/Hf（或者Nb/Ta、Nb/La）并结合$(La/Yb)_N$的变化特征示踪和识别地幔碳酸盐熔体交代作用（刘勇胜等，2019）。橄榄岩中单斜辉石Ti/Eu-$(La/Yb)_N$图是区别硅酸盐熔体交代作用和碳酸盐熔体交代作用的有效图解，而结合单斜辉石Ti/Eu-$^{87}Sr/^{86}Sr$图则可以有效识别交代碳酸盐熔体介质的来源（图7.8）。碳酸盐沉积物再循环作用引起的碳酸盐熔体交代作用以低Ti/Eu、高$^{87}Sr/^{86}Sr$比值为特征，与软流圈地幔来源碳酸盐熔体有关的交代作用则应以低Ti/Eu、低$^{87}Sr/^{86}Sr$比值为特征（刘勇胜等，2021）。

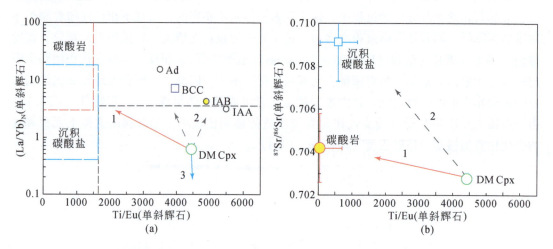

图7.8　橄榄岩中单斜辉石Ti/Eu-$(La/Yb)_N$和Ti/Eu-$^{87}Sr/^{86}Sr$图解

（a）橄榄岩中单斜辉石Ti/Eu-$(La/Yb)_N$图，用于区别碳酸盐熔体交代作用与硅酸盐熔体交代作用；$(La/Yb)_N$为球粒陨石归一化比值；Ad为埃达克岩平均组成；IAB为岛弧玄武岩平均组成；IAA为岛弧安山岩平均组成；BCC为大陆总地壳组成；DM Cpx为亏损地幔中单斜辉石；1为碳酸盐熔体交代作用趋势；2为硅酸盐熔体交代作用趋势；3为尖晶石橄榄岩部分熔融作用趋势。（b）橄榄岩中单斜辉石Ti/Eu-$^{87}Sr/^{86}Sr$图，可用于识别碳酸盐熔体交代介质的来源（正常软流圈地幔熔体1或者再循环地壳物质来源熔体2）。修改自刘勇胜等（2019，2021）

### 7.2.1.3　壳-幔物质循环过程

大陆地壳和以 MORB 为代表的洋壳的平均化学组成在原始地幔归一化元素分布图上表现为一种简单的补偿关系（Hofmann，1988）。这种补偿关系在宏观上可以用一个简单的两阶段地壳生长模型予以解释（即原始地幔首先熔融形成大陆地壳，残余地幔再熔融形成洋壳），但在实际的长期壳-幔分异演化历史中存在着非常复杂的壳-幔物质循环作用。一方面，地幔物质在不同构造环境（板块内部、俯冲带、洋中脊等环境）熔融后主要以玄武质岩浆的形式喷发到地表或者底侵（underplating）到下地壳；同时，地壳物质又会通过板片俯冲作用（slab subduction）和拆沉作用①（delamination）返回到不同深度地幔（甚至到核幔边界）而进一步增强地幔不均一性。

越来越多的研究表明，再循环进入深部地幔的洋壳和陆壳岩石在产生地幔不均一性和形成不同地幔端元中扮演了非常重要的角色。地壳物质的一些特征微量元素组成参数（如在微量元素多元素分布图上的 Sr、Pb 正异常、Nb 和 Ta 的亏损及分异、Ce 和 Eu 异常等）可以和同位素组成一样被用来有效地指示壳-幔物质循环作用。例如，Jackson 等（2007）对萨摩亚群岛玄武岩全岩的研究发现，这些玄武岩不仅在微量元素多元素分布图上表现出轻微的 Pb 富集、显著的 Nb 和 Ta 亏损特征，而且在 Ce/Pb 比值和 Nb、Ti、Eu 异常与 $^{87}Sr/^{86}Sr$ 和 $^{143}Nd/^{144}Nd$ 变化图上落在了典型洋岛玄武岩和全球俯冲沉积物或者大陆上地壳之间的混合作用趋势上（图 7.9）。萨摩亚群岛玄武岩这些微量元素和 Sr-Nd 同位素组成特征充分揭示出再循环大陆上地壳物质通过板块俯冲作用返回到了地幔并显著改变了局部地区的地幔物质组成。

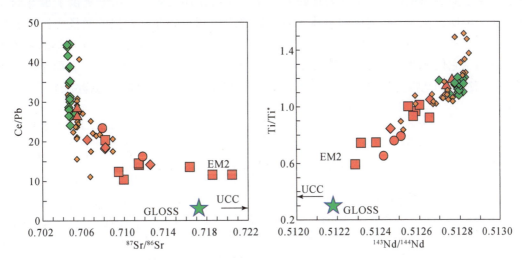

---

① 拆沉作用是指由于重力不稳定性导致岩石圈地幔、大陆下地壳或大洋地壳沉入下伏软流圈的过程。岩石圈加厚过程中，下地壳形成高密度榴辉岩相岩石是拆沉作用的前奏。重力不稳定性是拆沉作用的驱动力，其直接结果是岩石圈地幔和下地壳沉入软流圈，热的软流圈物质相应上涌至地壳下部置换冷的上地幔。

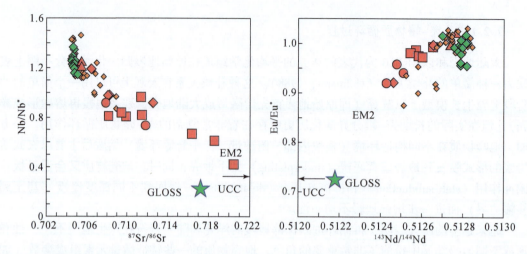

图 7.9　萨摩亚群岛玄武岩$^{87}$Sr/$^{86}$Sr 与 Ce/Pb 和 Nb/Nb$^*$ 以及$^{143}$Nd/$^{144}$Nd 与 Ti/Ti$^*$ 和 Eu/Eu$^*$ 的关系变化图
Nb、Ti 和 Eu 异常计算公式为（下标 N 代表原始地幔归一化值）：Nb/Nb$^*$ = Nb$_N$/$\sqrt{(Th_N \times La_N)}$；Ti/Ti$^*$ = Ti$_N$/
$(Nd_N^{-0.0555} \times Sm_N^{0.333} \times Gd_N^{0.722})$；Eu/Eu$^*$ = Eu$_N$/$\sqrt{(Sm_N \times Gd_N)}$。UCC 为大陆上地壳（Rudnick and Gao, 2014）；
GLOSS 为全球俯冲沉积物（Plank, 2014）。修改自 Jackson 等（2007）

　　除了可以利用玄武岩全岩微量元素组成有效揭示壳幔物质循环作用外，地幔来源的单矿物和矿物中的包裹体也是揭示壳幔物质循环作用的有效载体。例如，Sobolev 等（2000）对夏威夷玄武岩中橄榄石斑晶中的熔体包裹体进行了研究，从单个熔体包裹体微量元素组成角度为夏威夷 Mauna Loa 玄武岩地幔源区中存在再循环的辉长岩组分提供了很好的证据。他们的研究发现一些熔体包裹体具有和蛇绿岩中辉长岩非常相似的微量元素组成特征，如显著的 Sr 正异常和 Th、Nb 和 Zr 负异常等（图 7.10）。而且，这些包裹体的主量元素组成指示它们不可能是玄武岩喷发过程中穿过辉长岩洋壳时被混染的结果，而是洋壳辉长岩在俯冲返回地幔过程中发生高压变质，转变为榴辉岩后进入夏威夷地幔柱的。

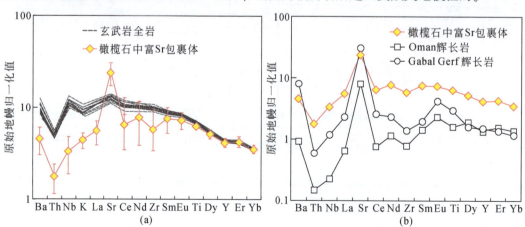

图 7.10　熔体包裹体微量元素特征示踪壳幔物质循环
（a）夏威夷 Mauna Loa 玄武岩及其中橄榄石中熔体包裹体原始地幔归一化微量元素分布图；（b）Mauna Loa 玄武岩中橄榄石中的熔体包裹体和辉长岩原始地幔归一化微量元素分布对比图。修改自 Sobolev 等（2000）

#### 7.2.1.4　大陆地壳演化作用

现今的大陆地壳是经过数十亿年演化的产物，包括地幔部分熔融作用、壳内岩浆作用、变质作用、风化作用以及板块俯冲与壳幔物质循环作用等。大量的证据表明，在太古宙—元古宙之交，大陆上地壳的化学组成发生了根本性变化（图7.11），这可能标志着大陆地壳的形成演化作用在太古宙—元古宙之交的重大转变。这样的证据包括细粒陆源沉积岩、太古宙化学沉积物以及地表出露的岩浆岩的化学成分变化等。

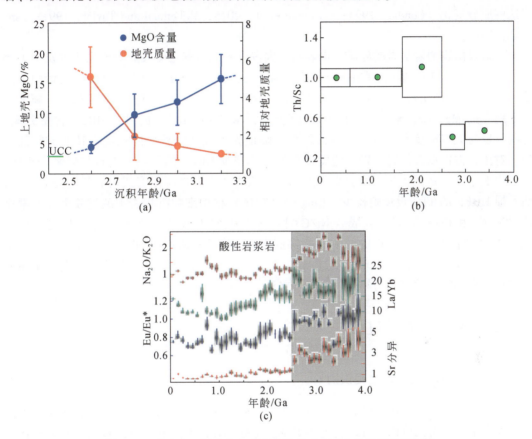

图 7.11　太古宙—元古宙之交大陆地壳成分变化的地球化学证据

（a）大陆上地壳质量以及平均 MgO 含量随时间的变化，修改自 Tang 等（2016）；（b）细粒沉积物 Th/Sc 平均值随时间变化，Th 和 Sc 都是不溶性元素，细粒沉积物 Th/Sc 比值可以有效反映该时期大陆地壳的平均 Th/Sc 比值特征，方框表示考虑的时间间隔和均值95% 的置信区间，修改自 Taylor 和 McLennan（1985）；（c）长英质岩浆岩主量和微量元素地球化学特征随时间的变化关系，修改自 Keller 和 Schoene（2012）

由于沉积物形成过程中主量元素组成会发生显著变化，所以沉积岩的主量元素组成通常无法用于反映大陆上地壳成分。然而一些微量元素在风化过程中的行为几乎一致，所以其比值可以用于反映上地壳源岩的原始成分特征，而且上地壳岩石中这些特殊的元素比值受控于岩石主量元素组成。因此，可以利用不同时代沉积物的微量元素比值来反映其物源区上地壳的成分变化。这样的比值包括 Th/Sc、Ni/Co 和 Cr/Zn 等。

　　Taylor 和 McLennan（1985）总结了在细粒陆相沉积物及其变质岩（如页岩和泥岩）中不溶于水的微量元素含量变化，并作为大陆地壳成分变化的证据，包括太古宙—元古宙之交第一序列过渡族金属元素（如 Sc、Cr、Co、Ni）含量的降低，以及不相容元素（如 Th 和 La）和页岩 Eu 异常的增加。图 7.11（b）显示了细粒陆源沉积物在太古宙—元古宙之交 Th/Sc 比值增加的情况，这种情况是 Th 升高和 Sc 降低共同作用的结果。Th 是一种高度不相容的微量元素，Sc 是一种相容的微量元素，这种变化反映了大陆地壳从太古宙以前相对基性的成分向太古宙以后长英质成分的转变。后来对页岩和冰碛岩的研究进一步证实了这些成分变化（Condie, 1993；Gaschnig et al., 2016；McLennan and Taylor, 1991；Tang et al., 2016）。

　　对地表出露的岩浆岩成分研究也表明，太古宙—元古宙之交大陆上地壳成分发生了变化。Condie（1993）通过地质图和实测地层剖面发现，太古宙—元古宙之交绿岩带中长英质火山岩和杂砂岩的比例增加，而科马提岩的比例几乎降为零。与古太古代相比，新太古代上地壳的 Mg、Cr、Ni、Co、Eu/Eu* 降低，而 K、Rb、Ba、Th、U、HREE 含量升高。这些发现与太古宙及太古宙—元古宙之交大陆地壳组成从镁铁质向长英质转变的特征一致。对比太古宙页岩与岩浆岩，他发现页岩整体缺少 HREE 的亏损，而且与岩浆岩相比，页岩中 Fe、V、Sc 的富集程度更高。因此，他认为页岩的来源以玄武岩和科马提岩为主，而亏损 HREE 的 TTG 贡献则较少。Tang 等（2016）根据细粒沉积岩中的过渡金属元素比值（Ni/Co 和 Cr/Zn）以及火成岩 Ni/Co 和 Cr/Zn 比值与 MgO 含量的关系，推测上地壳 MgO 平均含量从太古宙早期的约 15% 下降到太古宙晚期的约 4%［图 7.11（a）］，进一步支持了 Condie（1993）的发现。不过 MgO 的这一变化究竟是反映了大陆上地壳的垂向成分变化还是随时间的演化仍然是一个未解之谜。

## 7.2.2　成岩与成矿过程

### 7.2.2.1　岩浆岩形成过程识别

　　根据 5.1 节所述平衡熔融和分离结晶作用中微量元素变化的定量模型，利用岩石中微量元素含量变化特征可以进行成岩过程识别。根据相容性不同的微量元素在部分熔融作用和分离结晶作用过程中随部分熔融程度或者分离结晶程度的变化规律，我们可以发现在低程度部分熔融作用或者低程度分离结晶作用时微量元素变化有如下特征：①高度相容元素（如玄武岩质岩浆早期结晶过程中的 Ni、Cr 等元素）含量变化受分离结晶作用影响显著，这些元素在熔体中的含量随分离结晶作用变化幅度很大，但在低程度部分熔融过程中的变化则不明显；②高度不相容元素（如橄榄岩部分熔融过程中的 Sr、La、Nb 等元素）含量变化受部分熔融程度影响显著，熔体中这些元素在低程度部分熔融过程中的含量变化幅度大，但在低程度分离结晶作用过程中的变化不明显。因此，可以根据火成岩中高度相容或者高度不相容微量元素含量随 $Mg^{\#}$［$100×Mg/(Mg+Fe)$，原子数之比］的变化特征识别控制该岩体微量元素组成变化的主要因素。

　　相容性接近的两个高度不相容微量元素 $a$ 和 $b$（$\overline{D_b}/\overline{D_a} \approx 1$，$\overline{D_a} < \overline{D_b} < 1$）的比值在平衡

熔融作用和分离结晶作用过程中的变化特征不同，因此是辨识平衡熔融作用和分离结晶作用的有效指标。例如，La 和 Sm 是满足上述条件的两个元素，经常被用来区别平衡熔融作用和分离结晶作用。根据平衡熔融作用和分离结晶作用中的微量元素变化模型 [式 (5.2) 和 (5.12)]，任意两个元素 ($a$ 和 $b$) 的比值在平衡熔融作用和分离结晶作用过程中的变化分别遵循式 (7.1) 和式 (7.2)。

对于平衡熔融作用：

$$\frac{C_1^a}{C_1^b} = C_1^a\left[\frac{1}{n}(\overline{D_b}n - \overline{D_a})/C_o^b\right] + \frac{1}{n}C_o^a/C_o^b$$

$$n = \frac{1 - \overline{D_a}}{1 - \overline{D_b}} \tag{7.1}$$

由于 $\overline{D_a} < \overline{D_b} < 1$，式 (7.1) 中 $n > 1$，$\left[\frac{1}{n}(\overline{D_b}n - \overline{D_a})/C_o^b\right] > 0$。因此，在平衡部分熔融作用过程中，元素 $a$ 和 $b$ 的含量比值 $\frac{C_1^a}{C_1^b}$ 对元素 $a$ 含量的变化理论上是一条以 $\left[\frac{1}{n}(\overline{D_b}n - \overline{D_a})/C_o^b\right]$ 为斜率的直线 (图 7.12)。

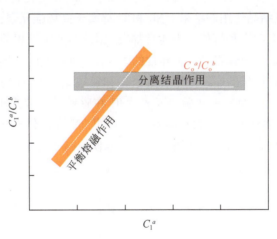

图 7.12　熔体中相容性接近的两个不相容微量元素 $a$ 和 $b$ ($\overline{D_b}/\overline{D_a} \approx 1$，$\overline{D_a} < \overline{D_b} < 1$) 的含量比值在平衡
熔融作用和分离结晶作用中的变化趋势示意图

对于分离结晶作用：

$$\frac{C_1^a}{C_1^b} = \left(\frac{C_o^a}{C_o^b}\right)F^{\overline{D_a} - \overline{D_b}} \tag{7.2}$$

由于 $\overline{D_b}/\overline{D_a} \approx 1$，$\overline{D_a} - \overline{D_b} \approx 0$，即 $F^{\overline{D_a} - \overline{D_b}} \approx 1$。也就是说，相容性接近的两个高度不相容微量元素比值受分离结晶程度影响很小，它们在残余熔体中的含量比值近似于原始熔体中的含量比值，即残余熔体中元素 $a$ 和 $b$ 的含量比值 $C_1^a/C_1^b$ 几乎不随元素 $a$ 含量的变化而变化。

### 7.2.2.2　变质岩原岩性质研究

构造活动和变质作用不仅会改变岩石的产状，而且会不同程度地改变岩石的物理和化学性质。为了揭示古构造环境变化、了解区域地质演化历史，往往需要研究变质岩原岩组成及其原岩成因。在探究流体活动和变质作用本身的影响时，我们通常选择那些活动性强的微量元素（如大离子亲石元素）；而示踪变质岩原岩组成则需要重点研究那些活动性弱的微量元素（如高场强元素、重稀土元素和过渡族元素）。在没有发生部分熔融和熔体分离的情况下，尽管微量元素会在变质作用（尤其是高级变质作用）中发生重新分配和/或活动迁移，但在较大尺度上可以将变质作用看作是在封闭体系中进行的。在这种情况下，变质岩全岩的微量元素（尤其是活动性弱的元素）组成和变化可用来示踪原岩组成和成因。

位于江苏东海县的中国大陆科学钻探（China Continental Scientific Drilling，CCSD）主孔岩心所揭示的 0~700m 深度的榴辉岩、角闪岩和片麻岩在垂向分布上呈现为互层状产出，最下部为一层超基性岩（张泽明等，2004）。这些榴辉岩全岩稀土元素组成变化较大，随着主量元素变化，稀土元素组成模式从 LREE 富集型到 HREE 富集型变化，高 Si 榴辉岩往往出现正 Eu 异常。榴辉岩的主量元素–微量元素组成和变化特征指示其原岩是辉石岩和/或辉长岩连续分离结晶作用的结果。Nb 和 Ti 都属于高场强元素，具有相似的地球化学行为。因此，在各种玄武岩和辉长岩中通常都表现出 Nb-TiO$_2$ 正相关特征（如 MORB）。然而，CCSD 主孔中的高 Ti 榴辉岩显示了异常的 Nb-TiO$_2$ 负相关性（图 7.13）。这种 Nb-TiO$_2$ 负相关性仅在一些含磁铁矿的印度洋中脊辉长岩和攀枝花含 V-Ti 磁铁矿的高 Ti 辉长岩中有所表现。Nielsen 等（1994）的实验研究表明 Ti 在磁铁矿中表现出高度相容性特征，而 Nb 则表现出高度不相容性或者轻微相容特征。另外，V 在磁铁矿中也具有高度相容性特征。利用含磁铁矿辉长岩分离结晶作用可以很好地模拟高 Ti 榴辉岩显示的 Nb-TiO$_2$ 负相关

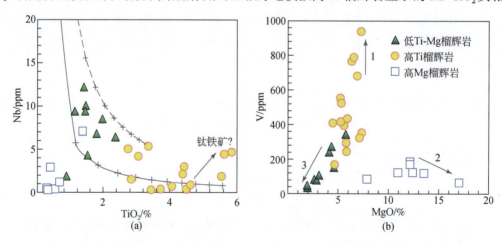

图 7.13　中国大陆科学钻探主孔 0~700m 深度榴辉岩 Nb-TiO$_2$ 和 V-MgO 变化图

（a）实线和虚线分别是含磁铁矿辉长岩分离结晶作用形成的堆晶岩及对应残余熔体的理论模拟曲线。（b）箭头 1 指示钛磁铁矿分离结晶作用的方向，箭头 2 指示橄榄石、辉石等富 Mg 矿物分离结晶作用的方向，箭头 3 指示对应于含磁铁矿辉长岩/辉石岩分离结晶作用的残余熔体的演化方向。修改自 Liu 等（2008）

性 [图 7.13 (a)]，解释其独特的 V-MgO 变化关系 [图 7.13 (b)]。这些微量元素变化特征，可以清楚地揭示出 CCSD 主孔榴辉岩的微量元素组成记录了其原岩所经历的含磁铁矿辉石岩和/或辉长岩分离结晶作用的历史 (Liu et al.，2008)。因此，高 Ti 榴辉岩原岩应是由同一玄武岩岩浆房中富磁铁矿结晶作用形成的堆晶岩 (辉石岩和/或辉长岩)，高 Ti 榴辉岩的 Ti 富集特征本质上源于含 Ti 磁铁矿结晶作用，其后期经历的超高压变质作用只是使 Ti 的赋存形式发生了变化。

### 7.2.2.3　成矿作用过程示踪

一些矿物中的特征元素含量或比值变化可以间接反映成矿温度、氧逸度等丰富的成矿信息和成矿作用过程，进而指示矿床成因类型及其形成环境。近年来，矿床研究中的一些明星指示矿物 (如磁铁矿、磷灰石、锆石、黄铁矿、电气石、方解石等) 的微量元素被广泛用来示踪矿床成因。磁铁矿在自然界中分布广，广泛存在于岩浆岩、变质岩和沉积岩中以及各种不同类型的矿床中，如岩浆钒钛磁铁矿 [Fe-Ti-V(P)] 型、铁氧化物–铜金 (IOCG) 型、铁氧化物–磷灰石 (IOA) 型、铁铜矽卡岩型、条带状含铁建造 (BIF) 型、斑岩型、火山块状硫化物 (VMS) 型等矿床，是重要的成岩矿物和矿石矿物。磁铁矿是岩石及矿床成因的重要指示矿物，在不同成岩成矿系统中的广泛发育为进行成岩成矿机制研究提供了独特的研究窗口 (陈华勇和韩金生，2015)。随着利用激光剥蚀电感耦合等离子体质谱微区原位分析单矿物中微量元素技术的成熟，利用磁铁矿的微量元素组成特征示踪矿床成因机制取得了系列进展，为建立找矿模型和指导找矿勘查提供了重要手段。

磁铁矿高精度微量元素成分对于一些矿床成因中争论已久的问题起到了较好的指示作用。例如，智利 El Laco 和大冶程潮铁矿中磁铁矿微量元素特征指示其可能为热液成因，而并非前人所认为的岩浆型 (Dare et al.，2012；Hu et al.，2014)。在区域性研究中，磁铁矿微量元素成分对含矿与不含矿地质体的区分也具有指示意义 (Nadoll et al.，2012)。基于大量磁铁矿的元素地球化学特征研究，学者建立了一系列元素地球化学判别图解，用以示踪矿床成因。例如，Dupuis 和 Beaudoin (2011) 提出使用 Ni/(Cr+Mn)-Ti+V 图解和 Ca+Al+Mn-Ti+V 图解来区分基鲁纳 (Kiruna) 型、IOCG 型、Fe-Ti-V 型、斑岩型、BIF 型、矽卡岩型等不同类型含磁铁矿成矿系统，图 7.14 是目前国际上最常用的磁铁矿成因判别图解。此外，Dare 等 (2014) 提出利用磁铁矿微量元素多元素分布图进行成岩成矿环境判别，利用 Ti-Ni/Cr 图解区分岩浆磁铁矿与热液磁铁矿。Nadoll 等 (2014) 系统总结了不同体系中磁铁矿的微量元素含量特征，并提出了用 Ni/(Cr+Mn)-Ti+V、Al+Mn-Ti+V 和 Ti/V-Sn/Ga 判别图和多种元素含量结合的方法来区分岩浆和热液磁铁矿，并对不同类型热液矿床进行判别。Knipping 等 (2015) 根据 IOA 矿床磁铁矿相比于其他矿床有较低 Cr 含量和较高的 V 含量，利用 V-Cr 判别图来区分 IOA 型与岩浆 Fe-Ti-V(P) 型、斑岩型和 IOCG 型矿床。近年来，机器学习算法也被应用到利用磁铁矿微量元素数据示踪矿床成因上。例如，Pisiak 等 (2017) 利用线性判别分析磁铁矿微量元素组成特征，识别出了加拿大波利山铜金矿附近贫矿火成岩和与矿石有关的火成岩和斑岩热液磁铁矿。Huang 等 (2019) 基于偏最小二乘判别分析的二元计分图，将 IOCG 型和 IOA 型矿床与斑岩型、Ni-Cu 型、VMS 型和 BIF 型矿床区分开。洪双等 (2021) 认为基于大数据和机器学习建立的判别模型对新的磁铁矿数据进行测试，可给出该数据属于每种矿床类型的概率，从而有效判别矿床成因类型。

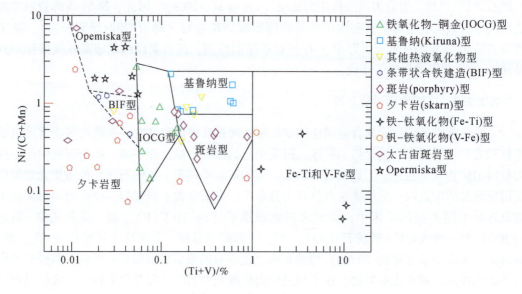

图 7.14　不同类型矿床中磁铁矿 Ni/(Cr+Mn) - (Ti+V) 判别图解

修改自 Dupuis 和 Beaudoin（2011）

## 7.2.3　成岩构造环境判别

不同构造环境中的物质组成、物理化学条件及化学动力学作用等存在差异。因此，在不同构造环境形成的岩石具有不同的微量元素和同位素组成特征。例如，洋中脊玄武岩形成于亏损地幔部分熔融作用，因此往往亏损高度不相容元素（如大离子亲石元素）；岛弧玄武岩来自受到俯冲板片脱水流体交代作用的地幔楔，因此显著亏损高场强元素而富集大离子亲石元素。鉴于形成于不同构造环境的岩石在微量元素组成上的差异性，Pearce 和 Cann（1973）最早构建了利用微量元素组成识别玄武岩形成构造环境的判别图解。此后，这种利用岩石微量元素组成进行构造环境识别的方法被拓展应用到了花岗岩和沉积岩上。Rollinson（1993）对利用微量元素进行岩石构造环境判别的各种图解进行了系统总结、并提出了使用建议。

需要进行构造环境判别的岩石通常都是古老的、受到不同程度后期地质作用影响的岩石。除非水流体中含有大量卤素（如 $F^-$），高场强元素和重稀土元素被认为在水流体中是不活动的或者活动性很弱。因此，构造环境判别图解通常使用活动性弱的高场强元素、重稀土元素和过渡族元素，如对蛇绿岩构造环境的判别（Pearce，2014）。Pearce（2014）提出利用微量元素通过以下 4 个步骤可以判断蛇绿岩构造环境和成因：

（1）使用 Zr/Ti-Nb/Y 图选出具有玄武质成分的岩石。

（2）根据 Th/Yb-Nb/Yb 变化区分出俯冲相关和非俯冲相关的玄武岩［图 7.15（a）］。

所有投在 OIB-MORB 序列（即地幔序列）中的玄武岩被认为与俯冲无关，而落在地幔序列之上的样品则可能受到了俯冲作用的影响。

（3）对于落在 OIB-MORB 序列的玄武岩可以使用 $TiO_2/Yb$-$Nb/Yb$ 图来区分非俯冲型蛇绿岩的具体类型 [图 7.15（b）]。$TiO_2/Yb$ 比值是很好的地幔熔融深度指示参数，与地幔柱相关的 OIB 源区较深，具有更高的 $TiO_2/Yb$ 比值。

（4）使用 V/Ti 比值可以区分俯冲带型蛇绿岩的具体类型 [图 7.15（c）]。经修改后的 V-Ti 图解可以区分玻安岩、岛弧拉斑玄武岩和洋中脊玄武岩区域。

尽管构造环境无疑会影响岩浆岩的化学组成，但在应用岩石微量元素组成进行构造环境判别时，应考虑以下因素：

（1）在使用微量元素构造环境判别图解的同时，应考虑基于地质、地球物理等各方面资料建立的构造演化历史背景。

（2）作为宏观构造环境研究的佐证，应根据不同构造环境下形成的各种岩石类型组合（岩浆岩、沉积岩、变质岩）来恢复古构造环境。

（3）微量元素构造环境判别图解不是万能的，不能盲目地使用。岩浆和流体的相互作用可能会使不同构造环境中的一些岩石出现相似的地球化学组成特征。同时，元素的活动性、部分熔融程度、岩浆演化过程中结晶分异和同化混染作用等各种因素的影响都应予以考虑。

（4）利用微量元素构造环境判别图解研究古老岩石时必须慎重。一方面，古老岩石往往经历了高级变质作用（甚至发生了分异）；另一方面，地幔的地球化学组成和物理条件（如温度）可能随时间发生了显著变化。而且，Li 等（2015）对玄武岩构造环境微量元素判别图解的准确性进行了研究，认为使用 Zr、Ti、V、Y、Th、Hf、Nb、Ta、Sm 和 Sc 的二元图和三元图都不能很好地区分玄武岩构造环境（包括大陆溢流玄武岩、大洋中脊玄武岩、洋岛玄武岩、大洋高原玄武岩、弧后盆地玄武岩和各种类型的弧玄武岩），发现不同类型玄武岩分布区域重叠太大，通常只能区分洋岛玄武岩和大洋中脊玄武岩。

## 7.2.4  生物大灭绝事件

地球历史演变的阶段性无论在有机界还是在无机界都十分明显，尤其是突发性的生物大规模灭绝现象更是不争的事实。二叠纪与三叠纪之交发生了地球史上最严重的生物灭绝事件，导致地球上九成以上的海洋生物和七成以上的陆地脊椎动物消亡。显生宙以来最大的陆地大火成岩省（西伯利亚大火成岩省）和此次生物灭绝事件时间吻合，被认为是引起此次地表生态系统波动的原因。但是大火成岩省碱性熔岩和火山灰黏土岩往往只是区域性分布，在大部分沉积剖面上缺乏火山活动的直接记录（如火山灰黏土岩）。Hg 等微量元素组成变化为缺失火山直接记录的地层提供了指示火山活动的关键指标，是系统探究二叠纪至三叠纪期间火山活动的频率、时限和过程的有效证据。

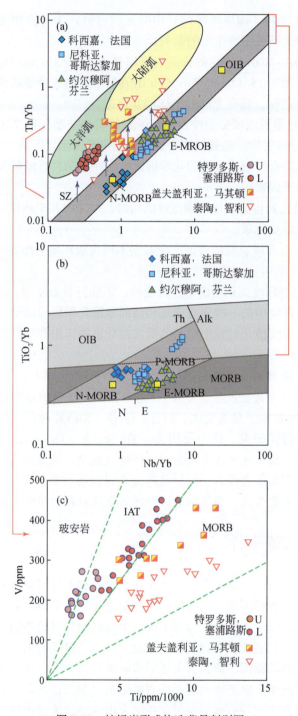

**图 7.15　蛇绿岩形成构造背景判别图**

（a）俯冲带型和洋中脊型蛇绿岩识别图；（b）洋中脊型蛇绿岩亚类细分图，该图可区分 N-MORB、E-MORB、P-MORB 以及受混染的 MORB；（c）俯冲带型蛇绿岩亚类细分图，该图可以有效区分 MORB、IAT 和玻安岩。OIB 为洋岛玄武岩；N-MORB 为正常型洋中脊玄武岩；E-MORB 为富集型洋中脊玄武岩；P-MORB 为受地幔柱影响洋中脊玄武岩；IAT 为岛弧拉斑玄武岩。引自 Pearce（2014）

近年来，汞元素被广泛用来指示地质历史时期的古火山记录。火山作用是地质历史时期地球表层系统外来汞的主要来源，汞的释放方式主要包括：①火山喷发从地球深部直接释放汞；②岩浆上升过程中，通过加热有机质含量高的沉积地层（比如煤系地层），释放出大量汞；③火山作用引起的森林野火，燃烧地表有机质也可释放出汞。由于汞易于蒸发的特殊性质，火山作用中释放出的汞通过大气环流可以短时间内（0.5～2年）在全球范围分布。同时，Hg元素在海洋中的居留时间很短（几百年），可以很快从海水中移除并沉淀到沉积物中。因此，相对于其他研究手段（比如碳同位素、锆石年代学等），汞元素的这些特征决定了其可以用来指示全球尺度沉积物中高分辨率（百年至千年级别）的火山活动记录。

Shen等（2019a，2019b）对全球二叠纪—三叠纪地层剖面的研究表明Hg含量和同位素组成变化对该时期沉积物火山记录时限和频率有很好的制约，他们的研究剖面来自不同的沉积环境（陆地、近岸、大陆坡到开阔海洋）和古地理位置（泛大洋和特提斯洋），具有很好的代表性。Hg含量峰值异常波动在数十个二叠纪与三叠纪之交的海相和陆相剖面中都有记录（图7.16）。在生物灭绝界线附近，所有研究剖面的Hg含量比背景值高2～8倍，而且奇数Hg同位素非质量分馏（$\Delta^{199}Hg$）从生物灭绝界线附近偏移到火山来源汞同位素范围（零值附近）（Shen et al.，2019a）。在全球范围内不同沉积剖面，特别是远离大陆的开阔海域剖面，Hg含量峰值和同位素组成异常都指示二叠纪与三叠纪之交沉积物中的汞富集主要是火山来源。火山喷发释放的汞通过大气循环系统进行传输，导致了在全球范围内同时代海洋和陆地沉积物中汞的异常富集（Shen et al.，2019b）。这些二叠纪与三叠纪之交沉积物中的Hg含量和同位素对大规模火山作用的地球化学记录为该时期的生物灭绝事件起因于大规模火山喷发作用提供了重要的地球化学证据。

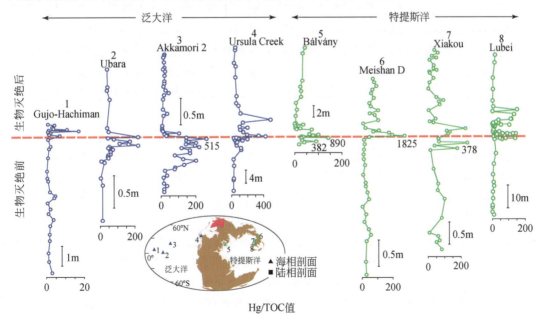

图7.16　全球二叠纪与三叠纪之交沉积物剖面中Hg含量变化图
Hg含量单位为ng/g，总有机碳（TOC）含量单位为%。修改自Shen等（2019a）

## 7.2.5　生物地球化学性疾病与健康研究

　　微量元素在人体内的含量虽然极少，但具有强大的生物学作用，它们参与酶、激素、维生素和核酸的代谢过程，直接影响机体的生长发育与健康。但微量元素维持机体处于最佳状态的量有一定的范围，当微量元素的摄入量超出此范围时，机体的正常功能则会受到影响，甚至出现中毒反应。饮食是生物体中大部分微量元素的主要来源。因此，区域地质条件所决定的水体和土壤中的微量元素含量与人体、动物及作物中的微量元素含量密切相关。

　　由于区域地壳中元素分配不均匀而导致水体和土壤中个别微量元素含量超过或低于一般含量时，会直接或间接地引起区域性人体内微量元素平衡严重失调，导致产生地方性特殊疾病（简称地方病），又称为生物地球化学性疾病。地方病有以下三个特征：①发生在某一特定地区，同一定的自然环境有密切的关系；②通常由微量元素失衡引起并在一定地域内流行，年代比较久远；③有相当数量的患者表现出共同的甚至奇异的病症（周宗灿，2001）。常见的地方病有地氟病、地方性甲状腺肿、克山病、大骨节病等（Jianan et al., 1989）。其中，地氟病又称地方性氟中毒，是区域环境中氟元素（F）过多，导致生活在该环境中的居民经饮水、食物和空气等途径长期摄入过量 F 元素所引起的以氟骨症和氟斑牙为主要特征的一种慢性全身性疾病。地方性甲状腺肿则是区域环境缺乏碘（I）元素所导致的以甲状腺肿大为特征的地方性疾病。克山病（Keshan disease, KSD）是一种地方性心肌病，最早于 1935 年在中国东北克山县暴发，表现为急性心脏功能不全，或表现为慢性的中等至严重的心脏肿大，可导致死亡。这种地方病发病范围从中国东北的黑龙江呈带状分布延伸至西南的云南，病区跨越了多种地形、土壤、气候和人群分布带。大骨节病（Kashin-Beck disease, KBD）是以关节软骨、骺软骨和骺软骨板变性坏死为基本病变的地方性骨病，又称柳拐子病。在我国，主要分布在东北至西藏的一个狭长高寒地带（阿坝州）。在克山病和大骨节病流行区，土壤、粮食和人头发中的硒（Se）含量通常较低，且与病情有非常明显的负相关关系。这说明克山病和大骨节病都与区域环境中 Se 元素的缺乏密切相关。

　　从 20 世纪 50 年代后期 Se 才被确认是人和动物所必需的一种微量元素。Se 在机体内具有许多重要的生物学作用，如 Se 是辅酶 Q 的重要组成成分，而辅酶 Q 是直接参与 ATP 合成的胞内酶。国内外大量统计资料和临床研究证明，Se 在抗氧化、调节免疫功能、预防心血管疾病、抗病毒、抗衰老、抗癌等诸多方面均具有一定的积极作用（殷菲敏等，2021）。但是，Se 的营养活性剂量与其毒性剂量之间范围较窄。美国医学研究所推荐的日均膳食 Se 摄入量是 $55\mu g$，每日最大安全剂量是 $400\mu g$。长期食用高 Se 食物或饮用高 Se 水会导致人体出现脱发、指甲脆弱、皮肤损伤、精神不集中、蛀牙、神经系统紊乱、瘫痪等症状，严重可导致死亡。Se 摄入不足则会导致机体器官发生病变，人体免疫力低下，疾病发生。因此，避免 Se 摄入过多或不足对人体健康至关重要（Liu et al., 2021a）。

　　饮食是人类摄取 Se 的重要来源，而人、动物、作物中 Se 含量则由地质条件所决定的土壤硒含量控制。世界土壤中 Se 的含量范围为 $0.01 \sim 2.00\mu g/g$，平均值为 $0.4\mu g/g$。我国土壤 Se 的含量范围为 0.01 ~ 16.24μg/g，分布很不均匀，按照土壤 Se 含量大致可分为两类（Liu et al., 2021a）。

高硒区（>0.271μg/g）：主要分布在新疆、华东、华南以及甘肃部分地区。这些地区为东北干旱沙漠或草原土壤、西南湿润的热带或亚热带土壤。土壤 Se 富集是由地质背景决定的，主要与基岩富硒有关（Cui et al., 2017；Tian et al., 2016）。以陕西紫阳为例，基岩主要由黄铁矿碳质板岩、火山岩、灰黑色页岩等组成，黑色页岩 Se 含量高达 303μg/g，平均为 16μg/g，这个数值是大陆地壳中硒含量的 120 倍（Cui et al., 2017）。同样地，湖北恩施玉堂坝黑色页岩硒含量为 114 ~ 26054μg/g，平均为 1853μg/g（Zhu et al., 2008, 2014）。

低硒区（<0.11μg/g）：主要分布在西藏、新疆南部、内蒙古部分区域、陕西和青海。这些地区属温暖湿润半湿润气候。这些地区由硒缺乏引起的疾病，如克山病和大骨节病的发病率很高（Tan et al., 2002）。

## 7.2.6　食品产地溯源

食品产地溯源是通过对食品原产地进行追溯来保护名优特产品，从源头上保障食品安全，以及在出现事故后及时找到原产地，减少经济损失。目前，世界各国已经相继出台各种法律政策和技术防范措施，建立严格的食品质量安全追溯制度和可靠的产地溯源技术（骆仁军等，2020）。植物体内的微量元素组成特征与地域土壤的元素组成密切相关，不同地域来源植物源产品的微量元素组成模式与含量具有典型的指纹特征，是有效的农产品产地溯源指标（孙淑敏，2012）。在现有的微量元素食品产地溯源研究中，主要可以分为植物源产品溯源和动物源产品溯源。

在植物源食品中，微量元素指纹分析技术起初主要用于葡萄酒、蜂蜜、橄榄油、茶叶、咖啡和果汁等产地溯源，目前的研究已经扩展到葱、大蒜、番茄、苦荞和小麦等食品。Anderson 和 Smith（2002）通过对印度尼西亚、东非以及美国中部和南部咖啡豆的微量元素分析研究，提出微量元素可用于咖啡豆的产地溯源。Nikkarinen 和 Mertanen（2004）测定了芬兰两个不同地质环境中可食用蘑菇中 33 种元素的含量，发现这些蘑菇的微量元素与土壤的元素组成密切相关，不同产地、相同品种蘑菇的微量元素组成有显著差异。卢丽等（2020）对来自美国、加拿大和中国 3 个地区的 92 份樱桃中的微量元素进行了测定，建立了基于元素含量的判别模型，成功对 3 个地区的樱桃进行了地区溯源分析。袁玉伟等（2013）利用茶叶中稳定同位素比值和 27 个微量元素含量，筛选出具有显著差异的地域特征因子，区分茶叶产地的判别正确率部分样品达到 99%。不同种类食品所应选用的微量元素溯源指标有其各自的特点。例如，Zn、K、Mg、Na、Ca 和 Mn 等元素可能在判别大米样品的原产地上较为重要（张玥等，2016），而 Mn、K、Fe、Ca、Cr、Mg、Zn 和 Cd 是用于葡萄酒产地溯源的有效元素（Almeida and Vasconcelos, 2003；Barbaste et al., 2002；Capron et al., 2007；Sass-Kiss et al., 2008）。林昕等（2013）对云南普洱茶的研究表明 La、Ce、Eu 和 Sc 是有效的产地溯源指标，对普洱古树茶的产地溯源准确率达到 94.4%。Bandoniene 等（2013）对来自澳大利亚、中国和俄罗斯的南瓜籽油的研究表明不同产地南瓜籽油的稀土元素组成差异非常明显，而相同产地南瓜籽油的稀土元素组成特征总体一致（图7.17）。

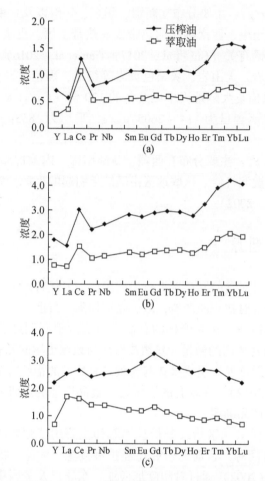

图7.17　不同产地南瓜籽油稀土元素组成模式图

（a）（b）来自奥地利同一个农场的南瓜籽油；（c）来自奥地利其他州农场的南瓜籽油。纵坐标是
经过南瓜籽油混合物归一化的浓度。修改自 Bandoniene 等（2013）

动物源食品的产地溯源在牛、羊、鸡等畜禽动物及水产品中应用较多。Sun 等（2011）对来自中国三个牧区（内蒙古锡林郭勒盟、阿拉善盟及呼伦贝尔市）和两个农区（重庆市和菏泽市）羊肉的研究发现，通过微量元素组成聚类分析可将农区和牧区的羊肉明显区分开。Franke 等（2007）的研究表明不论是畜禽肉还是牛肉，筛选出的具有良好产地溯源指纹的微量元素主要是碱金属元素和稀土元素，通过线性判别分析筛选出的微量元素对所有畜禽肉样品的平均正确分类率接近80%。Guo 等（2013）分析了近海3个产地4种经济鱼类中的25种微量元素，在不考虑鱼种的情况下其微量元素产地溯源的准确率达到98%以上。Zhou 等（2021）分析了我国4个产地养殖类和野生类小龙虾不同部位（头部、肌肉、内脏组织）20种微量元素，发现野生小龙虾的 Co、Ag、Rb、Ba、Se、Cs 和 Tl含量显著高于养殖类，同时4个产地小龙虾的微量元素组合存在显著差异，表明微量元素

测量可以用于小龙虾产地溯源。动物源食品的消费量随着人们生活水平的提高和膳食结构的改变而日益增大，消费者越来越关注动物源食品安全性。另外，由于养殖技术和地区环境的影响，不同地区水产品品质和价值有较大差异。因此，对动物的产地溯源和名优水产品及地理标志水产品的产地溯源引起了越来越多的关注。

## 7.2.7　古文化传播研究

　　微量元素地球化学示踪研究方法在文物考古研究领域也有很多应用。对文物（如陶瓷、玉器、铜器、漆器、古代织物、颜料等）的原位、无损无机元素分析，不仅可以为古文物的材质、制作技术以及科学保护提供制约，同时是研究古文化起源、迁移和传播等的有效手段（Giussani et al.，2009）。在中华文明发展历史中，玉器一直被人类使用至今，在古代人类的活动中有重要的地位。因此，通过示踪玉器的原产地，追踪其贸易过程有助于我们探究古文化传播的历史。新石器时代，良渚玉器成为我国两大玉器中心，是该时代最具代表性的考古学文化之一。20 世纪 90 年代，随着江苏溧阳小梅岭透闪石的发现，考古和地质学界多数人认为梅岭玉应当是良渚遗址出土透闪石玉器的来源。干福熹等（2011）基于微量元素的研究发现，小梅岭透闪石含较高的 Sr 元素（300～500μg/g），而 Sr 在良渚文化玉器中含量很低（<10μg/g），从而认定良渚玉器并非来源于附近的小梅岭。李晶（2016）根据稀土元素配分曲线中的 Eu 异常也判定梅岭玉不是良渚玉器的来源，并进一步指出其更可能来源于新疆和田。这对于判定古"玉石之路"的开始时间、传播范围具有重要意义。干福熹（2009）结合考古及玉山微量元素研究，重构了新疆和田玉东进中原的路线，即自和田向北穿过塔里木盆地到达阿克苏，再西行经库车、吐鲁番到哈密，向东经内蒙古西北草原道，穿居延海、黑水城（今额济纳旗），过阴山到包头，南下太原到河南洛阳、郑州，或南下经陕西华县到西安。总之，微量元素地球化学示踪技术在古文化传播研究中有重要的应用前景。

思　考　题

　　1. 常用的微量元素地球化学数据表达方式有哪些？

　　2. 流纹岩的微量元素组成特征与部分熔融作用的深度（压力）密切相关。如果我们要研究由某基性岩经部分熔融作用形成的流纹岩：①如何利用全岩微量元素组成判别该流纹岩究竟是形成于斜长石稳定域（低压）的部分熔融作用还是形成于石榴子石稳定域（高压）的部分熔融作用？②如果该流纹岩熔体在迁移上升过程中可能发生了斜长石的分离结晶作用，那么应该选择何种微量元素、通过何种方法才能对斜长石的分离结晶作用进行示踪研究？

　　3. 我们知道 HREE 在石榴子石中具有高度相容性，然而对某地出露的富石榴子石变质岩（石榴子石含量高达 40%）的全岩微量元素组成分析发现，该富石榴子石变质岩全岩并没有出现 HREE 高度富集特征。试分析其原因。

　　4. 岛弧玄武岩的典型特征是 Nb、Ta 在微量元素分布图上的负异常；相反，洋岛玄武岩则以无 Nb、Ta 负异常（甚至出现富集）为特征。试分析其成因。

　　5. 请举例阐明原生区域地质环境中元素的丰缺与地方病的关系。

　　6. 请思考为什么微量元素可以用于食品产地溯源？

7. 除了地球科学研究，你认为微量元素地球化学示踪技术方法在现代人类社会中还可能有哪些方面的应用？

# 参 考 文 献

陈华勇, 韩金生, 2015. 磁铁矿单矿物研究现状、存在问题和研究方向. 矿物岩石地球化学通报, 34 (4): 724-730.

干福熹, 2009. 玻璃和玉石之路—兼论先秦硅酸盐质文物的中外文化和技术交流. 硅酸盐学报 (4): 38-46.

干福熹, 曹锦炎, 承焕生, 等, 2011. 浙江余杭良渚遗址群出土玉器的无损分析研究. 中国科学: 技术科学, 41 (1): 1-15.

洪双, 左仁广, 胡浩, 等, 2021. 磁铁矿元素地球化学大数据构建及其在矿床成因分类中的应用. 地学前缘, 28 (3): 87-96.

李晶, 2016. 中国典型产地软玉的宝石学矿物学特征及对良渚古玉器产地的指示. 武汉: 中国地质大学.

林昕, 黎其万, 和丽忠, 等, 2013. 基于稀土元素指纹分析判别普洱古树茶和台地茶的研究. 现代食品科技, 29: 2921-2893.

刘勇胜, 陈春飞, 何德涛, 等, 2019. 板块俯冲过程中的地球深部碳循环作用. 中国科学: 地球科学, 49: 1982-2003.

刘勇胜, 陈春飞, 何德涛, 等, 2021. 古亚洲洋碳酸盐俯冲再循环及其对华北克拉通岩石圈组成的影响. 中国科学: 地球科学, 51 (10): 1753-1772.

卢丽, 刘青, 丁博, 等, 2020. 元素含量分析应用于樱桃产地溯源. 分析测试学报, 39 (2): 219-226.

骆仁军, 姜涛, 陈修报, 等, 2020. 基于稳定同位素和矿质元素的中华绒螯蟹产地鉴别潜力评价. 食品科学, 41 (2): 298-305.

孙淑敏, 2012. 羊肉产地指纹图谱溯源技术研究. 咸阳: 西北农林科技大学.

殷菲敏, 田宗仁, 张克, 等, 2021. 硒的生物医学作用研究进展. 粮食与油脂, 34 (5): 10-13.

袁玉伟, 张永志, 付海燕, 等, 2013. 茶叶中同位素与多元素特征及其原产地 PCA_ LDA 判别研究. 核农学报, 27 (1): 47-55.

张玥, 王朝辉, 张亚婷, 等, 2016. 基于主成分分析和判别分析的大米产地溯源. 中国粮油学报, 31 (4): 1-5.

张泽明, 许志琴, 刘福来, 等, 2004. 中国大陆科学钻探工程主孔 (100-2050m) 榴辉岩岩石化学研究. 岩石学报, 20 (1): 27-42.

周宗灿, 2001. 环境医学. 北京: 中国环境科学出版社.

宗克清, 刘勇胜, 柳小明, 等, 2006. CCSD 榴辉岩折返过程中短时增温作用的微量元素记录. 科学通报, 51 (22): 2673-2684.

Alexander C M O D, Bowden R, Fogel M L, et al., 2012. The provenances of asteroids, and their contributions to the volatile inventories of the terrestrial planets. Science, 337 (6095): 721-723.

Almeida C M R, Vasconcelos M T S D, 2003. Multielement composition of wines and their precursors including provenance soil and their potentialities as fingerprints of wine origin. Journal of Agricultural and Food Chemistry, 51: 4788-4798.

Anders E, Grevesse N, 1989. Abundances of the elements: meteoritic and solar. Geochimica et Cosmochimica Acta, 53: 197-214.

Anderson K A, Smith B W, 2002. Chemical profiling to differentiate geographic growing origins of coffee. Joural of Agriculture and Food Chemistry, 50: 2068-2075.

Bandoniene D, Zettl D, Meisel T, et al., 2013. Suitability of elemental fingerprinting for assessing the geographic origin of pumpkin (Cucurbita pepo var. styriaca) seed oil. Food Chem, 136 (3-4): 1533-1542.

Barbaste M, Medina B, Sarabia L, et al., 2002. Analysis and comparison of SIMCA models for denominations of origin of wines from de Canary Islands (Spain) builds by means of their trace and ultratrace metals content. Analytica Chimica Acta, 472: 161-174.

Becker H, Horan M F, Walker R J, et al., 2006. Highly siderophile element composition of the Earth's primitive upper mantle: constraints from new data on peridotite massifs and xenoliths. Geochimica et Cosmochimica Acta, 70 (17): 4528-4550.

Brenan J M, McDonough W F, 2009. Core formation and metal-silicate fractionation of osmium and iridium from gold. Nature Geoscience, 2 (11): 798-801.

Capron X, Smeyersverbeke J, Massart D, 2007. Multivariate determination of the geographical origin of wines from four different countries. Food Chemistry, 101 (4): 1585-1597.

Chou C L, 1978. Fractionation of siderophile elements in the Earth's upper mantle. Paper Presented at Lunar and Planetary Science Conference Proceedings.

Condie K C, 1993. Chemical composition and evolution of the upper continental crust: contrasting results from surface samples and shales. Chemical Geology, 104 (1): 1-37.

Condie K C, 2005. High field strength element ratios in Archean basalts: a window to evolving sources of mantle plumes? Lithos, 79 (3-4): 491-504.

Corgne A, Keshav S, Wood B J, et al., 2008. Metal-silicate partitioning and constraints on core composition and oxygen fugacity during Earth accretion. Geochimica et Cosmochimica Acta, 72 (2): 574-589.

Cui Z, Huang J, Peng Q, et al., 2017. Risk assessment for human health in a seleniferous area, Shuang'an, China. Environmental Science Pollution Research, 24 (21): 17701-17710.

Dale C W, Luguet A, Macpherson C G, et al., 2008. Extreme platinum-group element fractionation and variable Os isotope compositions in Philippine Sea Plate basalts: tracing mantle source heterogeneity. Chemical Geology, 248 (3): 213-238.

Dare S A S, Barnes S-J, Beaudoin G, 2012. Variation in trace element content of magnetite crystallized from a fractionating sulfide liquid, Sudbury, Canada: implications for provenance discrimination. Geochimica et Cosmochimica Acta, 88: 27-50.

Dare S A S, Barnes S J, Beaudoin G, et al., 2014. Trace elements in magnetite as petrogenetic indicators. Mineralium Deposita, 49 (7): 785-796.

Dauphas N, 2017. The isotopic nature of the Earth's accreting material through time. Nature, 541 (7638): 521-524.

Defant M J, Drummond M S, 1990. Derivation of some modern arc magmas by melting of young subducted lithosphere. Nature, 347: 662-665.

Dupuis C, Beaudoin G, 2011. Discriminant diagrams for iron oxide trace element fingerprinting of mineral deposit types. Mineralium Deposita, 46 (4): 319-335.

Fischer-Gödde M, Becker H, Wombacher F, 2011. Rhodium, gold and other highly siderophile elements in orogenic peridotites and peridotite xenoliths. Chemical Geology, 280 (3-4): 365-383.

Franke B M, Haldimann M, Gremaud G, et al., 2007. Element signature analysis: its validation as a tool for geographic authentication of the origin of dried beef and poultry meat. European Food Research and Technology, 227 (3): 701-708.

Gaschnig R M, Rudnick R L, McDonough W F, et al., 2016. Compositional evolution of the upper continental crust through time, as constrained by ancient glacial diamictites. Geochimica et Cosmochimica Acta, 186: 316-343.

Giussani B, Monticelli D, Rampazzi L, 2009. Role of laser ablation- inductively coupled plasma-mass spectrometry in cultural heritage research: a review. Analytica Chimica Acta, 635 (1): 6-21.

Guo J L, Gao S, Wu Y B, et al., 2014. Titanite evidence for Triassic thickened lower crust along southeastern margin of North China Craton. Lithos, 206-207: 277-288.

Guo L, Gong L, Yu Y, et al., 2013. Multi- element fingerprinting as a tool in origin authentication of four east China marine species. Journal of Food Science, 78 (12): C1852-1857.

Hofmann A W, 1988. Chemical differentiation of the Earth: the relationship between mantle, continental crust, and oceanic crust. Earth and Planetary Science Letters, 90 (3): 297-314.

Hofmann A W, Jochum K P, Seufert M, et al., 1986. Nb and Pb in oceanic basalts: new constraints on mantle evolution. Earth and Planetary Science Letters, 79 (1-2): 33-45.

Hu H, Li J W, Lentz D, et al., 2014. Dissolution- reprecipitation process of magnetite from the Chengchao iron deposit: insights into ore genesis and implication for in- situ chemical analysis of magnetite. Ore Geology Reviews, 57: 393-405.

Huang X W, Boutroy E, Makvandi S, et al., 2019. Trace element composition of iron oxides from IOCG and IOA deposits: relationship to hydrothermal alteration and deposit subtypes. Mineralium Deposita, 54 (4): 525-552.

Jackson M G, Hart S R, Koppers A A P, et al., 2007. The return of subducted continental crust in Samoan lavas. Nature, 448 (7154): 684-687.

Jenner F E, O'Neill H S C, 2012. Analysis of 60 elements in 616 ocean floor basaltic glasses. Geochemistry, Geophysics, Geosystems, 13 (2).

Jianan T, Wenyu Z, Ribang L, 1989. Chemical endemic diseases and their impact on population in China. Environment Science (China), 1 (1): 107-114.

Jochum K P, Arndt N T, Hofmann A W, 1991. Nb- Th- La in komatiites and basalts: constraints on komatiite petrogenesis and mantle evolution. Earth and Planetary Science Letters, 107 (2): 272-289.

Jones J H, Drake M J, 1986. Geochemical constraints on core formation in the Earth. Nature, 322 (6076): 221-228.

Keller C B, Schoene B, 2012. Statistical geochemistry reveals disruption in secular lithospheric evolution about 2. 5 Gyr ago. Nature, 485 (7399): 490-493.

Kimura K, Lewis R S, Anders E, 1974. Distribution of gold and rhenium between nickel-iron and silicate melts: implications for the abundance of siderophile elements on the Earth and Moon. Geochimica et Cosmochimica Acta, 38 (5): 683-701.

Knipping J L, Bilenker L D, Simon A C, et al., 2015. Trace elements in magnetite from massive iron oxide-apatite deposits indicate a combined formation by igneous and magmatic- hydrothermal processes. Geochimica et Cosmochimica Acta, 171: 15-38.

Li C, Arndt N T, Tang Q, et al., 2015. Trace element indiscrimination diagrams. Lithos, 232: 76-83.

Liu H, Wang X, Zhang B, et al., 2021a. Concentration and distribution of selenium in soils of the mainland of China, and implications for human health. Journal of Geochemical Exploration, 220: 106654.

Liu Y, Chen W, Foley S F, et al., 2021b. The largest negative carbon isotope excursions in Neoproterozoic carbonates caused by recycled carbonatite volcanic ash. Science Bulletin, 66 (18): 1925-1931.

Liu Y S, Zong K Q, Kelemen P B, et al., 2008. Geochemistry and magmatic history of eclogites and ultramafic rocks from the Chinese continental scientific drill hole: subduction and ultrahigh- pressure metamorphism of lower crustal cumulates. Chemical Geology, 247 (1-2): 133-153.

Lorand J-P, Luguet A, 2016. Chalcophile and siderophile elements in mantle rocks: trace elements controlled by trace minerals. Reviews in Mineralogy and Geochemistry, 81 (1): 441-488.

Mann U, Frost D J, Rubie D C, et al., 2012. Partitioning of Ru, Rh, Pd, Re, Ir and Pt between liquid metal and silicate at high pressures and high temperatures-implications for the origin of highly siderophile element concentrations in the Earth's mantle. Geochimica et Cosmochimica Acta, 84: 593-613.

McDonough W F, Sun S S, 1995. The composition of the earth. Chemical Geology, 120 (3-4): 223-253.

McLennan S M, 1989. Rare earth elements in sedimentary rocks: influence of provenance and sedimentary processes. Reviews in Mineralogy and Geochemistry, 21: 169-200.

McLennan S M, Taylor S R, 1991. Sedimentary rocks and crustal evolution: tectonic setting and secular trends. The Journal of Geology, 99 (1): 1-21.

Meisel T, Walker R J, Irving A J, et al., 2001. Osmium isotopic compositions of mantle xenoliths: a global perspective. Geochimica et Cosmochimica Acta, 65 (8): 1311-1323.

Nadoll P, Mauk J L, Hayes T S, et al., 2012. Geochemistry of magnetite from hydrothermal ore deposits and host rocks of the Mesoproterozoic Belt Supergroup, United States. Economic Geology, 107: 1275-1292.

Nadoll P, Angerer T, Mauk J L, et al., 2014. The chemistry of hydrothermal magnetite: a review. Ore Geology Reviews, 61: 1-32.

Nielsen R G, Forsythe L M, Gallahan W E, et al., 1994. Major- and trace- element magnetite- melt equilibria. Chemical Geology, 117 (1-4): 167-191.

Nikkarinen M, Mertanen E, 2004. Impact of geological origin on trace element composition of edible mushrooms. Journal of Food Composition and Analysis, 17 (3-4): 301-310.

Norman M D, 1998. Melting and metasomatism in the continental lithosphere: laser ablation ICPMS analysis of minerals in spinel lherzolites from eastern Australia. Contributions to Mineralogy and Petrology, 130: 240-255.

O'Neill H S C, Dingwell D B, Borisov A, et al., 1995. Experimental petrochemistry of some highly siderophile elements at high temperatures, and some implications for core formation and the mantle's early history. Chemical Geology, 120 (3-4): 255-273.

Palme H, O'Neill H S C, 2014. 3. 1-Cosmochemical estimates of mantle composition//Holland H D, Turekian K K. Treatise on Geochemistry. 2nd ed. Oxford: Elsevier: 1-39.

Pearce J A, 2014. Immobile element fingerprinting of ophiolites. Elements, 10 (2): 101-108.

Pearce J A, Cann J R, 1973. Tectonic setting of basic volcanic rocks determined using trace element analyses. Earth and Planetary Science Letters, 19 (2): 290-300.

Pisiak L K, Canil D, Lacourse T, et al., 2017. Magnetite as an indicator mineral in the exploration of porphyry deposits: a case study in Till near the Mount Polley Cu- Au deposit, British Columbia, Canada. Economic Geology, 112 (4): 919-940.

Plank T, 2014. 4. 17-The chemical composition of subducting sediments // Holland H D, Turekian K K. Treatise on Geochemistry. 2nd ed. Oxford: Elsevier: 607-629.

Rehkämper M, Halliday A N, Fitton J G, et al., 1999. Ir, Ru, Pt, and Pd in basalts and komatiites: new constraints for the geochemical behavior of the platinum- group elements in the mantle. Geochimica et Cosmochimica Acta, 63 (22): 3915-3934.

Righter K, Pando K M, Danielson L, et al., 2010. Partitioning of Mo, P and other siderophile elements (Cu, Ga, Sn, Ni, Co, Cr, Mn, V, and W) between metal and silicate melt as a function of temperature and silicate melt composition. Earth and Planetary Science Letters, 291 (1-4): 1-9.

Rollinson H R, 1993. Using geochemical data: evaluation, presentation, interpretation. Harlow: Longman Group Limited: 353.

Rose-Weston L, Brenan J M, Fei Y W, et al., 2009. Effect of pressure, temperature, and oxygen fugacity on the metal-silicate partitioning of Te, Se, and S: implications for earth differentiation. Geochimica et Cosmochimica Acta, 73 (15): 4598-4615.

Rudnick R L, Gao S, 2014. 4.1-Composition of the continental crust // Holland H D, Turekian K K. Treatise on Geochemistry. 2nd ed. Oxford: Elsevier: 1-51.

Saal A E, Hauri E H, Van Orman J A, et al., 2013. Hydrogen isotopes in Lunar volcanic glasses and melt inclusions reveal a carbonaceous chondrite heritage. Science, 340 (6138): 1317-1320.

Salters V, Stracke A, 2004. Composition of the depleted mantle. Geochemistry, Geophysics, Geosystems, 5 (5): Q05004.

Sass-Kiss A, Kiss J, Havadi B, et al., 2008. Multivariate statistical analysis of botrytised wines of different origin. Food Chemistry, 110 (3): 742-750.

Shen J, Chen J, Algeo T J, et al., 2019a. Evidence for a prolonged Permian-Triassic extinction interval from global marine mercury records. Nature Communications, 10 (1): 1563.

Shen J, Yu J, Chen J, et al., 2019b. Mercury evidence of intense volcanic effects on land during the Permian-Triassic transition. Geology, 47 (12): 1117-1121.

Siebert J, Corgne A, Ryerson F J, 2011. Systematics of metal-silicate partitioning for many siderophile elements applied to Earth's core formation. Geochimica et Cosmochimica Acta, 75 (6): 1451-1489.

Sobolev A V, Hofmann A W, Nikogosian I K, 2000. Recycled oceanic crust observed in 'ghost plagioclase' within the source of Mauna Loa lavas. Nature, 404 (6781): 986-990.

Sun S, Guo B, Wei Y, et al., 2011. Multi-element analysis for determining the geographical origin of mutton from different regions of China. Food Chemistry, 124 (3): 1151-1156.

Tan J A, Zhu W, Wang W, et al., 2002. Selenium in soil and endemic diseases in China. Science of the Total Environment, 284: 227-235.

Tang M, Chen K, Rudnick R L, 2016. Archean upper crust transition from mafic to felsic marks the onset of plate tectonics. Science, 351 (6271): 372.

Taylor S R, McLennan S M, 1985. The continental crust: its composition and evolution. London: Blackwell Scientific: 328.

Tian H, Ma Z, Chen X, et al., 2016. Geochemical characteristics of selenium and its correlation to other elements and minerals in selenium-enriched rocks in Ziyang County, Shaanxi Province, China. Journal of Earth Science, 27 (5): 763-776.

Uysal I, Sen A D, Ersoy E Y, et al., 2014. Geochemical make-up of oceanic peridotites from NW Turkey and the multi-stage melting history of the Tethyan upper mantle. Mineralogy and Petrology, 108 (1): 49-69.

Walker R J, 2009. Highly siderophile elements in the Earth, Moon and Mars: update and implications for planetary accretion and differentiation. Chemie der Erde-Geochemistry, 69 (2): 101-125.

Wang Z, Becker H, 2013. Ratios of S, Se and Te in the silicate Earth require a volatile-rich late veneer. Nature, 499 (7458): 328-331.

Wang Z, Becker H, 2015. Fractionation of highly siderophile and chalcogen elements during magma transport in the mantle: constraints from pyroxenites of the Balmuccia peridotite massif. Geochimica et Cosmochimica Acta, 159: 244-263.

Wang Z, Becker H, Gawronski T, 2013. Partial re-equilibration of highly siderophile elements and the chalcogens in the mantle: a case study on the Baldissero and Balmuccia peridotite massifs (Ivrea Zone, Italian Alps). Geochimica et Cosmochimica Acta, 108: 21-44.

Wang Z, Laurenz V, Petitgirard S, et al., 2016. Earth's moderately volatile element composition may not be chondritic: evidence from In, Cd and Zn. Earth and Planetary Science Letters, 435: 136-146.

Wang Z, Cheng H, Zong K, et al., 2019. Metasomatized lithospheric mantle for Mesozoic giant gold deposits in the North China craton. Geology, 48 (2): 169-173.

Wänke H, 1981. Constitution of terrestrial planets. Philosophical Transactions of the Royal Society of London Series A-Mathematical Physical and Engineering Sciences, 303 (1477): 287-302.

Weaver B L, 1991. The origin of ocean island basalt end-member compositions: trace element and isotopic constraints. Earth and Planetary Science Letters, 104 (2-4): 381-397.

Wood B J, 2008. Accretion and core formation: constraints from metal-silicate partitioning. Philosophical Transactions of the Royal Society A-Mathematical Physical and Engineering Sciences, 366 (1883): 4339-4355.

Wood B J, Walter M J, Wade J, 2006. Accretion of the Earth and segregation of its core. Nature, 441 (7095): 825-833.

Wood B J, Kiseeva E S, Mirolo F J, 2014. Accretion and core formation: the effects of sulfur on metal-silicate partition coefficients. Geochimica et Cosmochimica Acta, 145: 248-267.

Yamamoto J, Nakai S, Nishimura K, et al., 2009. Intergranular trace elements in mantle xenoliths from Russian Far East: example for mantle metasomatism by hydrous melt. Island Arc, 18 (1): 225-241.

Yu K, Liu Y, Hu Q, et al., 2018. Magma recharge and reactive bulk assimilation in enclave-bearing granitoids, Tonglu, South China. Journal of Petrology, 59 (5): 795-824.

Zhou M, Wu Q, Wu H, et al., 2021. Enrichment of trace elements in red swamp crayfish: influences of region and production method, and human health risk assessment. Aquaculture, 535.

Zhu J, Wang N, Li S, et al., 2008. Distribution and transport of selenium in Yutangba, China: impact of human activities. Science of the Total Environment, 392 (2-3): 252-261.

Zhu J M, Johnson T M, Clark S K, et al., 2014. Selenium redox cycling during weathering of Se-rich shales: a selenium isotope study. Geochimica et Cosmochimica Acta, 126: 228-249.

# 第8章　微量元素测定技术与数据评价

不进行认真仔细的分析，地球化学工作不会有任何收获（Nothing can be obtained in geochemistry without careful analytical work. —C. J. Allègre）。

数据质量直接关系到利用这些数据获得的认识是否正确，同时也与工作（研究）成本密切相关。因此，如何既能保证分析数据质量满足研究工作需求，又要能保证分析成本可控，了解并选择合适的分析技术至关重要。

对于微量元素含量的定量分析可以分为两类：原位微区分析（in-situ microanalysis）和整体分析（bulk analysis）。常用的微量元素原位微区分析技术包括电子探针、激光剥蚀电感耦合等离子体质谱和二次离子质谱等。常用的微量元素整体分析技术包括 X 射线荧光光谱、电感耦合等离子体原子发射光谱以及电感耦合等离子体质谱等。微量元素分析数据质量受多种因素控制。概括来说，影响微量元素分析数据质量的因素可以分为两个方面：①样品本身的特性（如岩石类型、矿物组成、粒度、均一性、元素在样品中的含量等）；②分析技术（仪器、分析方法和条件、实验流程以及数据处理方式等）。

## 8.1　全岩微量元素分析

### 8.1.1　电感耦合等离子体原子发射光谱

原子发射光谱（atomic emission spectroscopy，AES），是利用物质在光源（热或电）的激发下，对经历气化、气态待测元素原子被激发、激发态原子发射特征光谱过程进行分析的方法（Hou et al.，2016）。由于待测元素原子的能级结构不同，不同元素具有不同的特征发射谱线，可以对样品进行元素定性分析；而不同元素的浓度差异导致发射谱线的强度不同，据此可实现元素定量分析。20 世纪 60 年代电感耦合等离子体（inductively coupled plasma，ICP）光源的引入，大大推动了发射光谱分析的发展。电感耦合等离子体发射光谱（ICP-AES）具有多元素同时分析、灵敏度高、基体干扰小、分析速度快以及易与多种进样技术结合的优点。其局限性主要是光谱干扰较严重、仪器背景噪声大，对于复杂基体中低含量微量元素测定结果的准确度和精确度往往不能满足需求。

### 8.1.2　电感耦合等离子体质谱

根据质谱仪分析器类型，ICP-MS 可以分为静态质谱仪和动态质谱仪。采用稳定电场和磁场的扇形磁场质谱仪（SF-ICP-MS 和 MC-ICP-MS）属于静态质谱仪；采用变化电场作为质量分析器的质谱仪（如 Q-ICP-MS），以及按照时间区分不同质荷比的质谱仪（TOF-

ICP-MS）属于动态质谱仪。四级杆质量分析器提供了快速的质量扫描速度，使得用户利用 Q-ICP-MS 可以在较短的时间内完成超过 50 个元素的快速分析（Jarvis et al.，1992）。ICP-MS 仪器本身的背景噪声非常低，可以提供极高的灵敏度和非常低的检出限（绝大多数元素的检出限小于 0.01ng/mL）。而且，氩气等离子体可有效电离元素周期表中的大多数元素，使整个质量范围内绝大多数元素的灵敏度相对一致。得益于动态线性范围宽（可达 12 个数量级），可以实现主量元素和微量元素同时测定。这些优点使 ICP-MS 已经成为目前使用最广泛的微量元素分析仪器。

### 8.1.3　X 射线荧光光谱

X 射线荧光光谱（X ray fluorescence，XRF）可以实现主微量多元素同时测定，并且分析速度快（单元素分析 5 ~ 20s，多元素分析 20 ~ 100s）、分析精度高（0.04% ~ 2%）。XRF 分析为非破坏性分析，具有无损、重现性好的特点。测试样品可以是固体、糊状、液体或者溶液，测试材料可以是金属、盐类、矿物、塑料、纤维等。利用 XRF 测定原子序数较低的元素时灵敏度差、精度下降、测定误差较大，因此不适用于分析原子序数较低的元素。此外，由于检出限不够低，无法准确测试微量/超微量元素，常用于分析含量较高的元素。

## 8.2　微区原位微量元素分析

### 8.2.1　电子探针显微分析

电子探针显微分析简称电子探针（EMPA），主要用于固体样品的原位无损微区成分以及形貌和结构分析。EMPA 是利用聚焦细电子束照射样品，通过入射电子与靶原子之间发生的能量转换来提供形貌、成分等信息。利用 EMPA 可以获得二次电子图像（secondary electron image，SEI；形貌图像）、背散射电子图像（back scattered electron image，BSE；成分图像）以及阴极发光图像（cathodoluminescence image）（Zhao et al.，2015）。EMPA 具有无损、原位、高空间分辨率的优势，能够在小于 1μm 的区域进行精确的元素定量分析。测试的元素范围从铍（Be）到铀（U），覆盖了元素周期表中的大部分元素。EMPA 常用于测试固溶体、矿物及其环带结构、熔体包裹体的主量元素和高含量的微量元素组成。除了常规的定量点分析，还可以通过线、面分析了解样品中元素含量的分布情况。在常规测试中，主量元素的分析精度为 1% ~ 2%，检出限为数百微克每克；在特殊的测试条件下，部分元素的检出限可低于 10μg/g。

### 8.2.2　激光剥蚀电感耦合等离子体质谱

Gray（1985）率先将 ICP-MS 与激光剥蚀系统相结合，开创了激光剥蚀电感耦合等离子体质谱（LA-ICP-MS）微区分析技术。LA-ICP-MS 可原位进行固体微区主、微量元素准确分析。样品通常被放置在充以 He 或 Ar 的剥蚀池内，高能量激光束透过剥蚀窗垂直照射并聚焦于样品表面。在激光高能、持续的剥蚀过程中，样品表面产生的蒸汽、颗粒等通过载气（He 或 Ar）传输到 ICP 中，取代了常规 ICP-MS 中的雾化气流。LA-ICP-MS 分析避免了溶液 ICP-MS 分析中烦琐的样品制备过程，兼具样品制备简单、原位微区（5 ~ 160 μm）、快速、高灵敏度、低检出限和低多原子离子干扰等综合优势。利用该技术既能进行全岩整体分析，又能开展单矿物高空间分辨率微量元素和同位素分析。LA-ICP-MS 已经成为许多学科领域中一种新的从微观角度研究物质组成及元素分布特征的重要测试手段（Günther et al.，2000；Liu et al.，2013）。

## 8.2.3　二次离子质谱

二次离子质谱（SIMS）是在真空条件下，利用数千电子伏特能量的一次离子轰击样品。部分样品内部电子、原子或分子获得足够能量逃逸出样品表面，产生二次离子，通过收集二次离子可以实现元素定量和同位素比值分析（李秋立等，2013；杨蔚等，2015）。大型离子探针可以分析元素周期表中除稀有气体外几乎全部元素及同位素。其空间分辨能力达微米至纳米级别，可以完成微量元素含量分析、稳定同位素比值分析（C、H、O、S 等）、同位素体系定年分析（U-Th-Pb 定年）以及图像分析。SIMS 在产生二次离子过程中容易受到样品元素组成影响，出现显著的基体效应，因此限制了它在复杂矿物中的应用范围。

# 8.3　ICP-MS 微量元素分析流程及影响因素

ICP-MS 是目前最常用的地质样品微量元素分析技术。从样品采集、粉碎研磨、化学消解、分析测试到数据处理全过程，都可能存在影响微量元素分析数据质量的潜在风险。本节对这些风险进行总结，使读者在开展微量元素分析测试过程中规避这些问题，获得更准确的数据。

## 8.3.1　样品采集与粉碎

野外采样是收集自然样品的第一步，也是关键步骤（附录 A）。样品采集需要考虑三个问题：①采的样品是否是拟解决科学问题的典型样品或代表性样品；②样品采集过程中须注意可能的污染问题；③已采集样品的储存和运输问题。了解这些问题并制定正确的应对方案，将使采集的样品更具代表性、可重复性，并减少可能的潜在污染（Demetriades，2014）。

对岩石样品而言，样品粉碎是开展室内实验分析工作的起点。岩石粉碎分为粗碎与细碎。粗碎就是把大块岩石变成小块岩石，主要仪器为颚式破碎机。粗碎之前，应对破碎机进行细致的检查、清洗（可以通过反复破碎多余的部分拟碎样品或者石英砂进行清洗）和吹扫，以免产生样品交叉污染。经过粗碎的样品粒径需要小于 5mm，颗粒太大会影响后面的细碎流程。此外，粗碎时还需要考虑样品的代表性问题。对于伟晶岩或者含有大斑晶的样品，如果碎样量过少，斑晶对于样品整体影响较大。最少碎样量与岩石中矿物颗粒粒度的关系可以参考表 8.1。

表 8.1 最少碎样量与岩石中矿物颗粒粒度关系

| 岩石中最大矿物粒度/mm | 最少碎样量/kg |
| --- | --- |
| >30 | 5.0 |
| 10 ~ 30 | 2.0 |
| 1 ~ 10 | 1.0 |
| 0 ~ 1 | 0.5 |

数据来源：引自 Gill（2016）。

细碎是指把粗碎好的样品缩分后，取适量（一般为 30 ~ 50g）利用研磨仪进一步粉碎。细碎要求把样品颗粒研磨至 200 目以上（颗粒粒径小于 74μm），手感类似于面粉，没有颗粒感。样品细碎可以采用盘式震动研磨仪或者行星式球磨仪进行。为了避免交叉污染，碎样前首先需要用水认真清洗研钵，然后用纯净水和酒精等对研钵进行细致的擦洗。选择何种材质的研钵对微量元素分析也会有重要影响。研钵的材质主要有碳化钨（WC）和玛瑙。实验研究表明用碳化钨研钵碎样时，如果碎样时间>4min，转速>1100 转，Nb、Ta 等元素的含量会因污染而明显升高。因此，在研磨样品过程中，需要小心选择研钵和研磨参数，以避免潜在的污染问题。

## 8.3.2 样品消解与准备

### 8.3.2.1 实验室环境与管理

样品消解过程中，微量元素容易受到周围环境的污染，从而影响分析数据质量。因此，样品消解过程通常应在超净化学实验室中完成，以减少潜在的污染因素。实验室的洁净度最终保障来自实验室管理人员和实验人员的正确操作。超净实验室在动态情况下，尘埃等污染的重要来源是实验操作者，当操作者进入洁净室之前，必须更换专用的实验服、一次性防护帽、专用拖鞋和无粉手套等（图 8.1）。用洁净空气吹淋衣服表面附着的尘埃颗粒。禁止带暴露在空气中未清洁过的物品进入超净实验室。

超净实验室环境标准用洁净度来评价。洁净度等级标准主要是依据洁净室内单位体积空气中大于等于某一粒径的悬浮粒子的允许颗粒数来制定的，相关标准有国家标准（GB/T 25915.1—2001）和国际标准（ISO14644—1）。地球化学微量元素分析要求样品前处理的环境一般应达到 ISO6 级的要求，即在每立方米空气中，大于或等于 5μm 尘埃数不超过 293 粒。

无论是盛放无机酸、去离子水的试剂瓶，还是用于消解样品的溶样瓶，都需要反复清洗，防止潜在的污染或样品之间的交叉污染。对于盛放酸或者水的试剂瓶、移液枪吸头、

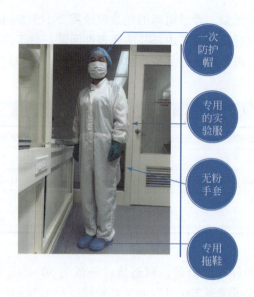

图 8.1　实验人员超净室工作服装示意图

离心管等，可以采用去离子水清洗 3~5 次，然后采用稀硝酸（5%~10%）浸泡数小时，再用去离子水清洗 3~5 次后晾干备用。如果是重复使用的样品消解罐，首先应采用含洗洁剂的水将消解罐内壁清洗干净，不能残留任何附着物；然后用去离子水将消解罐冲洗 3~5 次，再依次浸泡于浓盐酸、浓硝酸或者王水中 24 小时；最后将浸泡后的消解罐用去离子水冲洗 3~5 次，晾干后备用。

　　实验室中的自来水和商业购置的分析纯级的无机酸不能直接用于微量元素分析，其纯净度等级完全无法达到微量元素分析测试要求。因此，在实验室需要自行制备超纯的去离子水。无机酸则采用亚沸蒸馏原理进行提纯，如果一次提纯获得的无机酸依然无法达到要求，可以进行二次提纯，以获得更高纯度的酸试剂。Nb、Ta 等元素在氢氟酸亚沸蒸馏过程中具有与其他许多元素不同的行为，因此对于氢氟酸的纯化流程需要根据实验室情况进行优化（童春临等，2009）。

### 8.3.2.2　样品消解与制备流程

　　对于溶液进样电感耦合等离子体质谱而言，将岩石粉末样品完全消解成为可溶性离子是准确获得微量元素含量的关键步骤。根据样品的结构特性，可以采用碱熔、酸溶、烧结、热分解、升华等不同方法消解样品。基本原理皆为通过破坏样品中物质的化学键，使待测元素形成可溶性盐，并稳定地存在于溶液中（Hu and Qi，2014；Zhang and Hu，2019）。溶液进样的优点是具有良好的均匀性，因此即使测试少量试液，仍能代表原溶液的组成。有效的岩石样品消解流程应满足如下要求：

　　（1）试样应完全分解。这是准确定量的先决条件，需要谨慎地选择适当的消解方法，控制消解温度、时间以及消解的样品量等。

　　（2）无待测组分在消解过程中丢失。比如在酸消解过程中，卤族元素（F、Cl、Br）等元素在酸性介质中容易以气体形式丢失。Os 元素在酸溶过程中易被氧化为 $OsO_4$ 气体而丢失。

(3) 在消解过程中不能引入含有待测组分的物质。比如在采用碱熔法过程中，如果助熔剂选择偏硼酸锂试剂，则样品中的 Li 元素被污染。当使用 HF 酸或 HCl 消解硅酸盐样品时，样品中 F 元素或 Cl 元素会受到污染。在测试超低含量的元素时，需要特别注意所使用的试剂是否足够纯净，不应带入明显的杂质而污染待测元素。

(4) 所用的消解方法应安全高效。尽量简单的步骤、短的消解时间和少的试剂用量能够减少成本，扩大生产量。

附录 B 列举了溶液进样 ICP-MS 测试岩石粉末样品微量元素的常用前处理方法，包括敞口式酸消解法、密闭高压酸消解法、微波消解法、碱熔融–酸溶法、氟化氢铵和氟化铵消解法。

敞口式酸消解法能灵活地控制消解过程中涉及的参数，比如消解温度、时间、酸的用量。该方法被广泛应用于地质、环境和资源等领域中部分微量元素分析。但是该方法往往无法完全地消解地质样品中的难溶矿物，这限制了其在地质样品消解中的广泛应用。

密闭高压酸消解法增加了消解试剂的沸点，使得消解反应能够在较高的温度完成，提高了消解反应的效率。密闭高压酸消解法能消解许多在敞口式酸消解法中无法完全消解的难溶矿物。而且消解试剂在密闭消解罐中反复循环，不会被排走，所以只需要极少量的酸便可以完全消解样品，节约了成本，保证了很低的空白值。该方法还避免了易挥发元素的丢失，减少了来自空气中的污染，是目前准确测试地质样品微量元素含量最合适的消解方法。

微波消解法利用微波直接作用于样品和试剂，具有加热迅速、均匀的优点，提高了化学反应的速率，使得消解速度加快，大大缩短了样品分解时间 (1 小时)。该方法已经被广泛地用于消解土壤、沉积物、煤、大气颗粒、有机的环境和生物样品等一些易于消解的物质。但是微波消解法并不能够完全地消解所有的矿物，特别是部分难溶矿物，如锆石、铬铁矿、刚玉、金红石、锡石等。因此，利用该方法消解岩石样品时可能会出现 Cr、Zr、Hf 和 HREE 元素的"丢失"问题。

碱熔融–酸溶法通过加入碱金属助熔剂降低硅酸岩的熔点，并在高温下和硅酸盐发生复杂的复分解反应，从而达到分解样品的目的。该方法能有效地消解岩石中的难溶矿物。但是助熔剂纯度较低，会对某些微量元素带来很高的背景影响。而且在消解过程中使用了大量的助熔剂，造成很高的溶解固体总量 (total dissolved solid, TDS)。过高的 TDS 会在雾化系统和质谱锥接口处沉淀，导致雾化系统和锥口堵塞，还会对 ICP-MS 造成严重的基体效应、谱线干扰和背景干扰。因此，必须在分析之前对样品溶液进行高倍稀释，降低TDS，但是过高的稀释会导致一些元素浓度过低，使质谱无法有效检测。因此，除非特别需要，在用于 ICP-MS 测定的样品前处理中一般不使用碱熔融–酸溶法消解地质样品。

氟化氢铵和氟化铵消解法是近年来新开发的地质样品前处理方法。氟化氢铵具有高沸点的特性 (沸点 239.5℃)，可以有效地提高敞口式消解法的样品消解温度，在不需要高温高压密闭装置的情况下，可确保难溶副矿物被完全溶解。氟化氢铵可以像传统的硝酸、盐酸和氢氟酸一样，采用亚沸蒸馏方式提纯。使用提纯后的氟化氢铵可以达到传统密闭高压消解法相同的背景等级。因此，氟化氢铵和氟化铵消解法适用于地质样品的微量元素分析前处理。

## 8.3.3 样品测试与数据处理

ICP-MS 仪器开机经过必要的参数优化后，后续的分析测试工作可以由仪器系统自动完成。但是在执行自动分析之前，除了需要注意仪器背景、灵敏度、P/A（P 为脉冲模式，A 为模拟模式）因子校正、质谱干扰等问题，还需要根据样品组成特征选择合适的同位素以确保灵敏度最高、受干扰最少。具体的仪器性能优化见附录 C。ICP-MS 分析获取的是元素离子被接收器记录的离子个数。如何将这些离子个数转化为元素的含量？这需要采取正确的定量分析策略。在溶液 ICP-MS 微量元素定量分析中，通常采用内标结合外标的校正策略。

### 8.3.3.1 定量分析

外标法：利用已知待测元素含量，且覆盖待测物浓度范围的一组标准溶液或者是固体参考物质，分析它们的元素信号。通过元素含量和仪器信号之间的关系，构建元素定量校正曲线。然后在相同的仪器条件下分析未知样品，利用外标建立的校正曲线来计算未知样品的元素浓度，这被称为外标校正。比如在溶液分析中，准备 0ng/g、1ng/g、5ng/g、10ng/g、50ng/g 的系列 Sr 标准溶液，利用 ICP-MS 分析获得的信号强度，建立图 8.2（a）中的工作曲线。随后分析未知样品时，可将未知样品 Sr 信号强度，通过该工作曲线计算出对应的元素含量。外标校正尽可能使待测样品和外标具有相同的基体属性或元素组成，降低分析物基体差异导致的仪器信号变化。每次分析前必须重新确定工作曲线，工作曲线的形状以及灵敏度与仪器的最佳化方式关系很大，会随每次分析的参数设置而不同。

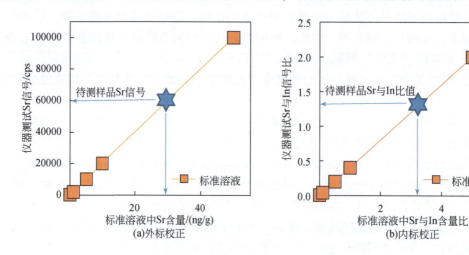

图8.2　外标校正和内标校正策略示意图

除了利用人工配置的标准溶液外，还可以将已知元素含量的岩石标准物质溶解，利用岩石标准物质来建立工作曲线进行外标校正。相对于前者，岩石标样的元素组成更匹配实际地质样品，可以解决 ICP-MS 分析中的基体效应问题，获得更准确的校正结果。

内标法：内标法是在样品和校准标准系列中加入一种或几种元素（或同位素），主要用来监测和校正仪器信号的短期漂移和长期漂移以及校正一般的基体效应，如传输效应、雾化效应、电离效应、空间电荷效应和激光剥蚀速率差异（激光剥蚀模式）。内标法假定分析元素和内标元素在等离子体中行为相似，因此选择合适的内标很重要。内标选择通常要考虑样品溶液中不含或含量极低、分析质量数与待测元素接近、电离能与待测元素相似的元素。常用的内标元素包括 Li、Sc、Ge、Y、Rh、In、Re、Th 等，但是在实际地质样品分析中，往往选择地质样品中含量较低的 Rh、In 和 Re。图 8.2（b）显示了利用 In 元素作为内标元素构建的 Sr 与 In 含量比值与 Sr 与 In 信号强度比值的工作曲线。分析未知样品时，同样可以利用未知样品中的 Sr 与 In 信号比值，计算得到 Sr 的元素含量。

在分析溶液样品时，内标元素可以在样品前处理过程中加入，也可以在测试过程中通过三通阀在线添加。在 LA-ICP-MS 分析中，内标元素可以利用其他分析测试技术提前获得待测样品的某元素浓度，如利用电子探针事先测定待测样品的主量元素组成，或者根据矿物的化学式计算其主量元素的浓度，作为内标元素的浓度。

标准加入法：在 ICP-MS 分析中，通常将待测溶液平均分为几份，分别加入不同浓度的标准溶液，形成一组新的标准系列。将新标准系列样品和未加入标准溶液的原始样品一同上机测试。所有样品几乎具有相同的基体，因此可以消除潜在的基体干扰。将所有测试样品的数据进行作图，以测定溶液中加入标准溶液的浓度为横坐标，以仪器响应值为纵坐标，得到一条不过原点的回归直线。该直线反向延长使之与横坐标轴相交，交点对应的浓度值即为样品浓度。该方法可以获得较为精准的定量结果，缺点是过程复杂，测试速度较慢，适合用于少量元素的准确测定。

### 8.3.3.2  仪器信号漂移校正

信号漂移是指样品进入 ICP-MS 后，产生的信号强度随时间不断变化。导致信号漂移的原因很多，包括仪器参数、样品基质、蠕动泵、雾化装置等影响。而且不同质量或物理化学特征的元素，其信号漂移的程度存在差异（Liu et al.，2008）。因此，采用多个内标元素可以用于监控和校正仪器的信号漂移（Eggins et al.，1997）。但是在实际工作中，由于条件限制往往难以获得多个合适的内标元素，多采取加入 1~2 个内标元素来监控仪器信号漂移（如 In、Rh 等）。图 8.3 显示了在 >400min 的 LA-ICP-MS 元素含量测试过程中的信号漂移情况，不同元素相对于 $^{29}$Si 的灵敏度漂移速率差别很大。因此，单元素内标校正方案无法有效实现所有待测元素的信号漂移校正。此时可以在分析测试过程中，反复测试一个含有所有待测元素的样品来校正仪器信号灵敏度漂移，这个样品被称为质量控制样品（quality controller，QC）。通过 QC 样品掌握每一个待测元素在全分析流程中的信号漂移规律，进而对未知样品进行信号漂移校正，这种方法可以非常有效地弥补单内标校正方案的不足，显著提升分析结果的准确度（Liu et al.，2008）。

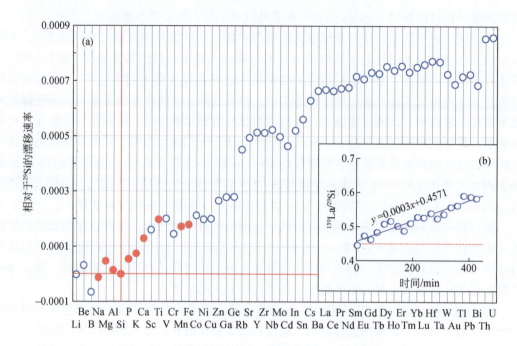

图 8.3  LA-ICP-MS 元素含量测试过程中的信号漂移图

图为在 LA-ICP-MS 元素含量测试中，不同元素相对于$^{29}$Si 的灵敏度漂移速率（用相对灵敏度随时间变化的线性拟合曲线的斜率表示）。修改自 Liu 等（2008）

## 8.3.4  样品本身对分析结果的影响

地质样品具有复杂的矿物组成和元素组成，样品本身的特点会对元素定量分析结果产生重要影响。样品中元素浓度是影响数据质量的一个重要因素。元素浓度越低，仪器上检测到的信号越少，导致分析测试精密度降低。图 8.4 显示了利用 LA-ICP-MS 分析国际硅酸盐标准物质 BCR-2G、BHVO-2G 和 BIR-1G 的元素浓度和分析测试精密度（通常用相对标准偏差衡量）的关系。元素浓度和分析精密度呈现指数级的负相关关系。因此，在分析地质样品微量元素时，需要根据元素的浓度来选择合适的分析测试手段和样品前处理方案。

样品本身的矿物组成与粒度也可能会影响利用酸溶法分析全岩微量元素的测试结果，有些矿物（如锆石、尖晶石、石榴子石等）在酸溶解过程中比较难以溶解。锆石是中酸性岩石中常见的副矿物，高度富集 Zr、Hf 和重稀土元素。这些矿物如果在消解过程中分解不完全，将会严重影响全岩中相关微量元素的测试结果。另外，由于不同矿物中微量元素的组成特征各异，如果待测固体粉末样品粉碎得不够细，也会显著影响分析数据的可靠性和代表性。

另外，采用 HF 消解硅酸盐样品时往往会出现稳定的不溶氟化物，常见为（Mg-Ca-Al）$F_x$。部分微量元素会根据自身的电价或离子半径进入（Mg-Ca-Al）$F_x$ 的晶格中共同沉淀，导致这些微量元素出现丢失。因此，对于富 Mg、Ca 或 Al 的地质样品，容易出现对应的氟

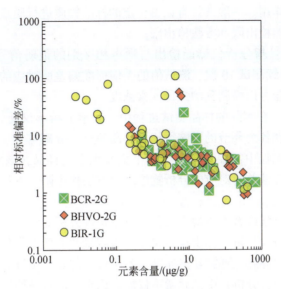

图 8.4　元素含量对分析结果不确定度的影响

数据来自利用 LA-ICP-MS 分析国际硅酸盐标准物质 BCR-2G、BHVO-2G 和 BIR-1G 的结果统计

化物沉淀而影响微量元素准确测试。最常见的例子为采用 HF 和 $HNO_3$ 的酸组合消解铝土矿或者风化壳样品，容易形成 $AlF_3$ 沉淀。稀土元素替换 $Al^{3+}$ 进入沉淀物，导致稀土元素测试结果偏低（Zhang et al.，2016）。因此，需要选择其他样品前处理技术来避免氟化物的形成，确保微量元素的完全回收。

## 8.4　数据质量评价

可靠的分析数据是利用地球化学方法解决科学问题的前提。衡量分析数据质量好坏的参数主要是分析检出限（detection limit，DL）、精密度（precision）和准确度（accuracy）。这些参数可以通过在与待测样品完全相同的测试条件下，分析空白样品、重复样品和质量监控样品计算获得。

空白样品：在相同的测试条件下，测定与待测溶液的溶剂成分相同的空白试剂。除了不称取样品外，对于空白样品的处理和分析流程应该和实际样品完全一致。仪器噪声、试剂的杂质、前处理环境以及样品制备与分析过程中的污染等综合因素都会对测试的本底产生影响。通过空白样品分析对测试背景的监控，可以评估和有效降低本底造成的系统误差。

重复样品：根据待测样品数量，可随机选择若干个待测样品作为重复样品（如果待测样品稀少珍贵，可选择标准参考物质作为重复样品）。对于重复样的处理和分析流程应该和实际样品完全一致。通过对重复样品测试结果的可重现性来评估样品制备流程与测试方法的可靠性。

质量监控样品：间插在分析批次当中，与待测样品经历同样的样品制备和分析过程的已知样品。质量监控样品用于长期监控测量过程是否处于统计范围，对实验室产出的数据质量有着重要的保障作用。一般选择有证书认定的标准物质进行质量控制。

检出限：包括仪器检出限和方法检出限。

（1）仪器检出限：指分析仪器能检出与噪声相区别的最弱信号的能力。在 ICP-MS 中，采用 2% $HNO_3$ 连续测试 10 次，测试值的 3 倍标准偏差所对应的分析物浓度为仪器检出限。它代表了该仪器可以检测到的最低元素浓度。

（2）方法检出限：在实际的样品测试过程中，元素分析不仅受到仪器测定噪声影响，还受到整个样品前处理各个环节的影响，比如样品消解、分离富集、分析人员操作等。通常在一次特定的分析流程中需要包含至少一个全流程空白样品，该空白样品连续测试 10 次，测试值的 3 倍标准偏差所对应的分析物浓度为方法检出限。方法检出限在实际应用中更有意义。

定量限：仪器检出限或者方法检出限只能表示定性分析的下限，多用于比较不同仪器的分析性能，但并不能为分析者提供样品实际可以测量的最低下限信息。因此提出分析全流程空白试剂 10 次，其测试值的 10 倍标准偏差所对应的元素浓度为定量限。定量限代表了在特定的分析方法中，分析物中某元素不仅能被识别，而且还能够定量检测并报道数据的最低浓度。

准确度：指一个样品多次测定值的平均值与真实值之间的差异，通常用误差来表示，它反映了系统误差的大小。在微量元素分析的实际工作中，可以通过测定标准参考物质（如 AGV-1、BHVO-2、BCR-2、G-2、GSR-2、GSR-3 等），计算这些标准参考物质的微量元素测定值和推荐值之间的相对偏差 [relative deviation；相对偏差（%）= 100×（测定值−推荐值）/推荐值] 来表征该组数据的准确度。采用 ICP-MS 分析地质样品微量元素含量的准确度一般优于±10%。

精密度：是指同一样品的多次测定值的离散度，通常用相对标准偏差（RSD）来表示，反映所测定数据的重现性。在微量元素分析的实际工作中，可以通过对同一个标准物

质多次测定结果的相对标准偏差来评估分析精密度（$RSD\% = \dfrac{\sqrt{\dfrac{\sum\limits_{i=1}^{n}(x_i-\bar{x})^2}{n-1}}}{\bar{x}}\times100\%$，总

共测定 $n$ 次，$x_i$ 为第 $i$ 次测定值，$\bar{x}$ 为 $n$ 次测定结果的平均值）。精密度是保证分析数据质量的先决条件，精密度好表示样品测定中的随机误差小。

可靠真实的数据必须要同时保证准确度和精密度。假设对同一个样品进行多次分析，得到的结果以离散点的形式表达，可分为四种情况（图 8.5）。四种测定结果只有第一种是真实可靠的，即一组数据只有精密度和准确度皆满足分析需求的时候，才真实且可靠。因此，为了使分析数据的质量得到控制与保证，通常在分析流程中引入质量监控样品、随机重复样品以及空白样品等，来进一步严格监控分析过程，确保分析数据质量。

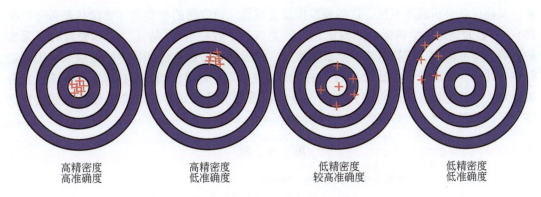

图 8.5　分析测试数据精密度和准确度示意图

# 8.5　选择合适的分析技术

在许多情况下，高质量的分析数据将导致新的科学发现。因此，每个实验室都在努力生产出尽可能高质量的分析数据，每位需要数据的工作者也都期望获得最高质量的分析数据。实际上，并非所有的科学研究和生产需求都需要相同的数据质量，"保证数据质量足以解决需要解决的科学问题或者满足生产需求"可能是更合理的做法。Paul Bédard 和 Barnes（2010）的研究表明分析数据质量（以分析不确定度来衡量）与分析成本密切相关，高度追求分析数据质量往往会极大地增加分析成本，但并不一定会显著影响研究结果或改进认识（图 8.6）。

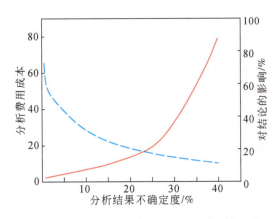

图 8.6　获得高质量地球化学分析数据与工作成本及对解决问题的影响的关系
虚线为分析工作成本，实线为分析数据质量对研究结论的影响。修改自 Paul Bédard 和 Barnes（2010）

在地球科学研究领域，通过各种实验室分析技术获得数据的主要目的是揭示或者解决地质或者环境等科学问题或者解决生产需求问题（如找矿勘查）。因此，真正需要的是足够质量的数据，即"适合目的"（fit-for-purpose），以确保手头的科学问题能够得到解决。作为分析数据的终端用户，选择合适的分析测试技术既能保证分析数据质量满足工作需求，又能保证分析成本可控，这需要根据经费预算、研究目的和要求（如样品是否可以破损）、需要的地球化学指标（如测定元素的类型和个数）、样品特征（包括野外样品采集的影响、样品体积、矿物组成、元素含量等）以及各种分析方法和技术的优缺点等因素进行综合评判，从而选择"适合目的"的技术。在确定了针对性的分析技术之后，实验室分析技术人员要通过有效的再现性测试、参考物质和质量控制样品等确保分析数据质量足够，足以满足解决分析数据终端用户的问题。

## 思 考 题

1. 衡量微量元素分析数据质量的参数主要有哪些？

2. 某同学利用 ICP-MS 对一批岩石粉末样品中的 40 个微量元素进行了分析，发现对个别重复样品的分析结果存在如下三种异常现象：

（1）两个重复样的分析结果中 35 个元素重现性很好，相对偏差优于±5%，而另外 5 个元素（如 U、Th、Zr、Hf 等）的相对偏差超过±30%。

（2）两个重复样的分析结果中，40 个元素在两个重复样之间的相对偏差都约为 20%。

（3）两个重复样的分析结果中，40 个元素在两个重复样之间的相对偏差介于 -50% ~ +50%，差异无规律性。

试分别分析造成上述三种问题的原因以及如何解决或者避免出现这些问题。

## 参 考 文 献

李秋立，杨蔚，刘宇，等，2013. 离子探针微区分析技术及其在地球科学中的应用进展. 矿物岩石地球化学通报，32（3）：310-327.

童春临，刘勇胜，胡圣虹，等，2009. ICP-MS 分析样品制备过程中 Ta、Nb 等元素的特殊地球化学行为. 地球化学，38（1）：43-52.

杨蔚，胡森，张建超，等，2015. 纳米离子探针分析技术及其在地球科学中的应用. 中国科学：地球科学，45（9）：1335-1346.

Demetriades A, 2014. Basic considerations：sampling, the key for a successful applied geochemical survey for mineral exploration and environmental purposes. Treatise on Geochemistry：Second Edition, 15：1-31.

Eggins S M, Woodhead J D, Kinsley L P J, et al., 1997. A simple method for the precise determination of ≥40 trace elements in geological samples by ICPMS using enriched isotope internal standardisation. Chemical Geology, 134（4）：311-326.

Gill R, 2016. Modern analytical geochemistry：an introduction to quantitative chemical analysis techniques for earth, environmental and materials scientists. New York：Routledge.

Gray A L, 1985. Solid sample introduction by laser ablation for inductively coupled plasma source-mass spectrometry. Analyst, 110（5）：551-556.

Günther D, Horn I, Hattendorf B, 2000. Recent trends and developments in laser ablation-ICP-mass spectrometry. Fresenius J Anal Chem, 368（1）：4-14.

Hou X D, Amais R S, Jones B T, et al., 2016. Inductively coupled plasma optical emission spectrometry// Meyers R A. Encyclopedia of Analytical Chemistry：Applications, Theory, and Instrumentation. New York：John Wiley and Sons.

Hu Z C, Qi L, 2014. Sample digestion methods. Oxford：Elsevier：87-109.

Jarvis K E, Gray A L, Houk R S, 1992. Handbook of inductively coupled plasma-mass spectrometry. London：

Blackie.

Liu Y S, Hu Z C, Gao S, et al., 2008. In situ analysis of major and trace elements of anhydrous minerals by LA-ICP-MS without applying an internal standard. Chemical Geology, 257 (1-2): 34-43.

Liu Y S, Hu Z C, Li M, et al., 2013. Applications of LA-ICP-MS in the elemental analyses of geological samples. Chinese Science Bulletin, 58 (32): 3863-3878.

Paul Bédard L, Barnes S J, 2010. How fit are your data? Geostandards and Geoanalytical Research, 34 (3): 275-280.

Zhang W, Hu Z C, 2019. Recent advances in sample preparation methods for elemental and isotopic analysis of geological samples. Spectrochim. Acta Part B, 160: 105690-105706.

Zhang W, Qi L, Hu Z C, et al., 2016. An investigation of digestion methods for trace elements in bauxite and their determination in ten bauxite reference materials using inductively coupled plasma-mass spectrometry. Geostandards and Geoanalytical Research, 40 (2): 195-216.

Zhao D G, Zhang Y X, Essene E J, 2015. Electron probe microanalysis and microscopy: principles and applications in characterization of mineral inclusions in chromite from diamond deposit. Ore Geology Reviews, 65: 733-748.

# 附　录

## 附录 A　岩石、土壤和水样的采集方法

### 1. 岩石样品采集

工具：长柄大锤、中小型地质锤、棉布袋、手套、护目镜和记号笔（图 A.1）。

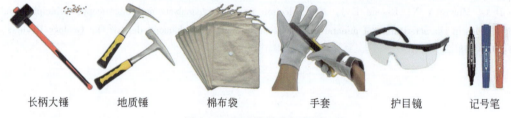

长柄大锤　　　地质锤　　　棉布袋　　　手套　　　护目镜　　　记号笔

图 A.1　岩石样品采集常用工具

　　岩石样品采集要注意样品的新鲜性。通常在一个选定的岩石露头，用大锤敲下大块的新鲜岩块。然后采用小型地质锤对岩块进行修整，去除表面可能存在的风化部分（可以根据颜色判断）。同时，样品采集的数量还需要考虑样品的代表性问题。最有效的方案是在同一个岩石露头区域，采集 5~7 块不同位置的岩块，组合成混合样品。对于细粒到中粒的岩石，其矿物颗粒分布较为均匀，采集约 500g 即可满足要求。但是矿物颗粒较大，且分布不均匀的岩石，需要至少加大一倍的样品采集量。对于一些具有特殊构造的岩石类型，采集岩石需要考虑其后续的研究对象。比如图 A.2 中显示了一个具有明显的眼球状构

图 A.2　眼球状构造的片麻岩

眼球部位是钾长石斑晶，眼球部位和基质具有截然不同的微量元素组成

造的片麻岩，其眼球部位是钾长石斑晶。采集基质部分或眼球状构造部位将获得差异较大的元素含量。因此在野外岩石样品采集过程中，需要仔细考虑后续的研究工作，选择具有代表性的岩石进行采集。

2. 土壤样品采集

工具：手持式荷兰钻、鹤嘴锄、铁锹、中小型地质锤、无金属塑料勺、样品袋、记号笔、折叠尺（图 A.3）。

手持式荷兰钻　　　　鹤嘴锄　　　　铁锹　　　　无金属塑料勺　　　折叠尺

图 A.3　土壤样品采集部分常用工具

土壤是地质勘查和环境调查中常用的分析介质。采集土壤之前要仔细设计采集方案，选定理想的层位或采样地点后，用手持式荷兰钻、鹤嘴锄或铁锹进行挖掘，需要注意几个事项：

（1）土壤中的物质变化较大，在采样时要注意去除明显的落石、基岩岩块或者可能出现的铁锰氧化物。这些物质的混入有可能导致明显的微量元素组成变化。

（2）在土壤中不同的层位，其矿物类型和元素分布具有显著的差别。因此土壤样品采集不能从浅到深，在不同的水平层位连续采样会导致获得一个混合的微量元素特征。好的方案是在土壤剖面上选择特征层位，顺层多点采集，并对层位进行详细记录。这样才能获得不同土壤层位的典型微量元素含量特征。

（3）土壤采样要注意避开有明显人为活动的地区，防止潜在的非自然微量元素污染。

3. 水样采集

工具：不同尺寸的试剂瓶、一次性无粉手套、一次性注射器、过滤器（0.45μm 孔径）、记号笔等（图 A.4）。

试剂瓶　　　一次性无粉手套　　　一次性注射器　　　过滤器　　　记号笔

图 A.4　水样采集常用工具

采集河流水样需要考虑采集的地点。在湍流的河水中，具有不同物理化学性质的河水可以快速地混合均匀。而在平静、宽阔的河面上，河流的化学组成具有深度梯度变化和横向距离变化，因此在何处采集水样需要事前有详细的规划。此外，河流采样要避开雨季和洪水泛滥季节，而且还要考虑不同季节性变化对水流微量元素组成的影响。水样采集的前一天，应该将采样用的试剂瓶仔细清洗。推荐使用全新的试剂瓶储存水样。如果试剂瓶是重复利用，那么应该按照以下步骤对试剂瓶进行清洗：

（1）用刷子和无磷酸盐的洗涤剂仔细清洗试剂瓶内部和外表；

（2）用自来水清洗试剂瓶 3 遍；

（3）用 10% 的盐酸清洗试剂瓶内部；

（4）用去离子水清洗试剂瓶内部 3 遍。

水样分为不过滤水样和过滤水样。采集不过滤水样时，应面朝上游站立，并注意不要干扰底部沉积物。将试剂瓶完全浸入水流中，不要残留空气，利用水流清洗瓶子内部 2~3 遍。然后将瓶子浸入水中，待全部的气泡排空，试剂瓶接满水后，在水中将瓶盖盖上。

采集过滤水样时，步骤如下：①用样品水冲洗一次性注射器，重复两次；②注射器再次充满水，将 0.45μm 的过滤器拧到注射器上；③从过滤器中过滤出来的第一个 10mL 的水样将被丢弃，之后经过过滤器的水样被注入试剂瓶中。

在条件允许的情况下，尽量将搜集到的水样放置于 4℃ 的环境中保存，并在回到野外驻地时，尽快将水样进行酸化处理。

# 附录 B　ICP-MS 测试岩石样品微量元素的常用前处理方法

## 1. 敞口式酸消解法

该方法又称为电热板加热酸消解法，是最早使用的无机或有机样品消解方法，简单的消解流程让它在地质样品前处理领域使用至今。经过实验人员的不断改进，目前的敞口式酸消解法已经不仅仅指使用敞口消解罐，还包括了使用带螺纹的封口消解烧杯置于在电热板上使用混合酸消解地质样品。该技术在广义上泛指在低压条件下使用混合酸消解地质样品，以此区别于密闭高压酸消解法。

对于地质样品的消解，在敞口式酸消解法中最常使用氢氟酸结合其他无机酸（较多使用硝酸和高氯酸）作为消解试剂（Hu and Qi，2014）。氢氟酸主要用于破坏硅酸盐矿物的硅氧键，Si 和 F 形成挥发性的 $SiF_4$。Si 在溶液中易于水解并沉淀形成不溶的硅酸物，大量的 Si 元素以 $SiF_4$ 被除去能使溶液更为稳定，而且降低溶液中的溶解固体总量（TDS），低的 TDS 能减少 ICP-MS 溶液进样时在采样锥上形成的盐沉淀，也能降低溶液的基体效应。高沸点的无机酸与氢氟酸混合使用能增加混合酸的沸点，提高消解效率。高沸点无机酸还常用于赶走溶液中的 F 离子，减少 F 离子在 ICP-MS 测试时带来的干扰，以及过高的 F 离子可能会对 ICP-MS 玻璃设备造成腐蚀。比如高氯酸（203℃）相对于氢氟酸（112℃）的高沸点可以确保将溶液中残留的氟离子除去。需要注意的是，在具体的实验中，选择何种辅助酸与氢氟酸搭配要根据样品的特点来选择。

敞口式酸消解法能灵活地控制消解过程中涉及的参数，比如消解温度、时间、酸的用量。但是该方法的最大消解温度受限于使用的混合酸的沸点，即使使用再多的混合试剂或延长消解时间都无法完全地消解地质样品中的难溶矿物，比如刚玉、锡石、尖晶石、石榴子石、磁铁矿、独居石、锆石或金红石等，使得主要赋存于这些矿物中的微量元素往往无法完全回收，比如 Zr、Hf、Cr、Sn、Mo、Y 和重稀土元素等。另外，耗酸量大引起的环境污染问题等不利因素也限制了敞口式酸消解法的广泛应用。

## 2. 密闭高压酸消解法

密闭高压酸消解法是对敞口式酸消解法的重要改进，现在的密闭高压消解系统是由一个聚四氟乙烯制成的内衬（坩埚）和紧密扣合的不锈钢外套构成。样品和消解试剂被加入聚四氟乙烯内衬中，拧紧钢套后消解罐被放置在高温环境（最高到250℃）。内衬中的消解试剂汽化后在密闭空间产生高压的效果（压力可达 7～12MPa），高压环境提高了消解试剂的沸点，使得消解反应能在较高的温度完成，提高了消解反应的效率。密闭高压酸消解能消解许多在敞口式酸消解方法中无法完全消解的难溶副矿物（Hu and Qi，2014）。长英质岩石中往往含有大量难溶副矿物，比如锆石、电气石、磁铁矿等。密闭高压酸消解法能非常有效地消解长英质岩石，消解温度在 190～200℃，消解时间由 12 小时到数天不等。

在密闭高压酸消解中，可以选择使用不同的混合酸消解样品，包括：$HF+HNO_3$、$HF+HClO_4$、$HF+H_2SO_4$、$HF+HNO_3+HCl$ 和 $HF+HClO_4+HNO_3$。需要注意的是选择不同的酸组合所产生的压力是不同的，因此在选择不同的酸组合时，应首先进行条件实验（包括不同酸的比例和用量）以保证实验安全。不论使用何种混合酸试剂，最终的溶液通常都是使用稀硝酸介质来保存。有时为了高场强元素的稳定，也可以采用 HCl 或 HCl/HNO₃ 来提取和保存溶液。

密闭高压酸消解法有以下优点：①能够快速有效地消解在敞口式酸消解法中无法完全消解的难溶矿物；②消解试剂在密闭消解罐中反复循环，不会被排走，所以只需要极少量的酸便可以完全消解样品，节约了成本，保证了很低的空白值；③避免了易挥发元素的可能丢失；④减少了来自空气中的污染。

使用密闭高压消解罐时必须小心，加入过多的样品和试剂可能会超过容器的安全额定压力。同样，有机质也绝不能和强氧化剂（如高氯酸）在容器内混合，有机质释放的气体可能会引起爆炸和容器的破裂。分解温度也不宜超过 200℃，聚四氟乙烯在 250℃ 开始分解、变形，因此温度过高会造成密封性不良。

### 3. 微波消解法

微波是一种介于红外线和无线电波之间的电磁能形式。金属材料和绝缘体不吸收微波能量，在微波消解罐中的试剂和样品会直接受到微波的作用。试剂和样品在微波产生的交变磁场中吸收能量而快速转向与交替定向排列，导致分子高速振荡，分子间相互摩擦碰撞使温度升高，产生热效应。同时试剂与样品的表面都在不断更新，样品表面不断接触新的试剂，促使试剂与样品的化学反应加速进行。这样的"内加热"具有加热迅速且均匀的优点。提高了化学反应的速率，使得消解速度加快，大大缩短了样品分解时间。

微波消解系统主要设备是微波炉与消解罐。现今的微波消解仪器一般带有自动测温、控温和自动测压、控压功能，最高使用压力可达 10MPa，温度可达 180 ~ 240℃。微波消解系统可使用敞口或密闭消解罐。敞口式微波消解对基性岩、环境样品和生物样品有很好的消解效果，能代替传统的电热板消解。密闭高压微波消解也已经得到较为广泛的应用，能更有效地加热物质，具有低的过程空白，不会丢失挥发性元素，而且更加安全。

微波消解技术已经被广泛地用于消解土壤、沉积物、煤、大气颗粒、有机的环境和生物样品等一些易于消解的物质（Hu and Qi, 2014）。相对于传统的密闭高压酸消解法需要数天时间消解样品，微波消解技术缩短了 90% 的消解时间，通常只需要 1 小时消解样品。但是，许多地质学家分析指出，目前的微波消解技术很难保证完全消解岩石样品中的所有矿物，特别是难溶矿物，如锆石、铬铁矿、刚玉、金红石、锡石等，可能会导致 Cr、Zr、Hf 和 HREE 等元素的丢失。因此，在固体地质样品分析方面的应用还不是很广泛。

### 4. 碱熔融–酸溶法

碱熔融–酸溶法简称碱熔法。该方法通过加入碱金属助熔剂降低硅酸岩的熔点，并在高温下和硅酸盐发生复杂的复分解反应，硅酸盐中的 SiO₂、Al₂O₃ 等可以转化成可溶的硅酸钠、铝酸钠，从而达到分解样品的目的（Hu and Qi, 2014）。该方法主要用于硅酸岩、陶瓷、耐火材料、金属、合金等样品，其最大优点是可以非常有效地消解硅酸岩中的难溶矿物相。常用的助熔剂包括偏硼酸锂（LiBO₂）、碳酸钠（Na₂CO₃）、氢氧化钠（NaOH）或过氧化钠（Na₂O₂）。样品放置于石墨坩埚或铂金坩埚中，并加入碱金属助熔剂，放置于马弗炉中于 500～1050℃熔融数分钟。可用稀硝酸或稀盐酸浸泡，提取出的上清液再经过简单处理后即可测试。

碱熔融法能有效地消解岩石样品中的难溶矿物，但是该方法较少作为岩石样品微量元素测试的前处理方法。一方面，助熔剂的加入不仅会给某些微量元素带来高的背景影响，而且导致很高的 TDS，从而加剧基体效应。另一方面，助熔剂的加入对微量元素产生了稀释效应，导致低含量微量元素可能无法准确检测。而且，熔融法的消解温度很高，个别易挥发元素 Pb、Sb、Sn、Zn 等可能丢失，无法精确定量。因此，除了特别需要，通常 ICP-MS 样品前处理中一般不使用碱熔融法消解地质样品进行多元素的准确测定。

5. 氟化氢铵和氟化铵消解法

氟化氢铵和氟化铵消解法是最近提出的使用氟化氢铵试剂代替氢氟酸常压消解硅酸岩样品的方法（Hu et al., 2013；Zhang et al., 2012）。氟化氢铵密度 1.52g/cm³，熔点 125.6℃，沸点 240℃，可以有效地提高敞口式消解法的样品消解温度，确保难溶副矿物被完全溶解，可以 100% 回收赋存于难溶矿物中的 Zr、Hf 和 HREE 等。该方法的消解效率得到了极大的提高（消解时间仅需 2～3h），消解效率是传统密闭高压消解方法的 3～5 倍。氟化氢铵可以像传统硝酸、盐酸和氢氟酸一样，采用亚沸蒸馏方式提纯。使用提纯后的氟化氢铵可以达到传统密闭高压消解法相同的背景等级。该方法无须高温高压密闭装置，操作简便、安全，可降低劳动强度和实验成本。

# 附录 C   ICP-MS 微量元素分析仪器性能优化
## （以 Agilent 仪器为例）

### 1. 仪器背景

仪器背景不同于样品分析中的流程空白，主要是指仪器自身的信号噪声。仪器背景过高可能是长期分析某些高含量元素时，残留物质积累所致。因此，许多重要部件需要定期清洗或更换，比如雾室、采样锥、截取锥、提取透镜等。

### 2. 仪器灵敏度

仪器灵敏度指区别具有微小浓度差异分析物能力的度量，当分析浓度发生微小变化时，分析信号响应变化的幅度。足够高的仪器灵敏度是测试低含量微量元素的必要条件。假设 10ng/g Pb 调谐液能在 ICP-MS 上每秒产生 10 万离子计数，那么就定义 Pb 元素的灵敏度为信号强度除以浓度：100000cps／（10ng/g）= 70000cps／（ng/g）。虽然这并不是很严谨的灵敏度计算，但是方便于不同实验室之间用这种定义的灵敏度进行直接比较。在开始元素分析之前，需要通过调整 ICP-MS 的矩管位置、雾化器气流流量、离子透镜电压等参数，确保待测元素获得最好的灵敏度。

### 3. P/A 因子校正

在实际样品测试过程中，随着待测样品浓度的变化，化学工作站（ICP-MS 操作软件）可以自动切换脉冲和模拟模式。但是研究发现，脉冲和模拟模式两个不同的计数系统之间可能并不能完美衔接。为了得到良好的线性关系，需要进行脉冲/模拟双模式调谐（P/A 因子校正）。进行 P/A 因子校正所用的各个元素的计数值必须介于 400000cps 和 4000000cps 之间，才能得到正确的 P/A 因子。如果在分析实际样品时，测定的元素含量范围很宽，脉冲和模拟两种模式都会用到，就必须经常进行 P/A 因子校正，才能得到准确的分析结果。

### 4. 质谱干扰

质谱干扰分为：同量异位素干扰、多原子离子干扰和双电荷离子干扰。

（1）同量异位素干扰：具有相同质量数而质子数不同的一类核素称为同量异位素。实际上同量异位素之间的质量依旧存在着微小的差异（0.005amu），但这些微小的差异无法被四级杆质量分析器分辨开，造成了分析干扰。绝大部分元素有两个或两个以上的同位素，通常可以通过选择合适的同位素来避免或减少这种干扰。干扰程度取决于基体干扰元素对待测元素的含量比值，当待测元素同位素含量远高于干扰同位素时，这种干扰就可忽略不计。

（2）多原子离子干扰：由于两个或多个离子和/或原子的相互结合形成复合离子而对待测元素的同位素造成干扰。尤其是与等离子体中 Ar、H、O 等占主导的元素相互结合，或与样品中其他元素相结合造成的测试干扰。例如，在地质样品测试中由于 Ba 和轻稀土元素的正 - 价离子与氧原子或氢氧原子相结合生成的 $Ba—O^+$、$Ba—OH^+$、$REE—O^+$、$REE—OH^+$ 会对中重稀土的测试产生严重的多原子离子干扰。在实际测试中，通常采用

$^{156}$CeO 与 $^{140}$Ce 的信号比值来反映氧化物多原子离子产率，通过调节射频发生器（RF）功率和雾化气流速使氧化物产率低于 2%。

（3）双电荷离子干扰：ICP 中大多数离子都以单电荷离子形式存在，但也存在一部分多电荷离子。ICP-MS 测试是基于同位素具有唯一质荷比（$m/z$）原理，默认经 ICP 离子源电离后的离子都是单电荷的，即原子 $M$ 只会经过第一电离形成正一价离子 $M^+$（$z=1$），质荷比与原子质量相等。如果某个元素的第二电离能低于 Ar 第一电离能，这个元素就会出现明显的双电荷离子，主要包括碱土金属、一些过渡族金属和稀土元素。双电荷离子会在母体同位素 1/2 质量处产生同位素重叠干扰。实际测试时，可以用 $Ce^{2+}/Ce^+$ 的信号来监控双电荷产率，并通过调节 ICP 来减少双电荷的产率，使 $Ce^{2+}/Ce^+<2\%$。

# 附录 D　主要地球化学分析技术及英文缩写

| 分析技术 | 英文名称 | 缩写 |
|---|---|---|
| 原子吸收光谱 | Atomic Absorption Spectrometry | AAS |
| 原子发射光谱 | Atomic Emission Spectrometry | AES |
| 电感耦合等离子体原子发射光谱 | Inductively Coupled Plasma-Atomic Emission Spectrometry | ICP-AES |
| 激光剥蚀电感耦合等离子体原子发射光谱 | Laser Ablation-Inductively Coupled Plasma-Atomic Emission Spectrometry | LA-ICP-AES |
| 原子荧光光谱 | Atomic Fluorescence Spectrometry | AFS |
| 直流等离子体原子发射光谱 | Direct Current Plasma-Atomic Emission Spectrometry | DCP-AES |
| 电热原子吸收光谱 | Electrothermal Atomic Absorption Spectrometry | ETAAS |
| 火焰原子吸收光谱 | Flame Atomic Absorption Spectrometry | FAAS |
| 辉光放电原子发射光谱 | Glow Discharge Atomic Emission Spectrometry | GDAES |
| 石墨炉原子吸收光谱 | Graphite Furnace Atomic Absorption Spectrometry | GFAAS |
| 激光诱导击穿光谱 | Laser Induced Breakdown Spectroscopy | LIBS |
| 红外反射吸收光谱 | Infrared Reflection Absorption Spectroscopy | IRAS |
| 液体闪烁光谱 | Liquid Scintillation Spectrometry | LSS |
| X 射线荧光谱 | X-ray Fluorescence Spectrometry | XRF |
| 热电离质谱 | Thermal Ionization Mass Spectrometry | TIMS |
| 加速器质谱 | Accelerator Mass Spectrometry | AMS |
| 辉光放电质谱 | Glow Discharge Mass Spectrometry | GDMS |
| 电感耦合等离子体质谱 | Inductively Coupled Plasma Mass Spectrometry | ICPMS |
| 激光等离子体电离质谱 | Laser Plasma Ionization Mass Spectrometry | LIMS |
| 火花源质谱 | Spark Source Mass Spectrometry | SSMS |
| 二次离子质谱 | Secondary Ion Mass Spectrometry | SIMS |
| 二次中性粒子质谱 | Secondary Neutral Mass Spectrometry | SNMS |
| 气体源质谱 | Gas Source Mass Spectrometry | GSMS |
| ICP 飞行时间质谱 | ICP-Time of Flight-Mass Spectrometry | ICP-TOF-MS |
| 多接收器-电感耦合等离子体质谱 | Multiple Collector-Inductively Coupled Plasma Mass Spectrometry | MC-ICPMS |
| 激光剥蚀-电感耦合等离子体质谱 | Laser Ablation-Inductively Coupled Plasma Mass Spectrometry | LA-ICPMS |
| 激光剥蚀-多接收器-电感耦合等离子体质谱 | Laser Ablation-Multiple Collector-Inductively Coupled Plasma Mass Spectrometry | LA-MC-ICPMS |
| 电子探针显微分析 | Electron Micro Probe Analyzer | EMPA |
| 中子活化分析 | Neutron Activation Analysis | NAA |
| 仪器中子活化分析 | Instrumental Neutron Activation Analysis | INAA |
| 放射化学中子活化分析 | Radiochemical Neutron Activation Analysis | RNAA |

续表

| 分析技术 | 英文名称 | 缩写 |
|---|---|---|
| 气相色谱 | Gas Chromatography | GC |
| 高效离子色谱 | High-Performance Ion Chromatography | HPIC |
| 高效液相色谱 | High-Performance Liquid Chromatography | HPLC |
| 离子色谱 | Ion Chromatography | IC |
| 湿化学法 | Wet Chemistry | |
| 同位素稀释法 | Isotope Dilution | ID |
| 火试金法 | Fire Assay | FA |

# 附录 E 分析不确定度的相关表达方式

| 中文名称 | 英文名称 | 缩写 |
| --- | --- | --- |
| 标准偏差 | standard deviation | SD |
| 相对标准偏差 | relative standard deviation in percent | RSD（%） |
| 标准误差 | standard error | SE |
| 相对标准误差 | relative standard error in percent | RSE（%） |
| 95%置信度 | 95% confidence level | 95% CL |
| 误差 | error | |
| 准确度 | accuracy | |
| 精密度 | precision | |
| 不确定度 | uncertainty | |
| 建议值 | proposed value | |
| 推荐值 | recommended value | |
| 参考值 | reference value | |
| 信息值 | information value | |

# 附录 F　微量元素含量表示方式

| 介质 | 表示方式 | 换算关系 |
|---|---|---|
| 水体 | mg/L（毫克/升） | |
| | μg/L（微克/升） | |
| | ppm（百万分之一，$10^{-6}$） | |
| | ppb（十亿分之一，$10^{-9}$） | |
| | ppt（万亿分之一，$10^{-12}$） | |
| | pmol/kg | 1pmol/kg=$A\times10^{-3}$ppt，$A$ 为原子量 |
| 空气 | mg/m³（毫克/m³） | 0℃，101.325kPa |
| | μg/m³（微克/m³） | 　1ppm=（分子量/22.4）mg/m³ |
| | ppm（百万分之一，$10^{-6}$） | 20℃，101.325kPa |
| | ppb（十亿分之一，$10^{-9}$） | 　1ppm=（分子量/24.05）mg/m³ |
| | ppt（万亿分之一，$10^{-12}$） | 25℃，101.325kPa<br>　1ppm=（分子量/24.47）mg/m³ |
| 岩石<br>土壤<br>食品<br>生物等 | mg/kg（毫克/千克） | |
| | μg/kg（微克/千克） | 1ppm=1mg/kg=1μg/g |
| | ppm（百万分之一，$10^{-6}$） | 1ppb=1μg/kg=1ng/g |
| | ppb（十亿分之一，$10^{-9}$） | 1ppt=1ng/kg=1pg/g |
| | ppt（万亿分之一，$10^{-12}$） | |
| | mol（摩尔） | 1mol=$10^3$mmol（毫摩尔）<br>　　　=$10^6$μmol（微摩尔）<br>　　　=$10^9$nmol（纳摩尔）<br>　　　=$10^{12}$pmol（皮摩尔）<br>　　　=$10^{15}$fmol（飞摩尔） |

# 附录 G　玄武岩体系中常见矿物的微量元素分配系数

| 元素 | 橄榄石 | 斜方辉石 | 单斜辉石 | 斜长石 | 石榴子石 | 尖晶石 | 角闪石 |
|---|---|---|---|---|---|---|---|
| Li | 0.35 | 0.11 | 0.25 | 0.3 | 0.04 | 0.13 | 0.1 |
| Ni | 14 | 5 | 7 | 0.01 | 0.955 | | 6.8 |
| Cr | 0.7 | 10 | 34 | 0.01 | 1.345 | | 2 |
| K | 0.001 | 0.003 | 0.007 | 0.15 | 0.05 | | 1.4 |
| Sc | 0.3 | 0.6 | 2 | 0.08 | 2.6 | 0.5 | 2.1 |
| V | 0.09 | 2.6 | 0.78 | 0.1 | 3.5 | 1.3 | 4 |
| Ga | 0.024 | 0.38 | 0.7 | 1.7 | 1 | 3 | 0.5 |
| Ge | 0.7 | 1.57 | 1.18 | 0.51 | 2.78 | 84.2 | 2.68 |
| Rb | 0.0001 | 0.001 | 0.005 | 0.1 | 0.007 | 0.03 | 0.5 |
| Sr | 0.0001 | 0.001 | 0.1 | 1.5 | 0.01 | 0.005 | 0.3 |
| Y | 0.005 | 0.01 | 0.4 | 0.008 | 3.1 | 0.05 | 0.4 |
| Zr | 0.001 | 0.004 | 0.12 | 0.03 | 0.27 | 0.06 | 0.2 |
| Nb | 0.0001 | 0.015 | 0.01 | 0.1 | 0.05 | 0.0006 | 0.15 |
| Cs | 0.0002 | 0.0009 | 0.06 | 0.05 | 0.0005 | 0 | 0.06 |
| Ba | 0.000002 | 0.000002 | 0.0005 | 0.3 | 0.0007 | 0.0006 | 0.28 |
| La | 0.000001 | 0.0007 | 0.07 | 0.08 | 0.001 | 0.001 | 0.04 |
| Ce | 0.000003 | 0.0017 | 0.12 | 0.06 | 0.005 | 0.0015 | 0.1 |
| Pr | 0.00001 | 0.003 | 0.18 | 0.05 | 0.02 | 0.0023 | 0.17 |
| Nd | 0.00004 | 0.006 | 0.28 | 0.05 | 0.07 | 0.0034 | 0.21 |
| Sm | 0.0001 | 0.012 | 0.42 | 0.05 | 0.2 | 0.005 | 0.25 |
| Eu | 0.0005 | 0.024 | 0.45 | 0.5 | 0.4 | 0.006 | 0.33 |
| Gd | 0.002 | 0.04 | 0.49 | 0.04 | 0.6 | 0.0065 | 0.36 |
| Tb | 0.005 | 0.06 | 0.56 | 0.04 | 1 | 0.007 | 0.4 |
| Dy | 0.009 | 0.08 | 0.62 | 0.045 | 1.7 | 0.0071 | 0.46 |
| Ho | 0.013 | 0.1 | 0.66 | 0.05 | 2.5 | 0.0072 | 0.51 |
| Er | 0.015 | 0.13 | 0.72 | 0.055 | 3.6 | 0.0073 | 0.57 |
| Tm | 0.018 | 0.025 | 0.76 | 0.058 | 5 | 0.0074 | 0.585 |
| Yb | 0.02 | 0.02 | 0.8 | 0.06 | 6.5 | 0.0075 | 0.6 |
| Lu | 0.022 | 0.22 | 0.8 | 0.06 | 7.1 | 0.0075 | 0.6 |
| Hf | 0.001 | 0.021 | 0.24 | 0.03 | 0.2 | 0.05 | 0.6 |
| Ta | 0.00001 | 0.015 | 0.01 | 0.17 | 0.1 | 0.06 | 0.1 |
| Pb | 0.0001 | 0.0001 | 0.001 | 0.75 | 0.0001 | 0.0005 | 0.05 |
| Th | 0.00001 | 0.006 | 0.0013 | 0.13 | 0.001 | 0.01 | 0.004 |
| U | 0.00001 | 0.015 | 0.0001 | 0.1 | 0.01 | 0.01 | 0.004 |

注：Ge 的数据来自 He 等（2019）。其他数据引自 White（2003）。

# 附录 H　常用地球化学数据库网站

| 网站名称 | 主要功能 | 网址 |
|---|---|---|
| Geochemical Earth Reference Model（GERM） | 地球化学储库以及各储库之间的通量数据库 | https：//earthref. org/GERMRD/ [2024-05-24] |
| | 各种岩石和矿物的分配系数数据库 | https：//kdd. earthref. org/KdD/ [2024-05-24] |
| EarthChem | 全球地球化学、地质年代学和岩石学数据库 | https：//www. earthchem. org/ [2024-05-24] |
| PetDB | 火成岩和变质岩地球化学数据库，包括：大洋中脊、弧后盆地以及年轻海山的岩浆岩、深海橄榄岩、古洋壳、地幔捕虏体等 | https：//search. earthchem. org/ [2024-05-24] |
| GEOROC | 火山岩、深成岩和地幔捕虏体的主量和微量元素含量、放射成因和非放射成因同位素比值以及年龄数据库。样本包括来自 11 种不同地质环境的全岩、玻璃、单矿物和包裹体 | https：//georoc. mpch-mainz. gwdg. de/georoc/Start. asp [2024-05-24] |
| NAVDAT | 北美洲西部中生代和较年轻火成岩的年龄、化学和同位素数据库。NAVDAT 开发了许多可视化工具，包括时空动画和时间动画地球化学图 | https：//www. navdat. org/ [2024-05-24] |
| GeoReM | 具有地质和环境意义的参考物质（如岩石粉末、合成和天然玻璃、矿物、生物、河水和海水等）的主量和微量元素含量、放射成因和稳定同位素比值数据库 | http：//georem. mpch-mainz. gwdg. de/ [2024-05-24] |
| GeoCloud 地质云 | 包含基础地质、能源矿产、水资源、土地资源、森林资源、草地资源、湿地资源、海洋地质、地下空间等 11 大类和近百个核心数据库，数据范围涉及地上与地下、陆地与海洋 | https：//geocloud. cgs. gov. cn/#/home [2024-05-24] |
| Database of Ionic Radii | Shannon 离子半径数据库（Shannon，1976），包括了 475 种离子 | http：//abulafia. mt. ic. ac. uk/shannon/radius. php [2024-05-24] http：//v. web. umkc. edu/vanhornj/shannonradii. htm [2024-05-24] |
| | 用机器学习扩展 Shannon 离子半径数据库（Baloch et al. ,2021），包括了 987 种离子 | https：//cmd- ml. github. io/# Eu [2024-05-24] |
| WebElements | 所有元素各种物理和化学性质的数据库 | https：//www. webelements. com [2024-05-24] |

# 附录参考文献

Baloch A A B, Alqahtani S M, Mumtaz F, et al., 2021. Extending Shannon's ionic radii database using machine learning. Physical Review Materials, 5 (4): 043804.

He D T, Lee C T A, Yu X, et al., 2019. Ge/Si partitioning in igneous systems: constraints from laser ablation ICP-MS measurements on natural samples. Geochemistry, Geophysics, Geosystems, 20 (10): 4472-4486.

Hu Z C, Qi L, 2014. Sample digestion methods//Holland H D, Turekian K K. Treatise on Geochemistry. 2nd ed. Oxford: Elsevier: 87-109.

Hu Z C, Zhang W, Liu Y S, et al., 2013. Rapid bulk rock decomposition by ammonium fluoride ($NH_4F$) in open vessels at an elevated digestion temperature. Chemical Geology, 355: 144-152.

Shannon R, 1976. Revised effective ionic radii and systematic studies of interatomic distances in halides and chalcogenides. Acta Crystallographica Section A, 32 (5): 751-767.

White W M, 2003. Geochemistry. New York: John Wiley and Sons.

Zhang W, Hu Z C, Liu Y S, et al., 2012. Total rock dissolution using ammonium bifluoride ($NH_4HF_2$) in screw-top Teflon vials: a new development in open-vessel digestion. Analytical Chemistry, 84 (24): 10686-10693.